Exploring
Poetics in
Anthropology

中国人类学民族学联合会交叉学科研究专业委员会
云南大学民族学一流学科建设经费资助

人类学的诗学探索

庄孔韶　主　编
徐鲁亚　副主编

中国社会科学出版社

图书在版编目（CIP）数据

人类学的诗学探索／庄孔韶主编．—北京：中国社会科学出版社，2022.8
（教育部人文社会科学重点研究基地云南大学西南边疆少数民族研究
中心文库·文化人类学研究丛书）
ISBN 978 - 7 - 5203 - 8881 - 8

Ⅰ.①人… Ⅱ.①庄… Ⅲ.①人类学—诗学—研究 Ⅳ.①Q98②I052

中国版本图书馆 CIP 数据核字（2021）第 165881 号

出 版 人	赵剑英
责任编辑	王莎莎
责任校对	赵雪姣
责任印制	张雪娇

出　　版	中国社会科学出版社
社　　址	北京鼓楼西大街甲 158 号
邮　　编	100720
网　　址	http://www.csspw.cn
发 行 部	010 - 84083685
门 市 部	010 - 84029450
经　　销	新华书店及其他书店

印刷装订	北京君升印刷有限公司
版　　次	2022 年 8 月第 1 版
印　　次	2022 年 8 月第 1 次印刷

开　　本	650 × 960　1/16
印　　张	28.75
插　　页	8
字　　数	338 千字
定　　价	178.00 元

怒江大峡谷，云南碧江老姆登寨，1980 年，庄孔韶 摄

《牡丹》诗意境一瞥，西雅图，1993 年，庄孔韶 摄

割胶的玉金，云南中缅边境，1982 年，庄孔韶 摄

海达印第安人图腾柱立柱仪式，加拿大西海岸，2000 年，庄孔韶 摄

最后的疍民，福建古田县闽江边，1986 年，庄孔韶 摄

"虎日"盟誓戒毒仪式，
云南省宁蒗县跑马坪，
2002 年，庄孔韶 摄

冬至搓圆，福建省古田县金翼山谷，1987 年，庄孔韶 摄

海棠，西雅图，1992 年，庄孔韶 摄

崩摆大鬼师乐队，2019 年，龙胜海 摄

人类学电影《金翼山谷的冬至》中闽剧《猿母与孝子》剧照，福建古田，2017 年

诗学人类学团队部分成员参展直播，厦门，2017 年

目　录

二　《安魂诗》与《图腾》诗选

三　人类学诗学的发端与延续

四　诗学的人类学探索

导　言

庄孔韶

缘　起

亚里士多德的诗学探讨了史诗、悲剧和戏剧的美学与艺术理论，显然诗歌的理论处在十分重要的地位上，如今诗情、美感、韵律和诗论延伸至歌谣、诗作以外的多种文学艺术形式，那是因为文学艺术一直处在人类生活与情感不可或缺的位置上，因此这一学问也引来人们的无尽的兴致去探索。

人类学的出现虽然不算长久，因其注重长时段田野参与观察及理论探求，对学术写作的最终成品已经从单一论文延伸到文化表征的多元方法，甚至超出了常见的几种文学体裁。没有人还在讨论真实与客观的问题，而是关注写作的角色，以及如何兼顾学术与情感，乃至性灵、隐喻与直觉的深层问题。为此，人类学的诗学探微势必会引申至文学艺术之外。这本书旨在介绍人类学的文化撰写，民族志和人类学的多种文学艺术作品的诗学特点，人类学的诗学何以在文学艺术以外的领域存在及其存在的方式，以及人类学的诗学的学术位置。

20世纪40年代，人类学家林耀华先生尝试在论文论著写作之外，用小说体写了《金翼：一个中国家族的史记》（以下简称《金翼》），一边在行文中暗藏人类学平衡理论的影子，一边把实证论文中写不进的民俗歌谣与情感生活烘托出来，在人类学小说体的运用中独树一帜。一位外国学者在非洲调查之前看到林耀华的《金翼》觉得很新奇，于是就带上这本书，田野调查回来后她也写了一本人类学小说。[1] 知名的法国人类学和影视人类学家让·鲁什的师生团队（大约有80年传续）不仅撰写民族志，还拍人类学纪录片，并在纪录片中展现马里多贡人葬礼上的安魂诗，其深情的朗诵和电影镜头美学融合在一起。上述中外老前辈人类学家正是人类学小说、诗歌和电影的美学与人类学洞见相结合的先驱者。

为追随人类学前辈，笔者在40余年间游移于中央民族大学、华盛顿大学、中国人民大学、浙江大学和云南大学各校与田野之间，形成了跨校的志同道合的人类学论文写手、诗人、摄影师、电影人、戏剧家、新媒体人、乐师、画家和博物馆策展人的师生团队和交叉团队。其间，"不浪费的人类学"是团队的核心理念。

从1978年后的十余年间，我们已完成了在一个调查点上文字与影视多项联合作品，这比单纯发表论文和专著能够更为充分地展示那里的文化。于是笔者1995年在北京大学的一个人类学高级研讨会上提出了"不浪费的人类学"的认知与行动理念，是想推动文化表现的多元方法综合实验。"不浪费的人类学"是指"人类学家个人或群体在一个田野调查点上将其调研、互动和理解的知识、体悟及情感用多种手段展示出来。著书立说以外，尚借助多种形式，如小说、随笔、散文和诗、现代影视影像手段创作；邀集地方人士的作品或口述记录，甚至编辑和同一个田野点相关的跨学科互动作品，以求从该族群社区获得多元信息和有益于文化理解与综观"[2]。

笔者对"不浪费的人类学"的比喻是"人类学者对文化及衬在文化底色上的人性之发掘充满热忱，我们有点不满足本学科论著论文的单项收获，好像农田上功能欠缺的'康拜因'过后，还需要男女老幼打捆、脱粒、扬场，乃至用各种家什跟在后面拣麦穗一样，尽使颗粒归仓。"[3]法国人类学家瓦努努教授[4]认为"不浪费的人类学"可以将其理解为"无次要材料"的人类学或"人类学资源不分主次"，应该是最为中肯的理解，这便确定了人类人性与文化表征多元方法（涉及交叉学科、专业或手法）的并置角色，以及在实现人类综观旅程上的平等地位。

现在已经有不少人类学家开始扩大研究范围，在蜂拥的结构、权力研究内外，在田野情境中开始把注意力指向体验、情感发露、生活韵律、隐喻与直觉的意义，这一范畴和科学实证相距甚远，却是人与文化的意义与灵魂。田野互动中的出色写作手法无不以生态感知、隐喻、节奏与美感取胜，起初，在人类学之前，文学艺术的展现不是也如此吗？只是今日人类学更聚焦于不同的文化底色，以及跨文化识别与互动的诗学意义。

歌谣与人类学诗作

在人类学家看来，田野中的民俗歌谣与人类学家的诗作刚好是人群内外互动的两面感应。如同金翼山谷的冬至歌谣，内中"大体押韵的歌谣的节奏性，象征和对比的手法，恰好是在共同的韵律中憧憬和推动饱满的家族主义，歌颂家族理想的完满性与延续性"[5] 而人类学家的诗作体验与回应，其广义的含义包括"使个体内在的生命被他人体验的艺术"[6]，是民族志常常丢失的重要心声。

20 年前笔者在参与观察"虎日"盟誓戒毒仪式中，看到彝族头人的讲话和戒毒宣言都用诗句表达，带着高亢的声调和起伏的韵律，在场的来自大城市的学者颇为不解，这里没有干巴巴的报告与论文宣讲，当时好似在反省：我们是来自一个无趣的和没有激情和诗意的社会吗?! 笔者设想，当我们要追踪和诠释他们成功戒毒的诗学唤起，却缺少诗意的互动与呼应的准备，那么，我们怎么能中肯地理解他们的韵律中所携带的生命意义呢?!

如果我们没有诗意的生活经验，我们就会木然地写作，生硬地征引，论文里不会看到那里的诗性社会的激情的本意。这起初是失落的互动，其诗学的呈现在调查者中一度被略去（因为不解）。然而纪录电影《虎日》好似一本可以来回阅读的教材，使我们重现和感受彝族人莫色布都朗诵戒毒宣言时的情绪，这不仅流露了有感于生活颓势的急切心理，也源于族群"文化自救"的情感召唤。他借古代招魂诗有节奏的呼吁，以调动吸毒者回心转意。事后我们将古老的指路经文加以析读，认识到歌谣与押韵经文（诵读）不仅是古老的文学精粹，还是引申到现代社会生活扭转困境的情感动力，并被大众熟悉的招魂诗韵所强化，一同进入了成功应用的和公益的事务中。因此人类学诗的创作动因正是导源于跨文化震撼与互动的当口，在熟悉押韵的指路经的小凉山，城里来的人类学家显然需要弥补和陶冶抒情与诗意的秉性，这有助于对历史、宗教与社会问题的实证性理解，也会从中发现社会的动因不只在权力和结构分析。

关于诗作的人类学探讨，常见文化互动瞬间灵感触发的意象（诗人因此被比喻为萨满），而地方长久流行的歌谣则是民间群体性真情感知之精粹。[7]林耀华80年前收集的福建古田《搓圆》歌谣[8]，至今在一年一度的冬至农家厨房里重现，全家人围桌一边搓圆一边齐唱，实际就是展现自然轮转与民俗韵律的和谐之道，当然伴随了中国传统家族主义的文化诗学。

在1979—1983年、1986—1994年间中国开始出现人类学诗的密集创作，那是因为林耀华的第一批（1978）研究生初到云南山地和坝区民族居地，便产生了第一波田野诗作、散文和旅行随笔。他们一方面像本尼迪克特那样只能在文学诗刊上发表，另一方面不间断刊行人类学诗集、散文集、小说和摄影集。[9]这一诗学团队到1989年以后，加入了电影摄制者、油画家、科普作者和翻译家；纪录片《端午节》[10]（1989、1992）和《金翼山谷的冬至》（2017、2018）里都有民俗歌谣和诗作的镜头，人类学诗学已经从写作表达卷入电影镜头的美学之中。[11]

笔者最早的人类学诗作整理是在华盛顿大学博士后期间，能以比较文化的视角写作和翻译，跨文化的诗学差异容易在交往中体验，记得那时还从西雅图寄了一首比较文化的诗《伯克博物馆咖啡店》给陈国强教授，他立即发表在《中国人类学学会通讯》第168期（1992年4月1日）上，倍感荣幸。[12]郝瑞教授和他的从事文学的女儿参与了笔者诗集的翻译，那时正在尝试一种被称为文化临摹的诗作新类型，以及创作民俗事项的隐喻诗句和田野意象的哲理等，郝瑞对这本诗集的评论是"不仅是根据 20 世纪晚期中美之间文化差异的经验，而且基于描绘这些差异的诗的角色"。现在又过了三十年，已有更多的人类学诗人加入了团队。

徐鲁亚教授在本书详述人类学（民族志）诗学的发端与延续，探讨人类学文化撰写及民族志的多种表现形式，包括小说、诗歌及文学修辞方法进行民族志写作的理论。在梳理文化撰写的问题上，后现代认为民族志从来都是文化的创作（cultural invention），而不是文化的表述；人类学在本质上是文学的，而非传统上的以为的科学，所有的真实都是被建构的，最好的民族志文本是一系列经过选择的真实组成，作者的主观性与文本表述的客观现实实际是分离的；后现代民族志崇尚对话而不是独白，人类学不应再以权威者的口吻讲述他者，而是民族志作者和研究对象之间的对话的重构，因此可以说，世界上每一个区域都会发生批判性的呼声，提示民族志创作的变革。

在人类学领域变革的尝试之一是来自民族志与诗作的反思，以及人类学诗学的生成。人类学诗是给谁写、给谁吟唱的？当探讨歌谣和诗的角色时，人类学是从田野情感与灵感出发的。这里科学与实证没有它的位置，我们思考的是这一吟唱与书写形式，"我们自己的诗以及他人的诗，来探讨诗的形式何以影响意义和民族志之洞见"。（引梅纳德、卡门纳‐泰勒《字里行间的人类学：诗与民族志的交汇之地》）。不仅如此，我们总是要求论文结论的清晰无误，但实际上这不是唯一实况，还有一层意思等待着诗歌，即诗在瞬间炼句、形成节奏和捕捉意义的同时，其妙处是可以写下"不可言说者"，所以诗是一种新的民族志叙述的方式，人类情感的直觉的、不可复述的认知过程观察，应由另一种方法论指导。因此我们有理由为人类学确定和强调一个写作创作的新的向度，因为它具有方法论的意义。想一想，处在科学与人文交汇之处的人类学实践，不觉得缺点儿什么吗?!

　　本书收集的田野歌谣是人类学家和地方头人、文人和农人联合收集的，因本书篇幅有限只收录一小部分，是令人遗憾之处。福建古田县和闽东的才子们收集了农事歌、节日歌和情歌，《银翅》里的主人公之一吴同营还自创了歌谣，林耀华的晚辈道士林芳德、小学教师吴锦辉、县医院方刚医生等都积极参加了本地歌谣的收集和写作。云南省宁蒗县"虎日"成功戒毒的参加者，宣读戒毒宣言押韵诗的莫色布都（今日成了地方戒毒义务宣讲员）、地方文化精英卢志发老师费心收集编写。在福建和云南数十年田野合作的友谊，几乎每一件事情都能认真和顺利完成。不是说外来者和地方人民必须混熟了嘛，连隐私都不避讳吗？的确有些明快的和隐秘的民俗歌谣（如美妙暗示的情歌），其隐喻和诗意令人回味无穷。

　　这本书还发表了中外人类学诗，包括著名人类学诗人戴蒙德（Stanley Diamond）《图腾》诗集的十余首，让·鲁什（Jean Rouch）关于多贡人的人类学诗《安魂曲》（电影美学和吟诵合璧），以及非洲本土人类学诗人庇代克（Okot p'Bitek）的《拉维诺之歌》片断，七位中国同行诗人的作品也一并刊出。笼统地比较起来，似乎中国人类学诗人更偏重于田野场景直接的抒情，而庇代克则激愤西方学术拔走了"我们土地里的南瓜秧"！人类学诗人们的田野感触，无不关注社会文化的隐喻，当然中外诗人的跨文化的体验与立场却值得细品。真正来自乡土社会的张有春、宋雷鸣的现代诗,透视了"倒塌的土墙/将镰刀埋葬"的农人生命观,以及浓缩出"祖先坐在高山眺望"的时光思绪;他们对其俯瞰的农业发展与农村乱象既充满希望又忧心忡忡。方静文把临终关怀的文化暗喻入诗,还有女人整容心态的医学人类学视角,惟妙惟肖。她在田野流感时打请假报告,也变成了期待"甘草枇杷露"的诗句。还有,我们团队的彝族头人当了人类学教授以后,获得了田野内外"枢纽"的难得的角色,需要我们步步揣摩其诗句用心:"有一条路/可以在死亡后成为白色/也可以在白色之后死亡",外人可能完全不得要领,可笔者在山间密林穿过走过,知道嘉日姆几处处埋藏隐喻。提到小凉山彝族成功的"虎日"戒毒事项,笔者呼应这位头人,我们需要在宁蒗树影斑驳的羊肠小路中找到黑花白三种羊,用羊的民间哲理去自救:"警觉的黑山羊/在眼前一晃/……许久许久/窄脸花羊/才慢慢跟上来。"(请关注同一诗学隐喻主题的论文、诗作和绘画作品)叠贵从人类学改行音乐组合,用汉语和苗语写词编歌,他觉得先前的个体情感总是要消解在传统集体之中,现在可不一样了,他以诗、歌、乐曲和戏剧的创作成果,已经从苗岭尝试进入了更广阔的大众媒体视野。

可见,我们不得不深入充满诗意的地方文化习俗之中,才会有饱满的诗性。我们的人类学田野调查需要做出另一种识别歌谣和隐喻诗句的抒情与敏感能力,平日动手写诗和训练节奏与韵律感成了一个人类学家的新标尺,非如此我们就难以在现场互动中识别和呼应,那我们只能写权力和"大的"政经结构一种论文,不过,或许至少我们可以兼顾,开始尝试一下诗学感知的新的方向。田野诗意的识别与互动是大众的，也是学术的，诗性的学习使我们更好地理解大众之趣，人类学诗学的新的学术发现也必然呈现。

人类学的诗学范畴及其扩展

人类学诗学的存在，田野情境始终是一个基点。不过我们并没有把诗学停留在歌谣与诗作本身，与民间歌谣有关联的音乐舞蹈也会进入我们的眼帘。崔鸿飞看到秀山花灯音乐旋律明显有方言发音习惯及歌词韵律的影响，具有音乐"说唱一体"的特征；发现其外化的音乐是人们共享的观念，同时人们也把私心与情欲隐入乐曲和动作中，这无疑是一个交流的意义空间，个性和从众性相机融入秀山人独特的诗性音乐舞蹈表达之中。

更为情节化的还有戏剧，它既是古老的也是现代的，具有永恒的魅力。有一类戏剧的功能如同亚里士多德的"行动的模仿"，其态度很像孔夫子，不重天命重道德人伦。笔者研读古代宫廷戏剧以及在参与福建古田的合作实验闽剧《猿母与孝子》，悟到了冬至节气的宫廷戏剧和民间闽戏之间，如何从汤圆统摄意象和找寻猿母之哀婉的情节，自然转换到了人伦与孝道的传统模塑理念之中，通过戏剧做派的雅俗分野与合流，呈现了天地人和谐的文化诗学韵律。

当然电影的出现是晚近以来的事，动态的图像表征被认为是文字系统不可比拟的，既然难以相互替代，因此至少具有文化表征互补的并置地位。从小型电影机普及之后，电影镜头语言的理论与实践推动了人类学诗学生成的新领域。张敬京描述了让·鲁什 1972 年执导的关于多贡人葬礼的拍摄，他使用了电影拍摄的主客位交融方法，以及他在民族志电影中刻意凸显主观性、极强的文学性与美学价值。让·鲁什运用镜头的象征性、抒情性的蒙太奇隐喻，还巧妙地运用了光和影的暗喻，强化了审美意境，是人类学和镜头艺术的良好结合，使观众对土著仪式充满敬畏感、神秘感，方能欣赏电影镜头的诗意表达。

范华教授（Patrice Fava）并没有引证后现代的思想，而是直接从更早的明代公安派袁氏三兄弟藐视正统思想的性灵、真和趣的批判意识出发，用于他自己的人类学电影拍摄，追求情感、会意、心态和互趣的境界，让中国古典美学精华理论进入人类学和电影，正是范华教授的研究特色，他的电影实践或许说明外国理论借鉴和中国国学文论推陈出新应该是一个平行的关系过程，也说明电影诗学的成功前景同样带有古今中外一致的批判性元素。

范华教授是从中国古代文论钩沉，周泓则是从古诗文中包含的文化事项探讨历史人类学的情怀。她是从汉地西域诗中透露的杂技乐舞考证的字里行间，梳理考古与民俗事项：古典诗作、音乐舞蹈、壁画雕塑，还难得地从田野考证重现了元至清代北京大钟寺、白塔寺庙会、魏公村和长河畔的文化交流胜景。作者乐见古今艺人与观者跨越时空和族属尽情交流，体验艺术与民俗所携带的历史感之美学动力。这篇论文因压缩篇幅临时抽调，十分可惜。笔者和周泓、张有春在 20 世纪 90 年代遍访海淀，得益于本文作者对 800 年间诗文场景与人民情感的艰难集凑，以及作者团队的田野寻访体验，加深了人类学聚焦的"意义的历史"的诗学生成认知，并带领读者一同"置身"故地触景生情。如果读者有兴趣的话，我们当年还在现场拍摄了尚未发行的一部人类学纪录片，也将历史诗学转换到电影诗学中。

这里不得不说，古老的诗学因技术进步与动态视觉语言变幻，导致了人类学诗学构成的新的创造，从胶片到数字摄像机、再到新媒体技术合成，推动了打通神话传说、歌谣、戏剧和电影的跨学科多元表征实验，形成了笔者团队多年来技术与视觉诗学的创新谱系。瓦努努教授为此热情撰文介绍从中国人类学电影《金翼》到《金翼山谷的冬至》的技术、交叉学科与人类学诗学研究与实验的历程，我们也乐见中法两个人类学团队电影诗学的细致交流。

我们团队20多年前悄悄开始的绘画人类学实践，正是缘于人类学电影拍摄实践多年后的新启发，因为我们发现了静态绘画和动态电影的表达差别，不参与新方法田野实验则不得也。绘画为人类学运用，意在表达镜头和文字陈述都难于超越的创作特长，其中之一就包括复合思维的运用。肖像画《一个成功戒毒的彝族男人》，这是画家和成功戒毒者田野熟识后的画作，肖像充满希望的神情又饱含着内疚的心理，被认为是绘画运用多种复合思维的佳作。应该说，这一点是线性电影难以做到的，也是没有田野参与观察的肖像画家做不到的。林建寿解释绘画中的诗学与象征要通过画面中的关系、意境、神态及隐喻来完成，画家团队在几个田野点创作的油画《天泽》《闽江乡愁》《憨鹰》和《喜临门》就分别带有这四种绘画特征或混生特征。此外人类学绘画的隐喻手法也和文字写作不同，相比一般的电影记录拍摄，画家笔下的创作显得更为自在。不过我们团队的文化表征多元方法实验，并不是为了强调不同专业孰长孰短，而是思考各自特长之间的并置与互补意义。

　　上述诗与歌谣、音乐、舞蹈、戏剧与电影还属于在文学艺术的范畴讨论人类学诗学的问题，然而实际上诗学渐渐在更多的学科与领域弥漫开来。赫兹菲尔德（Michael Herzfeld）在希腊克里特岛的民族志，发现在格伦迪这样一个视自尊为积极意义的社会里，社会审美的核心概念是意义（sinekhia），说话是一种行为，行为也是说话，二者融为一体。对各种关切的社会论题，都展现了他们娴熟的短语运用，情境化的睿智诗句和炫耀谋求优势的文字游戏能力，尤其是他们的即兴互动显示了这里人民潜在的诗学品质，于是我们已经有理由探索这种社会诗学的新的向度。这种表现言语会意的社会语言交流，笔者也曾在《银翅》的第十七章，记录和解读了渔政会议和移民库区工作座谈会的多元交互对话的贯通隐喻与直觉识别，展示生存与利益的内心诉求。前者善用诗韵，后者则暗喻款通，尽显社会诗学的意义表达。看来，权力和结构的问题又显露了，不过这不是科学与实证的视角，而是诗性的感知，而诗性的感知还有更广泛的意义范畴。

　　当下，刘珩对社会诗学的概念阐述是最为明朗和全面的。他认为社会诗学揭示了人类学"文化书写"和事实建构过程中所凭借的文学策略和修辞手段，正成为包括文学在内的各人文和社会科学追本溯源的重要手段，诗学的知识论和方法论应该重新回到长期被理性主义摈弃的这一乐园，并吁请人类学家在田野中努力追寻人类学的情感体验和诗性智慧，以重现诗学民族志的方法论魅力。这里可不是说我们要和哲学家用同样的思辨方式讨论本体论，人类学的基本出发点是田野，因此人类学是在田野中追索存在之动因，而不只是解答直接的一两个社会问题，方静文的中国女人整容研究就是如此。整容是身心痛苦与美感期待相伴的诗学历程，然而在田野解答层次之上还需进一步追寻那个理念先在的"自然"本体精神。

博物馆以往是不归在文学诗学的讨论范围的。政治与权力令博物馆的结构化展示诗性尽失，而理应把文物收藏与展示转化为人类学意义的文化感知与诗学寻觅。尹凯亲历多样化的博物馆策展过程，反思了博物馆诗学的要义，一是寻找收藏与策展过程的原初文化的诗性智慧，二是关注参与者与观众的情感体验、感悟和个人生命意义。笔者在 2019 年举办的以人类学绘画为中心的跨学科策展，也已经不止于展览馆内的多模态布展，而是从田野调查阶段就已经开始寻找和编织博物馆人类学的诗性意义了。而且范晓君进一步认为在博物馆的展览本身，是一场整体的诗性创作，我们不能忽视"画展"本身对于艺术家个人职业和人类学家成果展示的两种隐喻修辞，诗学人类学在文化的修辞规则当中帮助我们意识到知识的生产过程是协同影响的。

综上所述，我们从古老的原生的歌谣与诗作含义研究，扩展到多样性的文学与艺术诗学探索（包括新技术推动的新的表征领域与专业），并引申到更广泛的社会生活与跨学科领域，这就是以田野参与观察为基点的人类学的诗学探索的不同范畴、各自特征与意义。

人类学诗学呈现，除了较长的时间参与，我们没有教科书说什么叫达成深度互动的条件，然而有一天忽然觉得，不只是时间的累积而是体验的累积才是最重要的。而体验如何衡量呢？笔者小心地在田野中揣摩，那是有一天当人们能和你交流隐私和达成直觉觉解的时候，以及获得难得的文化的情绪与破隐能力的时候，即田野思绪融通和诗学之达成。相信不只人类学家自己，诗人、画家和摄影师都会同意在田野理论指导下获得的创作深意。

我们这部人类学的诗学探索论集，首次把中外人类学家的诗作和田野点的地方歌谣放在最前面（第一部分和第二部分）这是对歌谣和人类学诗作作为民族志形态的重要肯定；随后（第三部分）是 20 世纪 80 年代以来文化撰写、民族志和诗学人类学的理论与方法历程综述和相关论文选，带有启蒙诗学人类学的主编初衷；最后（第四部分）是中外学者和笔者团队成员在歌谣与诗作、古典文论钩沉、音乐与舞蹈、戏剧与电影，以及跃出文学艺术领域的博物馆诗学、社会诗学与本体诗学之重要论文或论文节选。衷心感谢赫兹菲尔德、李霞和王莎莎的好意，使《男子汉的诗学》中译片断得以先印，感谢本书参与论文或论文节选的作者、因种种原因未能入选的作者，以及域外失联作者。也衷心感谢本团队已故的王宏印教授生前的积极参与和撰写，他的不幸逝世令我们更为珍惜他的杰出学术贡献。

最后，真诚邀请读者进入田野里的人类学诗学世界，谨祝各位更多创作，精进探索！

注解：

1 Elenore Smith Bowen, Return to Laughter, New York, Anchor Books, 1964.

2 Zhuang Kongshao, 2010 "Non – waste Anthropology", Cultural Dimensions of Visual Ethnography: US – China Dialogues, Visual Anthropology Centre, USC; in *"Perspectives on Visual Culture from China: Methodology, Analysis and Filmic Representations"*, Visual Anthropology Center of USC, and Intellectual Property Publishing House, 2012.

3 庄孔韶：《行旅悟道——人类学的思路与表现实践》，北京大学出版社，2009 年，第 369—370 页。

4 Wanono Gautier Nadine, De La Maison des ailes d'or au Solstice d'hiver: une

généalogie créative au service de l'anthropologie visuelle, Journal des anthropologues n° 156 – 157, 2019, p. 299. （此出处由张敬京译自 Nadine 教授的论文《从〈金翼〉到〈冬至〉》，原载法国《人类学家》第156—157期，特此致谢！）

5　庄孔韶：《流动的人类学诗学——金翼山谷的歌谣与诗作》，《开放时代》2019年第2期。

6　Rita Dove, *What does Poetry Do News for Us*? Virginia University Alumni, January / February, 1994, pp. 22 – 27.

7　庄孔韶：《流动的人类学诗学》，《开放时代》2019年第2期。

8　林耀华：《闽村通讯》，载林耀华《从书斋到田野》，中央民族大学出版社2000年版，第287—290页。

9　例如，庄孔韶：《北美花间》（中文），华盛顿大学人类学系，1992；Zhuang Kongshao 1992：*Valentine's Day*（ Translated by Steve Harrell）；庄孔韶：独行者丛书五本，含诗集、摄影集、小说、随笔、旅行文学等，湖北教育出版社2000—2001年版。徐鲁亚：《敦煌诗刊》2002年第1期；周泓、黄剑波：《人类学视野下的文学人类学》，《广西民族学院学报》2003年9月号、11月号；周泓：《人类学诗论》，《云南民族大学学报》2003年第5期；周泓：《人类学诗》，《敦煌诗刊》2002年第1期；徐鲁亚：《神话与传说——论人类学的文化撰写》，中央民族大学，博士学位论文，2003年；徐鲁亚：《马林诺斯基与英国小说家约瑟夫·康拉德》，载《林耀华先生纪念文集》，民族出版社2005年版；徐鲁亚：《〈黑暗的心灵〉与〈西太平洋的航海者〉之比较》，《中国青年政治学院》2007年第5期；徐鲁亚：《远方的梦》，《北方作家》2008年第6期；伊万·布莱迪：《人类学诗学》（徐鲁亚等中译本），人民大学出版社2010年版。张有春：《田野四辑》，江苏文艺出版社2016年版；张有春：《情感与人类学关系的三个维度》，《思想战线》2018年第5期；王宏印：《朱墨诗集》，世界图书出版西安有限公司2011年版。

10　庄孔韶导演：《端午节》，英文版1992年；中文版2000年。

11　我们诗学沙龙的小电影《冬至的人类学诗学》应邀在2014年法国数字人类学年会的首席放映讲座（2014）以及英国皇家人类学会为《银翅》英文版和人类学电影《金翼山谷的冬至》举行了专题展映（2019，3）。

12　目前厦门大学石奕龙教授从他的藏书中找出这一期通讯，感谢之至。

一 人类学诗与歌谣

庄孔韶诗

庄孔韶，云南大学文化人类学首席专家。代表作：《银翅：中国的地方社会与文化变迁》、诗集《自我与临摹》、纪录片《金翼山谷的冬至》和油画《入洞房》等，多年致力于探索人类学田野交叉学科作品之触类旁通意义。

牡　丹[1]

皮泽特湾的家庭花园

只有一株牡丹

大概是地脉不宜

晚春又没有灼人的热风

夕阳为孤独染上金边

不是芦笙

是踢踏舞的脚步

性急地招呼

她却隐入水墨画中的暮色

暮色原来挂在楼梯墙上

帝国大臣蒋公廷锡[2]

怎么躲在这里？

他在寻找遗失了的卷轴

他想分辨姚黄和魏紫

他还要用袖子缭绕天香

注解：

1　《牡丹》：客居美国西海岸望族之家多年（1990 年前后），写就人类学小说《家族与人生》（2000），还有数十首小诗，《牡丹》《感恩节》等都和这本书的故事相关。詹森太太为笔者提供了大量家史、地方史料和口述录音，并为我的书和诗集题写英文书名，甚为感念。

2　蒋廷锡：清康雍年间宫廷画家，开创了植根江南、闻名京城的蒋派花鸟画。在詹森太太家楼梯转角高悬有一幅中国工笔花丛古画，没有上下卷轴，只能用长焦相机识别，确为落款"臣 蒋廷锡"的牡丹图。以往只知蒋廷锡的《百种牡丹谱》绢本，而未见单张大型牡丹图。问及缺少卷轴之事，云：小孩子打气枪致画面上下（天头地头）破损，方截去上下卷轴高悬。呜呼！

海　棠[1]

我把春天的洋红放在铁皮制的小盒子里

初秋的早晨却滑出来绛紫

一共十二颗露珠是我越境买来的缅甸宝石

尝一口带着一点点苦涩

等到初冬这里很少很少下雪

冰冷的白霜怎么变成了北京四合院墙上的粉硝

杜工部不为"花中神仙"留诗是事出有因

我却告诉一位朋友最好把世界上的事情完全忘掉

就好像枯黄的落叶

被风吹到门厅右面的拐角

注解:

1　在西雅图华盛顿大学植物园，笔者曾在不同季节、天气和心情为一株有来路的海棠树拍反转片，留下千姿百态。联想起杜甫一生写了一千余首诗都没有写过海棠，一种说法是因为杜甫母亲叫海棠，避讳所致。真是各有所思呀！

水　仙

一汪清水

和彩色雨花石

搀扶着白玉仙子

两千年只有两个品种

西方人叫它

一张白纸[1]

威廉[2]的诗中

有浮云飘上树梢

数不清的金盏银台[3]

在绿湖边

随风声婆娑起舞

我应邀进去颇不自然

索性又回到

姚女[4] 身边

但她也不允

注解:

1 一张白纸:white paper,或白皮书,洁白的寓意,而且其本身就是一个水仙品种的学名 paperwhite。水仙源于地中海,后传入中国,其栽培法之比较入诗是一种交叉文化的感触。

2 威廉·华兹华斯(William Wordsworth,1770—1850),英国浪漫主义诗人,他的诗清新而深刻,主张描写"在平静中回想出的情感"的诗学主张。有一年,笔者在白金汉宫周边的山坡向上看,微风中成片的水仙如天上的浮云游移,刚好可对照威廉·华兹华斯的名诗《水仙》(The Daffoodils)意境,然而笔者的诗却另有所云。

3 金盏银台:水仙别名,上述白玉仙子亦是。

4 姚女:传说古代姚姓妇人梦中观星陨落水仙处,遂诞下一女,因姚女貌美成水仙花代词。

冬 至

我看到了那位
衣锦还乡的伟大官人
总是惦记
做猩猩的母亲[1]
他背着竹篮
从阴冷的森林
走回小村
便有无数个粉丸丢下

最圆的两个
黏在黄铜的门心

"搓搓痴搓搓
年年节节高
红红水党菊
排排兄弟哥"

竹箕旁的阿嫂站起来

撒上糖和豆粉

我掏出两个橘子

再推开门

把羽绒服挂在树上

注解:

1　做猩猩的母亲:闽东的冬至晚上,全家围拢在厨房的圆桌,边搓圆(糯米汤圆),边唱歌谣,纪念一位做猩猩(传说中猩猿不分)的母亲。相传一位农夫在林中劳作生病,为母猿搭救,后诞一子。父子离去多年功成名就,怀念猿母,于是全家搓圆黏在大宅门和通向森林的树干上,饥饿的猿母顺着黏汤圆的路径找到家,猿母与父子终于团聚,所以冬至是一个家族仁爱与和睦的节日,也是新年的前奏。

春　节

清代咸丰年

或者更早

传教士带来一只

番鸭[1] 母本

孕妇先尝过

再上除夕晚宴

旧日"烧火炮"的铁盘

已无踪影

一声爆竹

我怎么打了寒战

第二年才醒悟

是受人一拜的古稀长者

向西边走去

只有他抱着竹火笼

里面还烧着红炭

诗经记载

婚礼在黄昏

媒人掐算

正月初五晚霞时

遇吉日良辰

还有母亲的叮嘱

万不能错过十七岁[2]

这里没有政客做家长

是美丽的女神

在元宵灯下微笑

注解：

1　番鸭：闽东闽北和东南部中国常见的禽类（Cairina moschata），非鸭非鹅，体形硕大，适于冬季进补，300 多年前从南美辗转而来，后古田一带有"冬至补，吃番鸭"之民谚。

2　万不能错过十七岁：当地人信奉的临水陈太后——陈靖姑女神有十八和二十四难，依当地的习俗总是尽量把女儿的婚期赶在十八岁前。

元 宵

春秋隐语

和宋仁宗的

上元诗谜

一并写在光绸上

时寓讥笑

戏弄赏灯行人

已不多见

只有穿西装的半大小子

把竖写的旧京译语

拉到面前

"灯市西口无灯"

"噢，那是假日饭店"……

还是今年汤圆好

却不知里面是豆沙或山楂

鼓吹弹唱间

一人猜测一次
就像在美国的中餐馆
"幸运饼干"[1] 也含有隐喻

我已看不清那位卷发的姑娘
在火树银花湮灭时

1 幸运饼干：Fortune cookies，美国中餐馆流行的餐后甜点。"幸运饼干"为菱角形，
蛋卷外皮质地，打开后有一张带字的小纸条，多为预测运势的签文或吉利话。

清　明

姓氏的魂灵列队等候在远离炊烟的山腰树下
孩子们高兴地分吃四十九种供品，每年只有一次剪除荆草
再也没有一个人来到这里

城里人用花岗岩垒砌的围墙分隔了阴阳
石林中闪出鬼女的冷笑
还有阳光返照后复生的男神，用混浊的眼盯着你

搬到山腰树下去吧！
或者，推倒围墙携手去踏青
和记忆的影子拔河
与战国人摆下阵势"斗鸡走犬"
同春秋山戎女儿一起荡秋千

我们愉快，我们悲伤，我们不知所措

端 午[1]

插艾草和菖蒲的人家

角黍里只有糯米

麻公说

是我告诉人们

祭奠屈原

起初是为了

欢娱河的精灵

龙船比赛前夜

有一道禁令

桨手不能和女人同房

但祈求她的一炷香

划呀划

哇，每年都争吵

别奇怪

还有来年

晚宴的红曲老酒

要锡壶温过的

三杯一过

何处还有愁

问太太

哪个是我的衣箱？

注解：

1   这是一首季节生态转换与民俗细部观察诗作，灵感来自农家女主人在端午节前一

天晚上为全家准备夏天的衣服。

春 分

我把六对红筝符抛向空中
再落到枣树的枯枝
迎风飘扬
还有三只白色的旅游鞋
零散地
在树冠间摇晃

戴口罩的路人停下来
掏出背包里的一双黑皮靴
念念有词
用力甩了上去

古田女人

穿腈纶花线的村姑
望着闽江上用了四十年的渡轮
于是外乡的大姨二姨都禁不住走下船
试着把集市的彩虹披在身上

背后的一条砾石车道
载来九十九座山外会种田的姐妹
她们只需把大柴锅放上灶台
抓一把松柴慢慢地燃烧

八百年来只有她们悠闲自得
笑那些西边跑来的小个子女人
光着脚走路还挑着大竹篮

我不厌其烦地请教一位念过私塾的先生

他说"四书"里从来不解释妇人

我偏要找到乡里最通事理的阿婆问个仔细

她笑得前仰后合不住地用衣袖擦眼角

忆中缅边境之行

瑞丽江边
有一截水泥界桩
第六十号
埋在村寨后院

傣家淑女
天天穿越边境线
从厨房到卧室
手擎银钵送来温水

她还在吧
叫玉金还是什么
凤凰树依旧
芭蕉已经苍老

羊的寓言

一只白羊
轻轻地走过
随后是警觉的黑山羊
在眼前一晃

许久许久
窄脸花羊
才慢慢跟上来

它们没有走在一起
也看不见它们走在一起
它们走在一起
也看不见

鸦　尼[1]

鸦尼人也有创世纪

他的始祖叫梭米欧

其实有更古老的传说

但人们只能背五十三代

前年我去澜沧江

第二十八代的两支族人

他们隔山隔水而住

于是有人吟唱

立寨门

怆然泣下

注解：

1　鸦尼是我国哈尼人的古称。40 年前查考他们的游耕路线，有一天到达列车寨，和
同行的哈尼向导一起背诵父子连名，发现这里刚好是第二十七和二十八代族群分野
之处，同宗相逢，喜极而泣。

张有春诗

张有春，人类学博士，中国人民大学人类学研究所教授，主要研究领域是农村贫困与发展、医学人类学。

长安成卒

丙申六月十六日午时，细雨
自长乐门拾阶而上，逆时针巡城
城楼阒无一人
顾盼自雄

本朝国力鼎盛海晏河清
百姓康乐商贾如云
骊山脚下胡乐阵阵

街头巷尾
小规模战争在网吧进行

至安远门，夜色陡沉
摩天楼乌压压一片
大兵压境

箭随心动
呼啸而上
夜空遭电击般颤栗，华清宫方向
杀声阵阵，霓裳羽衣曲戛然而止

城墙落寞依旧
地砖叹息声依旧

折身下城楼
蹒跚前行，须发渐次由
乌黑而灰白而花白

转角处
尚友茶舍一声高亢的老腔惊回故里
土墙围成的礼堂内
马嘶人欢锣鼓喧天
村西头的土屋里
母亲坐在炕头纳鞋底
煤油灯昏黄柔和
土炉上壶嘴突突，氤氲满屋
自门缝逸出

那时，母亲还年轻

2016 年 7 月　西安

枫桥夜泊

将日子高高挂起，这口
单调、沉闷的古钟

也不想和它照面
三月的幽州
苍白 阴郁 咳嗽不停

当柳条在窗外舞出绿意
你住在了姑苏城外
一家古镇，入夜

你梦见自己泊在枫桥边
梦见夜半梦见钟声

钟声悠长孤寂
湮没你的船身

2018 年 4 月 19 日　苏州

父辈的岁月

没有爱情没有庄稼
把镰刀深深插进
后院杂物间的
墙缝中
呆看它
暗淡　生锈

土墙轰然倒塌
将镰刀埋葬

2018 年 4 月 7 日

不年轻就不再是诗人

吉狄马加改用汉语
像其先民一样吟唱大地 江河 村庄 神鹰

潇潇称自己的朗诵在国外屡屡斩获泪眼
在国内却难引起共鸣

欧阳江河称自己是个严肃的诗人
今晚要吟诵最幽默的诗句，吟罢
举座鸦雀无声

西川说自己发现非黑即白的思维是脑子缺根筋
还说黑白照片还有灰色做衬

看来诗人就是年轻

这些乘飞机满世界朗诵诗歌的诗人

这些五个人一起开国际诗会的诗人
这些品红酒梗脖子讨论孤独的诗人

毕竟，不年轻就不再是诗人

2019 年 12 月 12 日夜

野性的思维

（一）

七点起床
八点驱车前行
九点抵达纳日屯

一个月前
你们已定好行程

小卖铺已到村民代表数名
打牌 发呆 听雨，其他人在途中
山路泥泞

"这些懒人活该穷"？

哦，不
前几天他们刚完成春种

（二）

约好上午找蓝姐
九点她家已空无一人
电联时告知：
"等不见人影
七点到玉米地忙活
下午回家联系你们"

午后
两点开始等候
四点开始焦灼
六点失去耐心

"这里的人靠点谱行不行"？

哦，不
地里的庄稼不等人

2019 年 8 月 29 日

嘉日姆几诗

　　杨洪林（嘉日姆几），彝族，云南宁蒗人，云南师范大学法学与社会学学院教授，主要从事政治、法律人类学研究。

白色之路

在你我藏匿燕麦炒面的夜色里
有一条路，可以在死亡后成为白色，也可以在白色之后死亡

你的骨灰，就在这条路的上边，是我悄悄躲过看林人将它们
撒在竹林中
你将面对你的火葬场，尽管你没有享受九层柴火的尊严
但我把酒、鸡蛋、苦荞饼全放在你的嘴边

在这条白色的路上，没有人会在你身后滚石头
因为你用你的血模糊了别人的眼，而老母亲八十多年的眼睛
却没有血色

你会沿着母亲生你时的血迹找到回家的方向
犹如你第一次跨过那条江，顺江而下，就是白色路的起点
精灵、鬼怪和邪恶就在你身边，他们与你共生，同时与你
共死

记着，你没有亲人，你身后的人全是你的敌人

他们手中黑色的鸡就是你的邪恶，他们将用刀不断击打你的

贪婪

还有，你没有灵牌

你的魂灵顺着江水早你回家，也许，他也会在你白色的兜

里，与妖魔鬼怪偷情

你我藏匿的燕麦炒面，我会在适当的时候种下

给那些筑路的人吃，尽管，我们都知道

那条路，可以在死亡后成为白色，也可以在白色之后死亡

那一年

那一年，

风从不刮耳朵，却沿着山脊

阳面的山坡上总有金属在闪烁，犹如夜间的鬼火

脚印，总留在那棵熟悉的小树边

那里，有女儿的味道，也有金属的味道

雷声，越来越大，却只能在心跳之后听到

总是看到一个巨人

翻山越岭

将我的魂从睡梦中掠走，像我掠走坝子里的山羊一般

他来了，只带了一根针

为缝补破旧而来

就在那棵小树边

那一年，

风从不刮耳朵，总沿着山脊走

牛，被风干，磨成炒面露宿风餐，偶尔从裙子般的裤管遗漏

山洞，沿着女人和孩子的谎言

一个接一个被攀爬，

那根针，在山洞的尽头，开始缝补那片记忆

雷声，越来越小

穿过乌云的缝隙

在心跳之前，带我走进那一年

风依然沿着山脊走

无　题

沿着一条没有人走过的路
我数着自己清晰的脚印
和那散发着点点人气的孤寂
一步一步
蹒跚

远处
一截截没有烧完的柴火
在黎明的霜期里
冒着缕缕青烟

我　知道
那是他的火葬地
和那迎头走来的魂灵

我拾起一根根白骨

把他们装进一个白色的袋子
往深山走去

身后
什么也没有留下

H5N1

陌生符号
于冬天之前
尾随群群飞鸟
拖逸一幕幕阴谋

一个人
一张网
一身防化衣

唯有一双恐惧的眼睛
游离符号之外

巫师颤抖着说
这是女鬼的双手

冻　疮

好端端的血
流着流着
为什么会慢，慢得可以生疮

未听说祖先生冻疮
他们也在寒冷的冬天奔跑
不穿袜子　不穿内衣　更不穿内裤
可是，血就是慢不下来

要是在老家
我会掏出刀
破开一个个冻疮
将伤口暴晒
然后睡在冬日的阳光里

在城里

一个人不可能用刀挑疮
也不敢将伤口暴晒
因为
破伤风比冻疮可怕

占卜书上说
白天见不到阳光
晚上看不到星星的地方
冻疮就会消失

于是
我在下水道里穿梭
将自己化为城市的冻疮
身上不热　不冷
犹如冬日老家的阳光

乌鸦与我的先祖

烟雾
笼罩着一条峡谷和一个坝子

一个男孩
牵着一匹黑马
光滑的马鞍上
摇晃着一个老人

羊皮鼓
来回磕碰着小孩的后背
空灵的鼓声
夹杂死亡的步伐逼近马背上的老人

远方的木板屋里
摆满了酒坛

一个君王
让小狗躺在爱妻的怀里
发出病恹恹的叫声

马背上的老人
掏出怀中的经书
看到了一切

君王说
咒不死我爱妻的病魔
你得死

老人说
咒狗不是我的使命

君王
放下手中的剑
放了老人
他打开另一本经书
书上说
泄密者有九只眼、九节喉、高深莫测

君王气红了眼
烧了经书变成一缕青烟
乌鸦吸了一缕烟

成为知晓生死的智者

母亲说
泄密者是一个竹筐、一棵竹子、一个汤豆
父亲却说
男孩是我的先祖

人类学纪录片《虎日》主题歌并演唱

太阳在崇山峻岭中奔跑

ᒿᐯᐱᐱᒣᐯᙏᐰᐱᒥᑕᐰᒣᐱᐱᙏ

我的心却是落在大山里

ᙏᒣᒥᒣᐱᒣᐯᐰᒿᒣᙏᒣᒥᙏᙏ

月光在水面上流淌

ᐳᙏᒥᐱᑕᐰᒣᒥᑕ᙮ᐳ

我的灵魂却消失在水里

ᙏᒣᒥᒣᐱᒣᐱᐱᐳᒣᙏᒣᒥᒣ

我的祖先啊

ᙏᒣᒥᐱᐱᒥᙏᐱᑘᙏ

不要再让你的子孙们承受苦难

ᑕᒣᐯᐱᒣᙏᐱᒥᐱᒣᒣᐳ

宋雷鸣诗

宋雷鸣，河南沈丘人，人类学博士，厦门大学人类学与民族学系副教授，主要研究方向为汉人社会闾山派道教和流行病人类学。

看玉米

八月十四的月亮独目圆睁
云翳闪过狰狞的嘴脸

烈日里掠回的玉米
赤裸裸地沐浴月色

长刀藏于枕下
倾听中原虫豸歌唱

2008 年 9 月 19 日　河南沈丘

秋　野

农人伐尽了疯长的夏禾

失去营地的虫豸匆忙逃匿

旷野成了孩童的疆场

千里追逐喘息的老蝗虫

以狗尾草为锁链，串起引颈的俘虏

投入秋收之烽火狼烟，争食其肉

拖着惨烈的战火，夕阳逃过

不远处，先祖之坟，屹立如山

2007 年 10 月 19 日　北京

午　睡

看厌了对弈的仙人，几千年没有换一个姿势。

我斜倚在松树下，闭目养一养神。

云淡风轻，白鹤从远方飞来，停落树顶，装饰我清幽的梦境。

对面的峭壁上，猿猱攀援跳跃，呼朋唤友，欲掠走我的灵魂。

我把斗笠遮盖在面上，却把山间的清风藏纳胸中。

山中风物雅致，如若我千年的呼吸，未曾远离须臾。

午睡醒来，我竟坐在一平米的格子里，背靠黑色的椅子，面朝灰色的玻璃墙……

2011 年 10 月 24 日　北京

祖先坐在高山眺望

祖先坐在高山眺望
龙头和卧虎若有所思
九曲溪[1] 流咒语呢喃
神灵与燕子飘忽往来
道长凭空画了一道符
都保四境[2] 固若金汤
香烛幻化了村庙
风调雨顺，国泰民安

2015 年 7 月 17 日　福建古田

注解：

1 在金翼村的旅游规划图里，《金翼》书中与西路平行的曲折小溪被命名为"九曲溪"，九曲溪昼夜不息地流过金翼山谷。

2 都、保为古田元代以来的地方行政单位，境为村庄或社区边界。人类学家林耀华先生的故乡金翼村现包含五个自然村，其中的墓亭、前都洋、马山头属四都一保云端境，林万洋为一都六保林万洋境，岭尾村为一都六保岭尾境。闾山派道士在相关仪式文书中沿用旧名。

春节纪行

天呼地应，万物随行
行之于中原的时令
令时入心，天人合一
一如千里归乡
乡情难喻，言语沦陷
陷于酒肉乱阵
阵雪忽涌，天地苍茫
茫然无声，突有画眉啁啾

2019 年 2 月 17 日　河南沈丘

方静文诗

　　方静文，浙江淳安人，人类学博士，哈佛燕京学社访问学人，中国社会科学院民族学与人类学研究所副研究员，主要研究方向为医学人类学。

病假报告

和顺别后
感风寒
高烧
晕
声嘶
不能言
卧床三日

所幸
今天
略好转
晚上去机场
一溜烟
漆亮
施粉黛
蒙

忽一阵

干咳

湿罗音

盗汗

痛

是传染

还是师承?

颤巍巍

举起手机

按键

却流出

几滴

甘草枇杷露

2011 年 1 月 21 日

窗户纸

一纸诊断
坏消息不期而至
可怕的字眼如何说出口？

她痛彻心扉扮若无其事
他心知肚明却假装不知
夹在中间的女大夫：
知情同意还是人情世故？

那一天
她欲言又止
他摆摆手
我知道他知道了

不用捅破窗户纸
一个来自心底的传承

2021 年春节

变　身

镜子镜子谁最美丽
镜子是镜子
镜子是他人的眼光
镜子是无处不在的镜头
镜子里的人可以更美一点

无影灯
柳叶刀
缝缝补补
许诺你蝶变新生

自然不够好
就再造一个
只是无神的双眼
能否配得上隆起的新鼻梁

意欲卓尔不群

闹市却发现

千人一面娇娆行

　　　　　　　　　　　　　　　2021 年春节

叠贵诗

叠贵，苗族，1985 年生于黔东南，人类学硕士，独立音乐人，夜郎无闲草工作室创始人。

你是谁

嘿，你是谁呢
风如此冷
你还在那高山上

嘿，你是谁呢
天黑了
你却在那深谷里

嘿，你是谁呢
鸟兽已沉睡
你还游荡在枫林里

嘿，你是谁呢
月亮亮着
你还一个人
在森林里
（间奏）

嘿，你是谁呢
人世繁华
你还在那高山上

嘿，你是谁呢
人们吹笙踩鼓
你还在那深谷中

嘿，你是谁呢
村村寨寨热闹着
你还飘荡在天空中

嘿，你是谁呢
人潮汹涌啊
你还一个人
在森林里

创作手记：

  总体来说，苗族是一个流动的民族，他们不停地迁徙是为了寻找栖息地，并时刻怀念祖先的家园，下面《我们一起走》向人们展示这种古朴的怀念，以魂灵的口吻来召唤人们回到故土，去和祖先相聚。

  这是我最早的母语作品，当时我也刚研习人类学，开始了对自我的反观，探寻苗族历史与信仰，尝试在母语歌曲创作中以个体经验做民族叙事，摒弃宏大、宽泛、刻板的结构化描述。本诗有音乐呈现作品，请查阅百度：叠贵歌曲。

我们一起走

白：

　　此刻，你孤单一人，日日夜夜哭泣着往东叫唤着往西，人不人鬼不鬼，（存于人鬼之间），流浪在月亮谷，飘荡在太阳山（风餐露宿）。今天，冬日已至，吃穿的时刻来临。我想起了你，想带你去党告坳（传说苗族祖灵聚集之地）与祖先们相聚，载歌载舞，大吃大喝，这样你就不再飘荡流浪！

唱：

啊咦……啊咦……
我们一起走，一起走
我们一起走，一起走
怕什么呢
越过山岗
我们会路过飞鸟和野兽
飞来飞去
来回穿梭在那些古老的森林啊

后来，我们路过祖先

他们在大河边

穿着银衣，戴着项圈

跳起舞蹈啊跳起舞蹈

我们就不愿离开啊

我们就不再受苦

我们一辈子就这样

这是宿命啊

咦哟……咦呀呀哟……

（间奏，重复第一段）

来！天上的祖先啊，地上的人们

来！东方的祖先啊，西方的人们

来！男祖女祖

来！父族母族

来寻食觅喝！

来吃饱喝足！

来跳笙踩鼓！

一起来啊一起走！

姊妹节

三月十五
这一天我们能够做些什么
恋爱
比合欢更营养
歌唱，起舞
比梳洗更洁净
而木鼓的声音
确认了我们的存在

花海[1] 物语

据说　人的生命起源于海洋
伴生于开花植物
一亿年前　花朵
一夜间开放在世间的土地之上

随风摇曳　自然绽放
历经多个世代的迁移　　流徙
恐龙的足音逐渐消失
猛犸的身影慢慢隐去
花在地上　手上
心上

自在自然而有芬芳

时光流转
花还是花　土还是土

只是　命运已经篡改
玉米　水稻　去哪儿

注解：

1　田野调查时，常见乡间开发"花海"项目，用最好的田土去营造旅游景观，有思有感。

何时归

季节轮转　二月三月又到了

树叶啊郁郁葱葱

我却孤身流浪天涯　披星戴月

生生死死

谁晓得　尸骨何时还乡

灵魂何时

回到原来的地方

创作手记：

　　这是一首表达流动苗语有八个声调，传统的苗语歌曲多为五言体或七言体的诗歌，我想，如果将口语化纳入苗语诗歌的写作中，创造一种新的苗语诗歌，那会是一种什么样的效果?!

　　苗族传统社会是一个集体大于个体的社会，几乎所有的艺术都是为了展现集体情感，无论音乐、刺绣、舞蹈和歌谣都是如此，个体的情感常常是消解（抒发、裹挟）于集体场景（活动、行为）中。当然，在相对稳定的、封闭的传统小型社会，个体情感寄于集体情感之中是有其合理性的。但是，在开放的现代社会，苗族人来回于都市和乡村，面对流动多变的社会环境，个体的体验获得加强，个体的情感也随之复杂和丰富起来。那么如何突破旧的诗歌定义，创作新的、针对个体经验的母语诗歌作品，是一个亟待思考的问题。

古田¹ 歌谣（宋雷鸣等收集）

古田是歌谣的田园，在日常生活和仪式性场景中，人们以富有节奏和韵律的歌谣，生动地表达情感、愿望、知识和理念，是地方社会文化和人们情感的结晶与宝藏。由宋雷鸣和古田县林芳刚、吴同营、林芳德、吴锦辉和厦门大学林俊杰收集。笔者基于收集到的有限材料，暂且根据场景和功能，把古田的歌谣粗略概括为仪式类、节令类、宗教类、说教类、盘诗类、情歌类和其他。

古田的歌谣，以七言最为常见，根据不同的类型，或吟或唱。仪式性的歌谣以吟诵为主，称为"讲好话"，每句后面常带有衬词"啊"，周围的观众会附和大喊"好啊"，气氛热烈。盘诗类的歌谣则需吟唱，有固定的曲调。葬礼哭丧时的唱调和新娘哭嫁的唱调，以及闾山派为小孩收惊时请张六娘（陈夫人三十六公婆之一）时的唱调类似，可见陈靖姑信仰与地方民俗之间的关系。

随着社会的变迁，古田的歌谣传承呈现新的局面。盘诗类活动已不见踪迹，哭丧歌谣渐用音响代替，另外出现了越来越多的专业化人士。近十年来，古田兴起了"喜娘"[1]这一职业，在婚礼、乔迁、开业等仪式性场合代替原来的亲朋好友讲好话，营造更为热烈的喜庆气氛。喜娘等专业人员又利用网络新媒体手段发布小视频和开展直播，把古田歌谣推向一个新阶段。

宋雷鸣

注解：

1　古田原在婚礼中承担类似角色的女性为"伴娘嫂"或"伴娘姆"，男性说好话的为"先生"，近些年来受福州地区喜娘文化影响，古田也流行起喜娘这一职业。目前古田专业讲好话的女性称"喜娘"，专业讲好话的男性称为"司仪"。

赞金翼[1]

真鸟仔，啄石榴
请您金翼来旅游
清清小河村中过
鱼儿成群水中游

真鸟仔，飞田间
金翼是个好地方
好山好水好乡风
春山绿水花果香

真鸟仔，啄菠菜
三共活动欢乐多
你唱歌来我跳舞
古稀老人展才华

真鸟仔，飞过墙
金翼今日大变样
春回大地暖人心
紫燕不知旧门庭

真鸟仔，啄桃花
美丽乡村靠大家
干部群众一条心
互助互爱好乡亲

真鸟仔，啄花瓶
党的恩情说不尽
人美景美家园美
幸福生活万年长

新娘新郎敬酒
龙凤花烛笑眯眯
新娘新郎敬酒来
亲戚朋友齐拿起
大家都来敬新娘
新娘敬酒也有礼
下季新娘就做娘
新郎官敬酒添一下
明年新郎官就做爸

手拿啤酒敬奶亲
奶亲家里万事兴
子孙本事会读书
争取清华考北京

手拿啤酒敬同事
同事个个都本事
兴家立业建新房
生子读书考博士

手拿啤酒敬老板
老板钞票银行等
财源茂盛达三江
走出中国二十三省

福如东海滔滔进
长福长寿发大财
寿比南山节节高
财源滚滚四季来

手拿酒杯花又花
财丁两旺亿万家
亿万家财生贵子
贵子代代会荣华

手拿酒杯笑眯眯
荣华富贵自然来
荣华富贵是也好
南海观音送子来

手拿酒杯笑嘻嘻
今天搬家好日子
六亲亲戚喊恭喜
大家都是真欢喜

注解：

1   吴同营作，金翼山谷农民，《银翅：中国的地方社会与文化变迁》中银耳生计革命的先锋之一。

房好话

天地分三阳开泰阴阳自分明
日月三星乾坤
吕洞宾肩背宝剑双双喜庆
铁拐李师傅葫芦内装八宝丹王
韩湘子玉箫吹黄金万两
蓝采和花篮内装百子千孙
曹国舅如意民间送子
何仙姑手拿笊篱内装五谷丰登
汉钟离手提掌扇招财进宝
张果老鱼鼓且唱天下太平
上八洞加官下八洞进禄
左进金童玉女右进富双全
财宝和盘进厅中
祝东家发百子千孙

开业火炮响昂昂

四面八方客人进店门

店里装修是呀好

空调温度正正好

生意兴隆大发财

一天更比一天好

拜堂诗

鸣炮

炮鸣香飘玉烛光，今日斯时好风光

如今宾客已满座，请出新人来拜堂

又一

宝顶香飘玉烛光，门庭喜盈正芬芳

百年鸾凤吉期会，迎请新人出拜堂（拜天地神祈堂上祖先）

拜堂礼毕喜洋洋，从此门庭大吉昌

夫唱妇随鸾凤偶，熊黑叶萝早呈祥（拜父母）

礼毕新人入洞房，夫妻恩爱福寿长

喜见红梅多结籽，他年麟趾又呈祥

接下轿，丢米头

夫妻白发，夫妇齐眉，五子登科，五代同堂

十　发

一发东家笑眯眯，财源滚滚四方来
二发东家笑毫毫，东家子女乐滔滔
三发东家福禄多，东家生活快乐多
四发东家人聪明，子孙赚钱挣美金
五发东家人本事，培养子孙读博士
六发东家是富贵，买来新厝没讲贵
七发东家人长寿，搬到新厝会享受
八发东家笑呵呵，事事如意步步高
九发东家人不坏，东家年年发大财
十发东家十齐全，福禄寿喜进满门
十发好话新又新，左进白银右进金
赚钱好像长流水，添财添喜又添丁

十　间

一间开进是珠宝，父亲交代门要锁
二间开进是电脑，三间开进你会笑
四间开进是钞票，五间开进新又新
六间开进是黄金，七间开进你欢喜
八间开进海产和大米，九间开进身上装
内有鞋帽和西装，十间开进是仓库
内有香菇白木耳和竹荪

硈硈粟[1]

硈硈粟，粟硈硈

糠饲猪，米饲侬

冇粟养鸭母

鸭母生卵填主侬

主侬没着厝，去过厝

过厝乌窿空，去栽葱

葱无芽，去泡茶

茶无味，去栽柿

柿未黄，先摘两粒请大王

大王无牙齿，请表姊

表姊无闲食，请乞食

乞食袂拿杖，请和尚

和尚袂念经，请铁钉

铁钉袂钉柴，请蛤蟆

哈蟆袂蜕壳，请鸡角

鸡角袂叫更，请先生

先生袂教书，请土猪

土猪袂爬树，跋呖地兜叽咕叫

注解：

1 古田县金翼村林芳刚提供。

月　饼[1]

月月月，汝着天上趖，我着地下行。

行行行，行到福州城，买坨饼。

月又圆，饼又圆，年年治猪做大年。[2]

注解：

1　厦门大学人类学与民族学系林俊杰同学搜集整理。

2　中秋时节，小孩在明朗处以月饼上下比照圆月，边比照边念。着：tyø，在。趖：suo？，转。坨：tuai，块。治猪：thaity，杀猪。

治家立业[1]

    治家立业，一勤二俭，春耕早起，切莫贪眠，兴工剔秆，起手锄田，作塝划塝，开枧作崩，三月落园，滴罄栽芋，清明浸种，担粪培地，割芋使牛，犁耙平荡，深耕浅种，拔秧布田，满月转青，便下爬鍪，嫩芸拔草，使粪贴头，六月大旱，小心看水，掘坑作圳，开坡做坝，使力播秋，多使粪料，割塝拔秒，结实粒有，秋来临割，每墩加增，拌稆缚秆，送租纳税，贮入仓内，出晒碓米，砻糙撒嫩，除糠去碎，净早下曲，碓米酿酒，冬天闲日，修桥补路，讨柴烧炭，煎糖榨油，担糟做曲，砍换起厝。

注解:

1 古田县古田八中吴锦辉老师搜集整理。

奶娘咒[1]

一柱茗香透天庭，二柱茗香请神明，

三柱茗香三拜请，拜请临水陈夫人。

父是陈家陈长者，母是葛家葛夫人；

大历元年正月半，亥时生下奶娘身；

一岁两岁多伶俐，三岁四岁巧聪明；

五岁六岁览书册，七岁八岁上书堂；

九岁十岁学针织，十一十二读经书；

年登十三去学法，直到闾山大法院；

闾山法主高兴起，传授闾山正洞法；

奶娘学法三年转，直到五庙斩邪强；

元和二年天大旱，石头发火地生烟；

奶娘脱胎去祈雨，降下甘霖济黎民；

奶娘廿四归阴府，鼓角飞来临水宫；

三山作化古田县，一炉香火万家传；

千处祷祈千处现，万家祷请万家灵；

不论茅楼与大厝，一般相请一般行；

弟子虔诵奶娘咒，千山万水降来临；
天灵灵地灵灵，观音化身间山列圣；
吾奉太上老君敕，急急如律令！

注解：
1 由林其德提供。

没病就是仙[1]

没病就是仙

大大猪头谢苍天，五帝不捉没作愬

穷人没病就是富，富人无病就是仙。

注解：

1　福州市仓山区民间文学三集成编委会：《中国民间歌谣集成·福建卷 福州市仓山区分卷》，1990 年，第 6 页。

长索放你短索收[1]

老鼠邀猫看元宵，长索放你短索收，
老爹讲错再讲起，百姓讲错命就休。

注解：

1　福州人称官为"老爹"。福州市仓山区民间文学三集成编委会：《中国民间歌谣集
成·福建卷 福州市仓山区分卷》，1990 年，第 19 页。

有　心[1]

郎有心，姐有心，可怜无处结同心，
好像双层板壁眼对着眼，烛上无油空费心。
郎有心，姐有心，屋小人多难近身，
胸前挂镜心里照，黄昏时的汤圆夜里盛。
郎有心，姐有心，哪怕人多屋又深。
人多虽有千双腿，屋深哪有万扇门。

注解：

1　福州市仓山区民间文学三集成编委会：《中国民间歌谣集成·福建卷 福州市仓山区分卷》，1990 年，第25—26 页。

半　夜[1]

姐道我郎呀！你若半夜来，
别到后门敲，只装捉鸡来拔毛，
假做黄鼠偷鸡引得角角[2]叫，
好教我穿上单裙出来赶野猫。

注解：

1　福州市仓山区民间文学三集成编委会：《中国民间歌谣集成·福建卷 福州市仓山区分卷》，1990 年，第 31 页。

2　角角：鸡叫声。

瞒　人[1]

情郎暗暗雪里来，
屋边路上脚迹有人猜，
三个铜钱买草鞋，
叫我情郎颠倒穿，
只猜去了不猜来。

注解：

1　福州市仓山区民间文学三集成编委会：《中国民间歌谣集成·福建卷 福州市仓山
区分卷》，1990 年，第 35 页。

龙船歌[1]

一年佳节逢端午，万古骚魂忆屈原。

淡淡波光摇岸影，如云仕女隔溪喧。

击楫中流发棹歌，独自人远感尤多。

当年三楚兴亡恨，唯有丹心赴汨罗。

十里清溪鼓吹声，龙舟泛出碧波明。

相邀又趁中秋节，农事余闲乐太平。

兰桨画桡西复东，舟舟泛到夕阳红。

夺标毕竟需群力，宽渡何妨趁晚风。

注解：

1　中共福建省委办公厅编：《福建民歌》，福建人民出版社 1958 年版，第 205 页。

小凉山彝族歌谣（卢志发整理）

卢志发，彝族，云南宁蒗人，现工作于宁蒗彝族自治县非遗研究中心。致力于彝族文化的研究和彝族古籍文献的整理翻译等工作，收集整理反映彝族人生产生活经验的民歌和经典谚语（玛木、尔比、克智）等。以下是几首流行于云南小凉山地区的彝族传统民歌。

嚯哩来磨荞面[1]

嚯哩来磨荞面，

妈妈来磨荞面，

妈妈的儿子别闹。

嚯哩来磨荞面，

妈妈要做美餐喂儿子，

喂儿子，

把妈妈的儿子喂长大，

喂长大。

......

注解:

1　流行于云南小凉山地区的《嚯哩来磨荞面》，是妈妈背着孩子推磨时，边推磨边唱歌给孩子听的歌，有着摇篮曲的特点。歌曲跟着推磨的节奏而唱出旋律，又有劳动歌曲的特点。歌词语言简练生动，音乐有前长后短，两次连续跳跃的节奏形式。调式结构为羽调式，节拍呈 2/4 拍子。随着起伏有致的转动，歌声和推磨声此起彼伏，在推磨声伴奏的欢乐歌声中，繁重的劳动变得轻松愉悦。

　　附：乐谱（整理者　鹏佳）

3·5 2·1 | 3　3 | 5·3 3·5 | 2·1 6 | 2·3 5·5 |

1　2 | 3·5 2·1 | 6　6 | 5·3 3·2 | 3·5 2·1 |

6　216 | 6 - | 5·3 3·5 | 2·1 21 | 6 216 | 6 - ‖

秋雨爷爷[1]

秋雨爷爷[2]淅沥沥，淅沥沥，

猪仔吃食声喳喳，声喳喳；

秋雨爷爷淅沥沥，淅沥沥，

放猪牧童寒颤颤，寒颤颤。

秋雨爷爷淅沥沥，淅沥沥，

牧主牧童唤声声，唤声声；

秋雨爷爷淅沥沥，淅沥沥，

孩儿思念父母断肝肠，断肝肠。

秋雨爷爷淅沥沥，淅沥沥，

母羊羔羊咩咩叫，咩咩叫；

秋雨爷爷淅沥沥，淅沥沥，

𝌀𝌀𝌀𝌀𝌀𝌀，𝌀𝌀𝌀　　女儿[3]思亲惆怅怅，惆怅怅。

𝌀𝌀𝌀𝌀𝌀𝌀，𝌀𝌀𝌀　　秋雨爷爷淅沥沥，淅沥沥，

𝌀𝌀𝌀𝌀𝌀𝌀，𝌀𝌀𝌀　　山间云雾缭绕绕，缭绕绕；

𝌀𝌀𝌀𝌀𝌀𝌀，𝌀𝌀𝌀　　秋雨爷爷淅沥沥，淅沥沥，

𝌀𝌀𝌀𝌀𝌀𝌀，𝌀𝌀𝌀　　空中鸿雁咕咕叫，咕咕叫。

注解：

1   《秋雨爷爷》是一首儿歌，流行于云南小凉山地区，歌词应用了大量的拟声词，描绘出各种动物的声音，充满童趣。歌词随情景的变化，可以随意发挥，有着极大的自由性，许多的内容都可以入歌，如：九黄雨水淅沥沥，淅沥沥，屋前流水哗啦啦，哗啦啦。九黄雨水淅沥沥，淅沥沥，水中鱼儿乐融融，乐融融。（ꆈꄜꀕꇬꀒꆈꀕ，ꀒꆈꀕ，ꀕꇬꄜꀕꑭꃀꀕꄜꀕ。ꆈꄜꀕꇬꀒꆈꀕ，ꀒꆈꀕ，ꀕꇬꀒꑓꆈꀋꇬꀋꄜꀕ）。再如，山间的牛犊、草坪的马驹、院中的小鸡乃至林中的麂子、獐子、鸟儿等都可以入歌。其音乐节奏很有动力，曲调轻快活泼，节拍呈2/4拍子，强弱规律非常明显，修饰前两个小节的后两小节特重，而且弱拍强位有断音的特点，弱拍弱位拍为休止、小快板的速度从而很有律动性，表现出彝族儿童天真无邪的性格特征。

　　附：乐谱（整理者　鹏佳）

2   秋雨爷爷：九黄雨水，绵绵秋雨。在彝语中，用拟人的手法称为"秋雨爷爷"。

3   女儿：这里特指远嫁他乡者。

英雄咏叹调[1]

呵哦呀……　　　　　　　嚯哦嚯……

浪迹天涯的我这游子啊，

想当年我幼小之时，

呵哦呀……　　　　　　　嚯哦嚯……

躺在妈妈的怀抱里跳啊跳，

躺在妈妈的怀抱里跳时，

奶汁伴饭来养育，

我这浪迹天涯的游子啊。

呵哦呀……　　　　　　　嚯哦嚯……

浪迹天涯的我这游子啊，

想当年我幼小之时，

呵哦呀……　　　　　　　嚯哦嚯……

抓着妈妈的裙角跳啊跳，

抓着妈妈的裙角跳时，

羊肉和荞粑粑来养育，

我这浪迹天涯的游子啊。

嚯哦嚯……

浪迹天涯的我这游子啊，

想我在孩童之时，

嚯哦嚯……

绕着锅庄火塘来跳啊跳，

绕着锅庄火塘来跳时，

锅庄和火塘伴我跳，

我这浪迹天涯的游子啊。

嚯哦嚯……

浪迹天涯的我这游子啊，

想我在孩童之时，

嚯哦嚯……

绕着房前屋后跳啊跳，

[illegible]　绕着房前屋后跳时，

[illegible]　鸡仔竹子伴我跳，

[illegible]　我这浪迹天涯的游子啊。

[illegible]……　嚯哦嚯……

[illegible]　浪迹天涯的我这游子啊，

[illegible]　想我在童年之时，

[illegible]……　嚯哦嚯……

[illegible]　翻越前山后山跳啊跳，

[illegible]　翻越前山后山跳时，

[illegible]　伴着牛羊跳在山岗上，

[illegible]　我这浪迹天涯的游子啊。

[illegible]……　嚯哦嚯……

[illegible]　浪迹天涯的我这游子啊，

[illegible]　想我长大成人之时，

[illegible]……　嚯哦嚯……

[illegible]　穿梭于大小凉山之间，

[illegible]　穿梭于大小凉山时，

ꀀꊐꆈꀋꑊꌅꆼ　　　　　是为找寻血浓于水的亲情，

ꀕꀋꈪꀋꑟꀀꑘꀃꊐꆼꀕ　我这浪迹天涯的游子啊。

ꀀꑝꂷ……　　　　　　嚯哦嚯……

ꀕꀋꈪꀋꑟꀀꑘꀃꊐꆼꀕ　浪迹天涯的我这游子啊，

ꋪꀋꑟꀋꇉ　　　　　　想我长大成人之时，

ꀀꑝꂷ……　　　　　　嚯哦嚯……

ꑊꀋꑟꆈꌠꀀꂷꇉ　　　浪迹于彝区和汉区之间，

ꆈꌠꑟꆈꌠꂷ　　　　　浪迹彝区汉区时，

ꀀꊐꀋꈪꌠꑝꆼ　　　　是在找寻华夷共荣的民族大义，

ꀕꀋꈪꀋꑟꀀꑘꀃꊐꆼꀕ　我这浪迹天涯的游子啊。

ꀀꑝꂷ……　　　　　　嚯哦嚯……

ꀕꀋꈪꀋꑟꀀꑘꀃꊐꆼꀕ　浪迹天涯的我这游子啊，

ꋪꀋꑟꀋꇉ　　　　　　到了如今啊，

ꀀꑝꂷ……　　　　　　嚯哦嚯……

ꂘꀋꑟꆈꑝꀀꊐꆼ　　　已是白发苍苍的老人了，

ꂘꀋꑟꆈꑝꀀꂷ　　　　到了白发苍苍之时，

ꇉꀋꑟꀋꑘ　　　　　　依然壮志不已，

ꀕꀋꈪꀋꑟꀀꑘꀃꊐꆼꀕ　我这浪迹天涯的游子啊。

ꀀꁂꄳ……　　　　　　囉哦囉……

ꀀꄷꄮꁁꄲꁀꄳꀀꄻꄴꄵ　　浪迹天涯的我这游子啊，

ꀀꁂꄳ……　　　　　　囉哦囉……

ꄯꄲꄳꄴꄵꄶ　　　　　　到了如今啊，

ꄷꁀꀀꁂꄳꁁꄶꁂ　　　　已是行将就木将死去，

ꄸꁀꄹꄮꀀꁂ　　　　　　死去之后，

ꄺꁃꄻꄴꄷꄵꄶ　　　　　亡魂依然佑子孙，

ꀀꄷꄮꁁꄲꁀꄳꀀꄻꄴꄵ　我这浪迹天涯的游子啊。

注解：

1　《英雄咏叹调》是一首典型的彝族式山歌，流行于云南小凉山彝族地区。歌曲较苍凉、悲壮。歌曲描述了一个男人从妈妈怀里的褴褓中逐渐成人，直至老去的人生历程。凉山彝族有叙述歌咏一个女人一生经历的有《慢慢的女儿》，而叙述歌咏男人一生的应该是这首《英雄咏叹调》。内容包括一个人出生、成长学习、游乐牧耕、探亲访友、解决纠纷、参加械斗等内容。每一个歌者都可以根据自己具体的经历，即兴创作演唱。

彝族人唱的山歌的节奏自由宽广，其节拍有的是散板，有的则自由地近似于散板。音调高亢，清澈明亮，旋律优美流畅，极富地方色彩。由于抒情性、自由性的功用要求，旋律简洁而又单纯。

这类山歌，在演唱时，乐句、节拍有较强的随意性，很少受乐句、节拍等格式的限制。同一个乐句，可重复演唱另外两句或两句以上的歌词。音乐的节拍也可以根据歌词内容增加，随意地延长。这种特点，在彝族人的山歌中比比皆是。

附：乐谱（整理者　鹏佳）

阿经木惹[1]

	男问：
ꀨꊪꀕꇤꀕꁧ	阿经阿经木惹[2]也，
ꑳꈜꀉꎭꈜꊪꀕꁧ	阿经木惹我漂泊啊漂泊。
ꂷꀨꈜꇬꑽꁧ	漂泊遇到牧猪女，
ꐛꈜꑽꁴꈪꆺ	牧猪女孩啊，
ꀺꌧꉛꅑꇬ	我家的岳父（大舅）[3]，
ꌧꐛꈜꇬꆃ	可否看见经此地？
ꑟꎭꐛꈜꇬꆃ	可否听见经此地？

	女答：
ꐛꇵꑽꁴꈪꆺ	我牧猪女孩回答啊，
ꊪꌐꉛꅑꈜꆈꇬꑽꁧꇬꆃ	并非不曾见你大舅经此地，
ꀉꈜꌐꎭꀕꑽꁧ	也非不曾听见经此地。

ꛀꛂꛃꛄꛅꛆꛇꛈꛉꛊꛋ　　我们就是给你大舅放猪者，

ꛌꛍꛎꛏꛐꛑꛒꛓ　　　屋下田间稻麦尚有路，

ꛔꛕꛖꛗꛘꛙꛚꛛ　　　屋上满坡牛羊也有路。

注解：

1　《阿经木惹》这首歌以问答的形式对话，看似一个漂泊的人儿，在寻找他的大舅，实是一对青年男女之间对唱的情歌。男的直白而明知故问，女的委婉却耐人寻味。凉山彝族的情歌从来很少直抒胸臆，表达心意都是含蓄婉转，男的不说"我喜欢你"或"你是否愿意嫁给我"，而是很隐晦地表达：你的父亲能否成为我的岳父？女孩的回答更是耐人寻味，满坡牛羊都有路，田间地角尚有路，你寻找岳父大舅的路应该不会没有吧？对话中紧紧抓住彝语中"舅舅"和"岳父"同音同意的这点展开，很富情趣。

附：乐谱（整理者　鹏佳）

男问：

```
36· 56· 3 |2/4 65· 6 | 36· 65· | 56· 3 |3/4 21· 3
36· |2/4 66· 2 | 51· 3 | 55· 1 | 51· 2 |3/4 35· 12·
53· |2/4 55· 1 | 53· 3 | 66· 1 | 53· 3 ‖
```

女答：

```
66· 2 | 51· 21· 2 | 35· | 12· 55· | 35·
1 | 31· 3 | 35· 1 | 21· 2 | 12· 11·
55· | 51· 22· | 3 | 35· | 51· 55· | 1
31· | 2 | 35· | 12· 35· 1 | 31· | 3 - ‖
```

2　阿经木惹：阿经哥哥。阿经，人名；木惹，彝语音译，指大哥。

3　岳父（大舅）：在彝语中，岳父和舅舅是一个词，岳父就是舅舅，舅舅就是岳父。

莫色布都（毛建忠）新歌谣（马鑫国译）

莫色布都，彝族，作为小凉山嘉日家族"虎日"戒毒仪式的见证者，他在人类学电影《虎日》中用押韵的诗句宣读"虎日"禁毒宣言。此后二十余年，莫色布都一直是"虎日"禁毒宣传员，先后在云南乡村、厂矿、企业、学校义务宣讲二百余场。

《欧啦》是一首小凉山彝族的规劝诗，有时用在规劝吸毒的同胞，有时用在彝族青少年的禁毒教育，成为小凉山新歌谣。它的诗句和韵律来自于彝族传统歌谣，它反复的呼唤和回答来自于彝族传统的招魂仪式。

欧　啦

ᚮ　ᚅ　哦　　回来

ᚮ　ᚅ！　哦　　回来！

ᚻᚼᚾᚼ　回啊回头吧

ᚻᚼᚾᚼ　你这视毒如命的瘾君子啊

ᚱᚑᚹᚼᚻᚮᚼ　回啊回头吧

ᚻᚼᚳᚻᚼᚾᚼᚼ　少不更事的孩子啊回来吧

ᚻᚳᚾᚳᚼᚼᚾᚽ　站立不稳的马驹啊回来吧

ᚮᚻᚻᚼᚾᚼ　试图蹚过险河的人啊回头吧

ᚮᚼᚮᚻᚾᚼ　企图攀越岩壁的人啊回头吧

ᚾᚹᚑᚮᚼᚳᚾᚼ　坐在阴森牢狱的人啊回头吧

ᚤᚹᚼᚻᚼᚹᚾᚼ　口舌之错错在嘴皮上下的人啊回头吧

ᚿᚾᚤᚮᚼᚻ　手脚之错错在踩错道路的人啊回头吧

ᚱᚾᚼᚻᚮᚼ　你这视毒如命的瘾君子啊回头吧

ᚳᚻᚾᚤᚳᚤ　羊到山头就回来

ᚿᚾᚳᚽᚳᚽᚾ　猪到沼地就回来

ᚤᚮᚾᚾᚼᚾᚼ　游于山头乌鸦之乡的人啊回头吧

匿于深谷喜鹊之乡的人啊回来吧

因吃错喝错而奔波于彝汉之乡的人啊回头吧

你爸你妈在等你

你儿你女在等你

哦　　回来

哦　　回来

可悲啊可悲

望子成才却不成才了

望女貌美却不貌美了

你还没有死你的孩子就成了孤儿

你还没有死你的妻子就成了寡妇

只因白色毒品祸

不知有多少孤儿在等爹

不知有多少孤女在等娘

不知有多少孤儿见了别人的爹就想自己的爹

不知有多少孤女见了别人的娘就想自己的娘

这是为什么呀

这是为什么呀

跨年将要过年了

跨月将过火把节

人家跟着爹娘过新年

跟着爹娘喜过火把节

你等却蹲阴森牢狱了啊

你的爹娘和儿女们啊

ꀠꀡꀢꀣ　跟着年份等待你

ꀤꀥꀦꀧ　跟着月份等待你

ꀨꀩꀪꀫ　跟着日时等待你

ꀬꀭꀮꀯ　跟着朔望等待你

ꀰꀱꀲꀳꀴ　站在房前山梁等待你

ꀵꀶꀷꀸꀹꀺꀻꀼꀽꀾꀿꁀꁁ　望眼欲穿也未见你等回来了啊

ꁂꁃꁄꁅꁆꁇꁈꁉꁊꁋꁌ　脚站发麻也未见你等回来了啊

ꁍꁎꁏꁐꁑꁒ　在彝人之地也回来吧

ꁓꁔꁕꁖꁗꁘ　在汉人之地也回来吧

ꁙ　　ꁚ　哦　　回来

ꁛ　　ꁜ　哦　　回来

ꁝꁞꁟꁠꁡꁢꁣ　你这视毒如命的瘾君子啊

ꁤꁥꁦꁧꁨꁩꁪꁫꁬꁭꁮꁯꁰ　老少见你犹如惧怕瘟疫和绝症

ꁱꁲꁳꁴꁵꁶꁷꁸꁹꁺꁻꁼꁽ　妻儿见你犹如惧怕瘟神和魔鬼

ꁾꁿꂀꂁꂂꂃꂄꂅꂆꂇꂈꂉ　亲戚见你犹如惧怕麻风和癌症

ꂊꂋꂌꂍꂎꂏꂐꂑꂒꂓꂔꂕꂖ　族人见你犹如惧怕土匪和强盗

ꂗꂘꂙꂚꂛꂜ　在那彝乡的村寨

ꂝꂞꂟꂠꂡꂢꂣ　自从有了白粉毒品后

ꂤꂥꂦꂧꂨ　生父顾不了亲子

ꂩꂪꂫꂬꂭ　妻子顾不了丈夫

ꂮꂯꂰꂱꂲꂳ　族内不团结了啊

ꂴꂵꂶꂷꂸꂹꂺꂻ　白粉毒品真可恶

ꂼꂽꂾꂿꃀꃁꃂꃃ　白粉毒品真该死

ꃄꃅꃆꃇ　有嘴莫吸它

ꃈꃉꃊꃋ　有手莫卖它

ꑟꇬ　　遇见要避之

ꀕꊌ　　并非留住之物

ꀕꊌ　　并非收藏之物

ꀕ　　哦　　回来

ꀕ　　哦　　回来

ꀕꊌ　　相互信任莫赚近亲的钱财

ꀕꊌ　　老牛自信莫要寻吃岩上草

ꀕꊌ　　牛羊自信莫要寻吃沼地草

ꀕꊌ　　追赶猎物进到深谷的优秀猎狗啊回来吧

ꀕꊌ　　寻食嫩草误入崖边的骟牛夫乙啊回来吧

ꀕꊌ　　误入毒品歧途的族人后辈啊回来吧

ꀕꊌ　　惬意家里多美好

ꀕꊌ　　宁蒗彝乡无限美

ꀕꊌ　　美丽宁蒗美如画

ꀕꊌ　　父子欢聚其乐融融

ꀕꊌ　　母女相聚其乐融融

ꀕꊌ　　惬意家里多美好

ꀕ　　哦　　回来

ꀕ　　哦　　回来

二　《安魂诗》与《图腾》诗选

《安魂诗》诗选

让·鲁什导演和朗诵（张敬京节译）

译者按：

《安拿依的葬礼》（*Funérailles à Bongo, Le Viel Anaï* 1848 – 1971）是国际影视人类学先驱让·鲁什和人类学家乔迈·狄德伦（Germaine Dieterlen）于 1972 年联合执导的一部人类学纪录片，记录了西非马里多贡民族元老安拿依隆重的葬礼。

安魂诗是多贡民族独具特色的一种口述文学形式，在多贡土语里被称作"德歌"（les tegués）。由于多贡人相信灵肉分离，在葬礼上都会念诵安魂诗，以安抚逝去的亡灵。此外，多贡人民认为 60 年一轮回，年满 60 岁以上者被尊为智者；而安拿依去世时已达 122 岁高龄，他在村里享有极高的威望，而他的安魂诗仅在片中就长达 15 分钟。安拿依葬礼的安魂诗并不局限于回顾他的生平，它囊括了创世传说、丛林野兽、多贡历史、村落史和主要圣坛，集中反映了多贡民族复杂的宗教信仰。安魂诗从遥远的神话时代一直讲到安拿依的凡人生活，有如史诗，气势恢宏。

安拿依的安魂诗由村落长老用多贡方言朗诵，配合铁制响板的节拍，音律感十足。后期制作时，让·鲁什把朗诵原声作为背景音乐和起势，渐渐过渡到由他所配音的法语旁白。让·鲁什不仅声情并茂地为这段旁白配音，还采集了安魂诗里提及的意象，如野兽骸骨、山崖、丛林、苍鹰、清泉、农人、庄稼、谷仓、小孩等，插图式地配合旁白一一呈现。这样不仅避免了画面的单调沉闷，还有助于了解安魂诗的内涵，增强影片的艺术感染力。旁白中，让·鲁什俨然忘记了自己"客观"的人类学者身份，而充当了多贡民族的游吟诗人，为多贡人翻译、吟唱、赞颂着民族诗歌。

以下是安魂诗的部分节译：

请宽恕我嘴太小、不能一一道尽。

神关上了门，晚安。

修筑圣坛的人们，晚安。

披荆斩棘的人们，晚安。

立石奠基的人们，晚安。

搭建屋梁的人们，晚安。

摆放灶石的人们，晚安。

披星戴月的人们，

我们得见天日，晚安。

首个入住山洞的人，山洞已满。

我们得见天日，晚安。

神关上了门。

东方之神，晚安。

西方之神，晚安。

北方之神，晚安。

神啊，温柔母亲，晚安。

神关上了门，晚安。

神让人死，神让人生。

走在大道的人，神让他去棘丛。

在荆棘里的人，神让他走大道。

哭泣的人，神使他大笑。

大笑的人，神使他哭泣

……

南方的人们啊，我不能一一道尽。

北方的人们啊，我不能一一道尽。

你们的日子已来临，晚安。

我数不清蜈蚣有多少只脚，

更不能逐一为它们穿鞋。

请你们在塔依广场各自就位，

你们的日子已来临，晚安。

老者安拿依，

荆棘的拯救者，多贡农人之子。

你身体瘦削，双手如柴，

太阳为你的身躯抹上油光。

你弯下腰去耕种，

你用铁扒翻动土地。

安拿依的儿孙，

是大象之子，雄狮之子。
老者安拿依，
你收获了炭黑的酸模籽，
你收获了掌叶般的菜豆，
你种的高粱装满谷仓。
芝麻分不出新旧，
稻谷在镰刀下沙沙作响，
你收获的黍米多如白雾茫茫。
……
安拿依，你是奥贡之子，奥贡大人之子。
老者安拿依，你买走清晨又卖去黄昏；
你买走黄昏又卖去清晨。
老者安拿依，你走进集市中心。
老者安拿依，那些追随你的子子孙孙
将同心协力，永不离弃。
愿他们走上同样的大道享有光明。

老者安拿依，你的父辈已长眠。
若你见到村庄元老古玛康，
若你见到伯父，
若你见到奥格马尼亚，
若你见到早先逝去的人，
那些我无法列数的祖祖辈辈，
你定要和他们紧密团结。

老者安拿依，谢谢你。

安拿依，感谢你的忠诚和宽恕。

如今你身无一物，

你无可指摘。

谁能像你拥有这般生命的厚物？

老者安拿依，你收养孤苦伶仃之人，

我们曾与你同食同饮。

我们无法感谢你。

老者安拿依，你已安睡。

愿神赐予你新床，

他们向辛劳的你致敬。

老者安拿依，感谢你的那些不眠之夜，谢谢你。

老者安拿依，你在家里长大，

现在人们把你送出家门，

他们所有人，感谢你。

于你，安拿依，绳索已收紧，

神赐给你的生命之绳已收紧。

那些帮助你的人，安拿依，

他们每天清晨都会来问候你。

安拿依，谢谢你。

……

安拿依，阿玛创造了你，阿玛收回了你。

请和他一同归去。
不论人们奔跑与否，
安拿依，你都待在原地。

安拿依，大道上
老媪会为你提供黍米，
女人会为你斟满牛奶。
在亡灵的大道上，
会有忠犬把守不放过闲人。
安拿依，愿阿玛助你攀登轻松的石阶。
你将经过一架铜梯，
一架铁梯，
愿阿玛助你选择正确的阶梯。
安拿依，愿阿玛助你找到曼加之门、乳木果油，
取火之物、掌树之油，沼泽地第一棵树的油。
愿你能啃食骨头时有牛油。
以早先逝去的人的名义，我请求你。
老者安拿依，那些追随你的子孙后代，
你是他们的祖先。
他们将同心协力，
永不离弃。
愿他们都走上同样的大道享有光明。

安拿依，谢谢，谢谢昔日的你。

《图腾》诗选

斯坦利·戴蒙德（ 王宏印 节译）

　　写一首诗如描述一个图腾柱——它刚一闪而过，却已不在世间。我们分明看见了，但其存在只在别处。

　　虽然我在这些诗歌上下的功夫比在我做的其他事情上要多，但对其起因却似乎无能为力。它使我精疲力竭，直穿我身心。其中有些诗写得很快——好像一场梦，收集也快，以免忘记——但有些得费时一两个月才能完成。《鲸之歌》费时数年，《绿色岁月》只需几分钟。其中的缘故，非我可知。我在这里无非是说我已有25年没有写诗了，诗兴如何再出，我无法解释——如何穿过了人类学长久而富有成果的曲折道路。或许我的成熟需要这样界定：它整合于我的幼年、青少年，完成了一个生命周期，总之，与这种需要不无关联吧。但无论这些诗歌如何界定和评价，其写作的结果仍然令我吃惊不已。

斯坦利·戴蒙德序

图　腾

每一个熟悉的门阶上

坐着陌生人

我的未被赞颂的婴儿的图腾

面孔抽象，刻板

当夸口特尔人食人者骗子

探索白杨树皮

在那半极地茅屋里

在那里浆果闪烁

印第安人生活

给出

爱，他们收获仪式表演

每一相同的退缩的楼梯

每一遥远的哀悼的街道

无名，如一条扭曲的床单

我不熟悉的家人瞪大眼睛

面孔雕刻成玻璃雕塑

奇怪地坐着

如鲑鱼将死

一跳跃

神性的母亲

那一夜我死前

我梦见

我依偎在我母亲的

麻木的怀抱里

盘旋在她倔强的

诱惑的氛围里

我们周围，天使们

最小的有一只翅膀

不能起飞

也不能落地

只能无休止地忍耐

她瞬间的气息

仿佛我母亲的象牙般臂膀

怀抱在那里

安魂曲

我吞没你的心
你的双眼是黑色的太阳
从未离开我的脸庞
优雅的姊妹
甜蜜的无知的姊妹
倒签名的女人

你的手在我的手中枯萎

在柱下，在石下
食肉的灵魂独自蹲伏

墓志铭

罗马尼亚是你的沙漠。

温柔的父亲
你可曾记得
那羊羔
如冰川在古老的山谷里
魔鬼在堡垒中
谋杀在祭坛上
羔羊的暧昧

喃喃的虔敬
温柔的父亲
你遗训给我以乐，当审判
悲伤精确

你没有教我

我们是贼

悲剧，是天堂之火。

出　殡

在青春的模式中，面庞僵硬
身躯弯曲成一声呜呼
犹太人的死者身着便服而葬
圣公会教徒涂油并身着哀悼的
选民的服装
天主教徒倒下
如同影子交错
克劳人、阿帕切人、阿里夫拉人
抬起尸首加热风
以牛粪护送圣灵
而群鹰集在
天之一角

斗牛舞

来吧，小牛
这里，小牛
你
一对毛
角
三角旗
在你撕裂的
肩上
来吧，小牛
这里，小牛
你
幼稚的眼
我克利特人的
母亲的眼
来吧，小牛
死吧，小牛

你
戴着波斯人的
套
嗡嗡
来吧，小牛
这里，小牛
我带你
回家

近点
小牛
再近点
能看清你脖颈上的青筋
隆起
在你午夜的
皮下
你动
跟我
你动
跟你
一只角质的
半月刀
绕一个环
紧紧地
如同一个

荆棘

王冠

和撒那之赞美

融化

我们的斗牛舞

在一击

之中

我待你

童贞的母亲

小小的鹦鹉

我待你如新娘

神圣的手套

这地方似乎绝对安静

某种沉静的插入

在换幕之间

而忧惧

风景移动

如远方的影像

一只昆虫唧唧

声音

离开造物

冰冻

几乎是被听到之前

忽然抽象

每一个人在水晶森林中

仅仅是一个出现

我们听到的事物的意象

某种坚持的小鸟

愚蠢地重复一个词

如像女人假装高潮

拥抱这宁静

但那里没有鸟

只有铜响

如实在的空中掉落的树叶

这地方似乎永恒

本质的花园

原始，崇高

世界被止在轴上

渴望上帝的敌人

把他还给时间

对　话

在我根本没有真理
亚当在沉沦前说
我是神圣的需要，直接的欲望
带给我荆冠
让其燃烧旋转。

在我根本没有真理
夏娃在沉沦前回应说
我完全需要，直接的欲望
我会把角给他
那是他的虔敬者所渴望。

重　生

人体，苍鹰盘旋
梦歌，穿越峡谷
狭窄如针眼
呼唤：

他吞食自身
食肉，食人肉者，奴隶
食尸者
弑父者
诱母者
不可讲，不可知，未出生

无耻
切齿与瞪视
折叠他在她带爪的翼下

缓慢地转身

在山巅之上

在恐怖中上升

他落下

经过瞬间的花朵

进入一个很小的空间

光的踪迹

是事物

于是投入

痛苦

一股太阳风

在远方凝固

我是恶魔

他嘶嘶作响

卷曲在她黑暗的胸前

击打在她子宫的里边

进入尘世的梦

无体

又盲又聋

无知无觉

如上帝

鲸之歌

五月里一个古怪的周日下午
他们在潮汐之前到达海滩
住下来好像不走的样子。

山的内坡上林木半死不活
沙丘上的落花被风吹走。

他们唱流亡之歌
骨沉入海底
盐渍
粼光的眼睛

海鸥掉落地面
痛哭盲目地返回——

四只蓝海鸥

在黑暗中喘息
只有半空中的海鸥能听到
而儿童在海岬上唱鸣
在海湾的上方

洗　礼

你是鹰
鼹鼠说
叫他的名

不，鹰答道
我是神之翼
神迹的肉身
飞翔的本质
世界因他而制成
山峰
小鸟
我在其上滑翔
巡视，命名。

爱抚他们
他们在我喉中叫喊

我命名的无一骄傲而死。

然后鼹鼠说
鹰
盲，我梦见你
醒来，你消失
在根中不见
我始见你的身。

爱斯基摩人

爱斯基摩人
自孕的动物
光环
穿白狐的皮
站立
夜的中心
消散
在沉默复沉默中
星落
冰的温度
有名字的
个人的武器
颤抖
等待合一
以爆发的心
柔眼的海豹

男人的

爱足够

去杀

吞食

荣耀

如牺牲

阿波罗之歌

双翼无用
在高天上
双翼
嫁给了大地
天稀薄为空
在权力的命令下
一切物质
消解为光
空间
是无翼的
冒失重的危险
在鸟的十字架体中
是神迹
时间是我们的因素
伊卡洛斯，我们的
后裔

赎　罪

印第安人藏匿他们的知识
在藏红色恐惧的长袍里
在提提卡卡湖岸边
湖是实在的，冰冷的
仿佛精神缓慢地恢复
在亮金的潮汐中

修 女

色彩异于雪色

寿衣

爱斯基摩人的踪迹

眩晕

白色的漩涡

被抛弃的天空

无限

向下的冰

冰复冰

湿眼的绿洲

牺牲，放光的头脑

盲目的习惯

三　人类学诗学的发端与延续

人类学诗学的发端与延续

徐鲁亚

从字面上看，人类学诗学（Anthropological poetics）一定是关于诗的批评和理论，其实不然。亚里士多德（公元前384—前322年）于公元前335年撰写了《诗学》一书，成为西方第一部最为系统的美学和艺术理论著作，探讨了一系列艺术理论问题，包括史诗、悲剧、戏剧等。由此可见，诗学一词并非仅仅是探讨诗歌的理论，而是探讨当时艺术和美学的理论。

如此，人类学诗学就不仅仅是探讨人类学诗的理论，而是探讨人类学文化撰写即民族志的多种表现形式，包括小说、故事、诗歌等多种文学艺术形式以及民族志写作的理论。因此，人类学诗学亦可称为民族志诗学。

人类学（民族志）诗学是20世纪80年代在西方人类学界兴起的后现代理论思潮。这一思潮的起源，可追溯到《写文化——民族志的诗学与政治学》一书的问世。

《写文化——民族志的诗学与政治学》

1984 年 4 月，在美国新墨西哥州的圣菲（Santa Fe），十位具有不同背景的学者聚集在一起（其中八位是人类学者，另两位分别从事历史和文学研究），以"民族志文本的写作"为中心议题，召开了一个为期一周的高级研讨会。与会者试图解释文化人类学的过去，探讨文化人类学的将来。他们对民族志写作进行了文本的和文学的分析，并指出了上述分析的局限。两年后，提交研讨班的论文由克里弗德[1]和马尔库斯合作编辑出版，这就是著名的论文集《写文化——民族志的诗学和政治学》。[2]

该论文集提出了如下问题：为什么民族志的叙述失去了权威性？为什么民族志的叙述曾经是可信的？谁有权利挑战"客观"的文化描述？所有的民族志都是经过修辞润色来讲述一个给人留下深刻印象的故事吗？讨论了比喻在民族志中的应用，并探讨了民族志写作的实验趋势。

该论文集共收入与会者的九篇论文，由克里弗德作序，题为"部分真实"。由马尔库斯撰写编后记，题为"民族志写作和人类学生涯"。[3]他在导论中说，写作已成为人类学家的中心任务。长期以来，人们始终以为民族志表述应是经验的直接体现，写作只是一种方法：做好田野笔记，描绘精确的地图，"写出"结果。本文集的文章称，此种思想可以休矣。

民族志从来就是文化的创作，而不是文化的表述；民族志是一个新兴的跨学科现象，其权威和修辞已遍及很多相关的领域，包括历史民族志、文化诗学、文化批评以及所有关于意义系统和文化产品的研究。本文集的文章大都赞同将诗学、政治学和历史结合起来进行研究，但其观点也不尽相同。一些文章将文学理论和民族志结合起来，另一些文章则提倡实验的写作形式。总之，它们都把民族志的写作看作变化着的并且是富有创造性的。

在人类学界，格尔茨（Clifford Geertz）、特纳（Victor Turner）、道格拉斯（Mary Douglas）、列维—斯特劳斯（Claude Levi - Strauss）等人对文学理论和实践都感兴趣，他们以不同的方式模糊了科学与艺术的界限。格尔茨和马林诺斯基（Bronislaw malinowski）把自己看成作家，米德（Margaret Mead）、萨皮尔（Edward Sapir）和本尼迪克特（Ruth Benedict）都视自己为人类学家和文学家。民族志的"文学性"，不仅仅是优美的文笔和独特的风格。隐喻和叙事等文学过程影响了文化的表述方式，从最初草草记下的"观察"，到最终完成的作品，无不体现了"文学性"。长期以来，人们都断言，科学的人类学也是一门"艺术"，民族志具有文学的特性。我们经常听到某作家具有自己的写作风格，描述真实、生动而令人信服。然而，除了真实生动之外，一部作品还应具有艺术的结构可以唤起读者的共鸣。具有表现力的修辞不仅是为了客观的分析，还是为了更有效的描述。

民族志写作至少由 6 个方面决定：（1）场景方面（源于富有意义的社会环境并创造社会环境）；（2）修辞方面（使用传统的表现手法）；（3）制度方面（一个人在特定的传统、学科中写作，并有特定的读者）；（4）类别方面（民族志区别于小说或游记）；（5）政治方面（表述文化现实的权威是不平等的）；（6）历史方面（以上传统和限定是变化的）。这些决定因素左右着民族志撰写的虚构。

现在的文本理论中"虚构"一词已经失去了"虚假""不真实"的含义。它暗示着文化和历史的部分真实。近来，一些解释社会科学家称，好的民族志是真实的虚构（true fiction）。同时他们认为所有的真实都是被建构的。在民族志的写作过程中，一些无关紧要的人物和历史场景被有意地排除了，因为你不能讲述发生的一切。民族志的作者翻译他们要表达的意义，不可能避免使用具有表现力的修辞手段。最好的民族志文本（严肃的、真实的虚构）是一系列经过选择的真实组成。而民族志的真实从来就是不完全的、部分的。因为不存在完全的知识，民族志学家在田野工作中收集的资料总是有限的。有些人担心这样会破坏了真实的标准。但此观点一旦被接受并形成民族志艺术，就会形成一种新的表达技巧。

在世界的许多地方，出现了不同形式的民族志，亦出现了一种新的形象——"本土民族志作者"。局内人研究自己的文化为我们提供了新的视角和研究深度。判断民族志描述好坏的标准不是一成不变的。人类学不再以当然的权威口吻讲述他者（"原始""无文字""无历史"的民族）；不再把他者放在一个特定的时间内，远离现在的社会生活，远离当代的世界体系。文化不是静止的。把文化描述成静止的事物必然导致简单化，必然会抹杀对于现实焦点问题的关注，必然会建构一种特殊的本文化与他文化之关系，必然会有强加的权力关系。阐释学告诉我们，即使最简单的文化表述都是有意识的创作。解释者也在不断通过他们所研究的对象建构自我。文化表述的一般趋势是：谁说？谁写？什么时间？什么地方？对谁说？在何种制度和历史限定之下？

自从马林诺斯基时代起，参与观察的方法就起着平衡主客观的作用。民族志作者注重参与其中的个人经历，又受到观察标准和"客观"距离的限制。在经典民族志中，我们总能听到作者的声音。但是，作者的主观性与文本表述的客观现实是分离的。作者的声音最多只被看作是一种风格。民族志作者真实的田野经历是以一种固定的格式陈述的，在田野经历中发生的困惑、感受、失败、变故和欢快在正式发表的出版物中都被删除了。

60 年代，人类学家开始以打破主/客观平衡的方式撰写田野经验。列维—斯特劳斯的《忧郁的热带》、乔治·布兰蒂尔（Georges Balandier）的《迷茫的非洲》（*L'Afrique ambigue*），大卫·梅博雷—刘易斯（David Maybury – Lewis）的《野蛮与无辜》（*Savage and the Innocent*）和《奥克维·莎汪提社会》（*Akwe – Shavante Society*），以及让—保尔·杜氓（Jean – Paul Dumont）的《头人和我》（*The Headman and I*）都属此列作品。

民族志另一种新的写作形式，叫作自我反思的"田野叙述"。这种作品行云流水而又天真无邪，开诚布公而又分析透彻，引发了诸多问题的广泛讨论，比如认识论的、存在主义的和政治的问题。文化分析的话语不再只是参与观察者的经验，不再只是描述和解释习俗。田野经验和参与观察的理想也不是无懈可击的。人们尝试了不同的写作方式，比如使用第一人称单数，客观的经验描述变成了自传体式的叙述。民族志作者成为作品中的主要人物，他可以与报导人谈论任何问题。

还有对话的写作方式。如巴克汀所说，如果对话增加，许多声音就要求表达。[4] 在传统的民族志中，多音道是受到限制的，只有一种声音，那就是作者的声音，其他的声音是报导人的"报导"，只是被引用的资料而已。

本论文集的焦点是文本理论和文本形式的问题。导论对于历史和理论的回顾旨在动摇过去民族志表述他文化的基础。文本结构的概念已经变化，我们认识事物的基础也在发生变化。不存在任何固定的视角来看待人类的生活方式。人们不可能身处一个文化的世界而去分析他文化。人类的生活方式在相互影响，"世界体系"已经把地球上的社会都连接在一个共同的历史进程之中。

本文集的论文探讨了这一困境，只是侧重点不同。马尔库斯提出了如下问题：民族志怎样才既能对其研究对象做详尽的、地方的、场景的分析，又能描述全球对于地方的影响？将微观和宏观相分离的文本形式已不能做到这一点。他探讨了将人类学和社会学合二为一的写作形式。阿萨德也考虑到各社会系统的相互关联问题。他认为，世界是丰富多彩的，用千篇一律的写作形式描述这个世界是不公平的。米开尔·M. J. 费彻尔提出，民族志应当描写不同族性融为一体的世界，而不是描写不同的文化和传统。

以往，人类学的民族志是描述原始的、部落的、非西方的、无文字的他文化。现在，民族志面对的他文化与其自身相关联，并把自身看作是他者。这样，民族志的视野就更为广阔并充满新奇。民族志开始进入社会学、小说和文化批评的领域，在西方文化之内重新发现了他者和差异。他者的任何一种形式，不管是在哪里发现的，都是自我的建构。正如费彻尔、克雷潘赞所说，民族志文本的撰写总是卷入"自我塑造"的过程。[5]

本文集描述了民族志撰写的历史局限，以及文本的实验。它们认为，人类学家应有充分的空间对新的文本形式进行尝试。在文化研究中，我们不再能知道完全的真实，但是，认识到我们不再能把他者描述成为互不关联的事物或文本，不也是一种解放吗？认识到一种复杂的、存在问题的、部分真实的民族志，并不意味着我们要放弃，而是意味着我们要追求更细腻和具体的写作和阅读，达到文化是互动的、是历史的这样一种新的文化概念。认识到民族志具有诗学的一面，并不意味着我们要放弃事实和准确的叙述。"诗"并不局限于浪漫的和现代的主观主义，它可以是历史的、精确的、客观的。我们不说民族志是文学，我们可以说民族志是作品。[6]

　　普莱特（Mary Louise Pratt）来自斯坦福大学。她在《一般场合的田野工作》中考察了民族志比喻的应用，及其与早期游记写作传统的渊源，并重点谈及民族志中个人叙述与客观描述之间的关系。作者提到弗罗林达·道纳（Florinda Donner）的一本书《夏泊诺：遥远而奇异的南美丛林中一次真正的冒险》[7]，这本书引起了一些争议。该书记述了道纳在委内瑞拉做田野工作的经历和雅诺玛莫（Yanomano）人的生活方式，是一部很成功的作品。然而，有人指责这本书是抄袭的，书中所述不是作者的亲身经历，不是真实的人类学作品。普莱特认为，这件事引发了一个问题，那就是民族志写作中个人经历、个人叙述、科学主义与职业特性之间的相互关系和矛盾。对于局外人来说，这本书的真实性是没有问题的，也就是说，人们可以建构可信的、生动的民族志对于他文化的准确的叙述，而无须有田野中的个人经历。裴西（Debra Picchi）说，把人类学限制在个人经历之中就是否认它作为社会科学的地位。[8]普莱特认为，道纳只是写了一本书，它也许是真实的，也许不是；也许是民族志，也许不是；也许是根据田野经历而作，也许不是。如果道纳捏造一个故事，那么她就用谎言玷污了人类学的职业，而这个谎言是一个美丽的谎言；如果她没有捏造，那她就是本世纪人类学界的佼佼者。像道纳一样的个人叙述在人类学界并不少见，田野经历的个人叙述已成为人类学写作的一种形式。

布莱特认为最有意义的是，个人叙述"未被科学扼杀"，因为个人叙述是民族志中最具情感和情趣的部分。人类学家经常抱怨说，他们在田野中获得的最重要的东西在民族志中不能得到体现，包括对于自己的认识。民族志作品总是枯燥无味，我们不得不问，为什么这样一帮有趣的人类学家，做着非常有趣的事情，反而写出一些枯燥无味的东西？人类学家在田野工作中十分投入，而在民族志写作中又必须把自我抹杀。个人叙述可以解决这一矛盾，使田野中生动的东西得以体现，给枯燥无味的东西注入生命。[9]

詹姆斯·克里弗德的论文是《论民族志的比喻》。克里弗德首先对"比喻"一词做了如下解释，即人物和事件都具有其他含义的故事。他认为，民族志是由故事构成的。这些故事描述了真实的文化事件，并在道德、思想、宇宙论等方面做出相关评述。民族志作品在其内容和形式方面都具有比喻的意味。

民族志表述的权威性越来越显而易见并受到挑战。在谈到文化描述的时候我们不再说"它表述了什么，它象征了什么"，我们会说"这是一个关于什么什么的故事"。甚至已有人提出"比喻人类学"的说法。如果民族志的任务是理解不同的生活方式，那么民族志的描述就不能局限在所谓科学的描述之内。

20 世纪的文化人类学已不再研究起源的问题，而主要研究人类的普同性和文化的差异。但是人类学的表述过程却没有得到根本的改变。大多数对于他文化的描述仍然停留在基本的真实层面。因而，我们必须考虑民族志撰写的新情况：第一，外来的研究者不再是唯一把文化变为作品的人；第二，报导人能够读书写作，他们对以往描写他们自己文化的民族志做出解释，并参与撰写文化。最后，克里弗德做出如下结论：在文化描述中，真实与比喻是不可分的。民族志的数据只有在作者的安排和叙述中才有意义；民族志描述的意义是不可限定的，不同的读者会有不同的解释，但多重的解释也不是无限度的、纯"主观"的；我们的责任是系统地建构他文化，并通过他文化建构本文化。[10]

斯蒂芬·泰勒（Stephen A. Tylor）是比较激进的后现代主义者，他的论文题目是"后现代民族志：从神秘学到神秘的文本"。他认为，后现代民族志是一种合作发展的文本，由片段的话语构成，旨在再现一种可能的现实世界。因为后现代民族志崇尚"话语"而不是"文本"，因此它提倡对话而不是独白。事实上，它摒弃了"观察者—被观察者"（observer-observed）的思想，他甚至认为没什么可观察的，也没有观察者，只有相互的对话。民族志就是合作撰写的故事，其理想的形式莫过于多音道文本。或许民族志本身就是对话；或许是一系列并置排列的叙述；或许是一系列分别排列的叙述；或许是用对位法交织为一体的叙述。民族志学家不注重单音道的叙述，但如有需要也不完全排除这种叙述。这种文本没有作者署名，就像神话或者民间故事。多音道是体现整体间各个部分相对关系的手段，它最适应社会的形式，适应田野工作的现实，有助于解决主客位之间存在的权力问题。

　　泰勒认为，文本的形式取决于人类学家与访谈者之间的合作，民族志只是提供讨论稿文本让读者自己去解释。因此，后现代民族志的模式类似最原始的民族志，即圣经。

　　在历史上，民族志对异文化有着不同的态度。在 18 世纪，主要的模式是"作为比喻的民族志"，在乌托邦思想的氛围中，"高贵的野蛮人"扮演了主要的角色；在 19 世纪，"野蛮人"不再高贵，他们变成"原始人"和见证历史的"活化石"；在 20 世纪，"野蛮人"甚至不再"原始"，而成为"数据"和"证据"。

　　泰勒认为，理解后现代民族志文本的关键词是"唤起"（evoke），而不是"表述"（represent）。所谓"唤起"，就是文本在读者的头脑中形成一种可能的现实世界。因为"唤起"可以使民族志摆脱模仿。遵循科学使自然历史的现实主义成为民族志作品的主要模式，是一种虚幻的现实主义，"描写"虚幻的东西，比如"文化"和"社会"，好像它们是可以充分观察的东西一样。他说，过去的写作真正的历史意义在于创造一种虚幻，好像我们对事物、对他者享有权力。表述的含义就是权力。为打破权力的束缚，我们必须反对写作、反对表述、反对作者的权威性。后现代民族志应是片断的，因为田野中的生活本身就是片断的。土著人本来就缺乏文化的整体观，人类学家特别的经历也不能得到充分的表述。这并不是我们见木不见林，而是根本就没有树林，因为树与树之间的间隔太过遥远。后现代的世界是一个支离破碎的世界，没有什么整体观可言。那些功能完整的体系以及整体观的理论不过是文学的比喻和人们的想象，事实上已不复存在。泰勒追求一种新的整体观，那是一种文本—作者—读者为一体的整体观。[11]

　　乔治·马尔库斯的论文是"现代世界体系中民族志的当代问题"。马尔库斯认为，民族志撰写总是在历史变迁的背景中进行的，包括国家体系的组成和世界政治经济的演变。但是，民族志作者更感兴趣的是文化意义的问题，而不是社会行为的问题。他们尚未写出一个特定的文化世界与更大的体系相结合的作品，也没有描写这个文化世界在重大事件和过程中所扮演的角色。或许民族志还没有这种远大的抱负。

　　这篇论文探讨了在民族志文本中如何将民族志的写作传统和权威与宏观社会理论分析相结合的问题。过去人类学讲究整体观的表述，那么现在如何建构充分的描述呢？一旦地方社会与全球世界体系之间的界限并不分明，那么什么是整体观呢？如果承认民族志主体处于世界体系的背景中，那么现实主义民族志的表述空间在文本中是怎样被界定的呢？作者提出了两种文本建构的模式。第一，民族志作者可以在同一的文本中表述多个相互关联的场所，以表现世界体系之下的地方生活，得到关于世界体系本质的新看法，把抽象的东西翻译成更富有人情味的话语。第二，民族志作者在文本中选择一个场所，而把世界体系作为背景，强调了政治经济重大问题对于地方文化的关联性。[12]

结语

　　《写文化》的内容博大精深，其中各位作者的观点也不尽相同。综上所述，《写文化》关于文本撰写的主要观点如下：

　　1. 人们一直以为民族志文本应是田野经验的直接体现，是文化的表述，而写作只是一种方法：做好田野笔记，描绘精确的地图，"写出"结果。其实，民族志从来就是文化的创作（cultural invention），而不是文化的表述；阐释学告诉我们，最简单的文化表述也是有意识的创作；民族志文本的撰写总是卷入了"自我塑造"的过程。

2. 人类学在本质上是文学的，而非传统上所以为的科学；人类学尤其是民族志的"文学性"，不仅仅是优美的文笔和独特的风格。隐喻、比喻、叙述这样的文学过程影响了文化的表述方式，从最初草草记下的"观察"，到最终完成的作品无不体现了文学性。除了真实之外，一部作品还应唤起读者的共鸣，具有艺术的结构。

3. 所有的真实都是被建构的。在民族志的写作过程中，人类学家不能讲述发生的一切。最好的民族志文本（严肃的、真实的虚构）是一系列经过选择的真实组成。而民族志的真实从来就是不完全的、部分的。因为不存在完全的知识，人类学家在田野工作中收集的资料总是有限的。

4. 在经典民族志中，我们总能听到作者的声音。作者的主观性与文本表述的客观现实是分离的。民族志作者真实的田野经历是以一种固定的格式陈述的，作者在田野经历中发生的困惑、感受、失败、变故和欢快没有充分的表达。

5. 在传统的民族志中，多音道是受到限制的，作品中只有一种声音，那就是作者的声音，其他的声音只是报导人的"报导"，只是被引用的资料而已；后现代民族志崇尚"话语"而不是"文本"，提倡对话而不是独白。没有观察者，只有相互的对话，民族志就是合作撰写的故事，多音道体现了整体间的各个部分，有助于消弭主客位之间的权力问题。

6. 民族志应当描写不同族性融为一体的世界，而不是描写不同的文化和传统。文化不是静止的，人类学不再以想当然的权威口吻讲述他者。

7. 民族志是由故事构成，其内容和形式都具有比喻的意味。在谈到文化描述时我们不再说"它表述了什么，它象征了什么"，而是说"这是一个关于什么的故事"。

根据以上见解，马尔库斯和他的同仁们创造性地扩展了解释人类学的视野。我们应把民族志的写作看作是变化着的并且富有创造性的。在英文的词汇中，"write"一词带有创作之含义。写作即带有主观意识的创作。至于如何创作，《写文化》没有提供什么范式，因为创作是不需要什么范式的。

《反思——人类学之缪斯》

20 世纪 80 年代，在人类学领域中崇尚变革的年代，越来越多的人对诗学和诗歌发生了兴趣。1982 年 12 月，斯坦利·戴蒙德在美国人类学协会（AAA）的年会上组织了第一次人类学诗人的朗诵会。由于盖雷·施奈德（Gary Snyder）、保尔·福莱德里奇（Paul Friedrich）、戴尔·赫姆斯（Dell Hymes）等名人光临会场，大厅爆满，与会者环绕在长廊之间。

1983 年 5 月，戴蒙德获得温纳—格伦人类学研究基金[13]的赞助，举办第一届人类学诗人专题朗诵会。专题朗诵会的诗作和附加诗评发表在《辩证人类学》期刊上。丹·罗斯（Dan Rose）撰文评论戴蒙德的诗作，文章于 1983 年发表在《美国人类学家》期刊上；斯蒂芬·泰勒撰文评论福莱德里奇的诗作，文章于1984年发表。这些活动开创了学术刊物探讨人类学诗学的先河。

1985年，美国人类学协会出版了伊恩·普莱提斯（J. Iain Prattis）[14]主编的诗集《反思——人类学之缪斯》[15]。诗集中选取了一些重要人物的作品，但大多数撰稿人都不是成名的专业诗人。《反思》诗集共刊登了42位诗人的作品，78首诗歌。戴尔·赫姆斯（Dell Hymes）[16]作序，伊恩·普莱提斯撰文《辩证关系与田野经验：诗的维度》（*Dialectics and Experience in Field-work：The Poetic Dimension*）作为"结语"，论述了人类学诗学的思想和理论。每个诗人的作品之前都有一段简短的描述，包括个人的信息和作品的特点。

有趣的是，戴尔·赫姆斯的序言中开篇便说："我欣赏编辑该诗集的勇气……从未出现过如此超越正常科学撰写的文字。近来人们开始对人类学研究进行反思并做出改变。"

目前，在标准的田野报告之外，再写第二本书描述田野的经验几乎成了一种传统的式样。人类学家开始写诗，并在人类学的会议上朗诵诗。他认为，写诗是需要勇气的，或者用时髦的话语说，是有风险的。普莱提斯希望诗的写作将成为重建人类学方法论的一部分。但是，用写诗来表现田野调查的成果等于给批评家提供子弹。毕竟，标准的论文和专著明显的客观性是对自我的保护，而公开发表的诗却使自我处于易受批评的处境。

有些人颇有微词，认为不应把学术研究与诗混为一谈，或不应用诗来表达他的观点。但他依然认为，诗的形式将会有广泛的接收和欣赏，如同反思性的文章、小说、电影，或许还有绘画。

我们将欢迎这些作品背后所秉持的精神。

他认为关键的问题是诗的形式。他说，行动、节奏、味觉、嗅觉、颜色、复杂性、氛围都可以在民族志中详细地记述和分析。但是，在诗歌中，必须在瞬间捕捉所要表达的意义，还有修辞和节奏的考虑。倡导诗来影响人类学的方法论意味着人类学家必须受到专门的训练才能写出有表现力的诗句。

他认为，本诗集中的人类学家的诗歌作品将引领诗歌形式的发展，这种诗歌形式足以结合两种写作模式——民族志和诗。或许这种形式会成为标准论文、专著的副文本，或者是改写本，或许是多种文体融为一体的新形式。在本诗集中，有三行诗，押韵四行诗，散文诗，也有自由诗。诗作的种类各异，但其中不乏优秀作品，让我们更多地了解人类学家和人类学。[17]

该诗集主编伊恩·普莱提斯撰文《辩证关系与田野经验：诗的维度》作为诗集的"结语"，他的文章可以说开创了人类学诗学理论之先河。

他认为，观察的过程的确要求自我意识的参与，当认识论存在于自我参照的田野中，就意味着观察者与文化他者的辩证关系要求一种并非主客体分裂的表达方式，同时需要一种可以反映田野经验之辩证关系的语言，包含了主体和客体，并把二者推向表达田野经验的新的语言。

诗与人类学有何相关性？人类学能够被诗引领吗？人类学会因诗而发展吗？人类学家创作并发表了诗，但并未为人类学提供指南和方向。写诗的人类学家在文学批评和诗歌创作之间徘徊，来表达部分人类学的田野经验。他们的共通之处在于用诗作为一种新的民族志叙述的方式。

因为有诗，人类学可以弥补田野实践中的缺失，诗具有自己的认识论、敏感度和存在的理由。换言之，人类学诗的维度不仅是一种表达方式，而且是人类学方法论的一部分。

我们作为人类学家在不同的世界游走，一组组文字喷涌而出，在我们的眼前组成新的语篇，让我们惊讶不已。我们用文字创造了我们的形象，表达了我们的理智与情感。

他援引了布朗诺斯基的见解：

> 文学的力量和意义在于对我们表述了他人的生活，以使我们在其中认识我们自己，并使我们可以从外部和内部体验他们的生活，把我们自己延伸到他人的行动和灾难中，从此把人类看成一个整体，文学和艺术就被赋予了生命。[18]

他说，马尔库斯的作品提出的主要问题之一是诗寻求真实和深度理解，一种想要写作和交流的冲动，向别人诉说超越自我的那一瞬间，而倾听者或许做好了准备，或许没有。诗具有节奏，文字追求声音和意义。田野经验是用意义的象征群、简洁和强度来表达的。体现了语言思想的诗，作为纯粹的象征，比表层的现实更为深刻，这种诗是具有仪式感的。诗人同时作为观察者而疏离生活，又卷入到生活的方式和节奏中。诗人并没有看到自己在步行，而是看到脚下的土地在转动。诗人的任务是，把握田野经验中的现象，捕捉其意义，然后把它变成富有意义的形式。诗具有象征代码，表达了一种参与，以及田野经验的内在体验。这种内在体验又超越了诗人及其田野经验，形成了一种新的空间、维度和表述。

他在此想说明，田野经验知识的精髓在专著和论文中是难于表述的。我认为这主要是缺乏一种适当的语言形式，来交流人类学家参与到他文化中的意义，来表达在田野中的所见所闻。

诗为人类学提供了一种新的生命力的开端，人类学诗学认为，诗的作用在于表现被压抑和被忽略的东西。……人类学诗学以一种有意义的过程，表达了文化假设的碰撞，使用了不同的结构，并对交流田野成果的词语赋予了新的意义。……诗学打开了人类学现实中一个未被探索的重要领域。……因为人类学诗学是一种特别的民族志叙述，是被接受的话语形式即人类学专著和论文不曾表达的东西。

对人类学家而言，诗不仅表达，而且加了代码，抽象出某种概念，然后又对自我认知和田野经验的主要部分进行解码，最终成为自我意识。

他引用了佛洛里斯的文字：“诗从未停留在个别的情景和个人的情怀，但却是从这里开始的，之后便走向远方，从文化和社会的领域向前跳跃，思考人类共同体。”[19]

他断定，人类学诗学的表达方式，不但会到达一个新的境界，而且还意味着观察的过程。不仅仅是记录了人类学家看到了什么，而且有一种融入其中的感觉，他文化和自我都超越了观察的状态，表达了田野中体验的辩证关系，于是，一种加强的意识和感觉就产生了。这样，也就打开了人类学中令人兴奋的领域，有关多层面的解码以及对于我们自己社会的意义。

人类学的任务，至少是人类学任务的重要部分，是锤炼我们内在的田野经验，这样，吸收了他文化的意识所产生的建设性的东西就会被带回我们自己的文明。诗又一次成为不同层面田野经验的媒介。它允许无时不在的意识、关注和理解，并最终渐渐地引向人类学实践的变革。

他在结论的最后说：人类学诗学寻找新的现实和读者、与他文化的新关系以及对于人类学的新定义。如果能感动倾听者、读者和将信将疑的人，就可以改变人类学研究和实践的方式。[20]

《反思——人类学之缪斯》中的诗歌分为九个部分，分别如下：

1. 开端（Beginnings）；

2. 民族志他者（The Ethnographic Other）；

3. 他们和我们的文化习语（Cultural Idioms：Theirs and Ours）；

4. 人类学家的视野之探索（The Anthropologist's Vision quest）；

5. 田野深处（The Field Within）；

6. 认识自我（To See Ourselves）；

7. 在他者看我之时（As Others See Us）；

8. 安魂曲（Requiem）；

9. 结语（Finale）。

本诗集由主编普莱提斯命名为"反思——人类学之缪斯"，此处所谓的缪斯即诗神，这不是其他传统意义上的缪斯，而是女神本身。她支撑所有的生命及其成长，包括知识和创造力；她创造联系；她拒绝统治和被统治。人们只有耐心地从事她所做的工作，才有可能感受到她的存在。

　　诗集的诸位作者不循常规，承认诗学和人类学之间存在着联系，也正因为如此，他们才会拥有一种远远大于其他力量的力量。他们知道，力量的源泉在于信赖和相信自然界的一切事物都相互依赖。这就是女神意识。

《人类学诗学》之文集

　　1986 年，在美国人类学会年会上，普拉提斯主持了以"人类学诗学"为主题的讨论。1991 年，由伊万·布莱迪（Ivan Brady）编选的《人类学诗学》（*Anthropological Poetics*）出版，该论文集共收录了 14 位人类学家撰写的论文。中文译本于 2008 年由中国人民大学出版社出版。

　　伊万·布莱迪（Ivan Brady）[21]为该文集撰写导论，开篇便提出了"艺术的科学"的观点。他说：人类学乃人文学科中最为科学之学科，乃科学中最为人文之科学。他认为，本文集的论文确认了一个事实：研究人类学并非只有一种模式；富有诗意地表达人类学的经验具有其他方式不能达到的效果。本文集的思想尚未被人们欣然接受，或者还未成为学界的主流。

　　本文集作者只是寻求一种开放的人类学，对文化做出更富创意的阐释，观察者与被观察者，本文化与异文化，象牙之塔与跨文化的前沿，无不有诗学的语境。他们还寻求观察人类思想的演变过程，人类文化的演变过程，以及人类经验的深层历史。他们关注美学意义和产生美学意义的文化语境，以及产生美学意义的历史、心理、语言学和认知等各个方面。他们所关注的正是人类学诗学的精髓。

有人更形象地说，本文集的作品就像冲入云层的气球，俯瞰广阔的大地，而未失去经验的轨迹，并不是像面包师揉搓桌上的生面团那样进行分析研究。人类学在任何情况下，都能发现真实和美。如果人类学家用开放的头脑富有诗意地思考，所有这些都可以成为写作的主题，发掘我们脚下的文化土壤里陌生的东西，拯救启蒙时代科学家遗留的精神财富，至少，可以解放日常生活中被束缚的活力。起初，观察者看到的形态可能是混乱无序的。如果我们把这种形态置于富有诗意的描述之中，而不是进行枯燥的科学分析，就会趋于得到更深刻、更令人满意、更富有挑战意义的解释。

导论援引罗德尼·尼德汉姆（Rodney Needham，1978：75）的见解，他说，对于充满想象空间的现象"具有异常的敏感性和感受力"，对于阐释人类行为以及撰写一个充分的、具有感悟力的文本是必要的。那些平凡的民族志作者满嘴都是晦涩的行话，在传统的约束下，他们写不出好的作品，无法进行明白无误的交流，也不具有贴近日常生活并激发想象的能力，而只能罗列经历的某些"事实"。尼德汉姆认为，精通文学和艺术的手笔或许会写得更好。

文章援引巴特的见解：于巴特来说，科学与文学是来自不同欲望的探索："科学诉说自己，文学撰写自己；声音引领科学，而有形之手创造了文学；它们不是来自同一个肌体，也不是来自同一个欲望，但它们相互追随。"然而，科学与文学使用的不是同一种语言。科学与文学都是一种话语，在一个层面上，它们相互连接，但在另一个层面上，它们又相互分离：文学"以写作的名义拥有自己的语言"，及其"自己的世界"。而对于科学而言，语言只是一种工具，科学的语言则是尽可能明确和中性的，服从于科学的事物（操作、假设和结果）。[22]

导论援引迈克尔·博蓝尼的话："在已知的基础上探索未知，就会有所发现""科学通过不断革命得以发扬光大"，此为衡量科学进步的尺度。探索诗学的未知领域，就会挑战现有的体系。发扬科学同时实践诗学，不会产生混乱——而会导致更加艺术的科学，或者，会产生更为严密的艺术，类似的紧张状态就不复存在。我们必须重视不同时代的非正式话语，用新的方式看待旧的事物，用旧的方式看待新的事物，向新的方向进展，目的是制造意义。[23]

伊万·布莱迪在导论的最后倡导，丢掉"自然地""中性地"翻译人类学经验的幻想，不管是我们自己的经验还是他者的经验；使人类学研究的主流具有更加敏感、更易引起响应的、更有包容性的诗学意味。学界也应接受新的形式和媒介来表达田野经验。在这种精神引导下，本书的旨趣就是：有些东西内容不尽完善，方向不甚确定，但比之标准文本所表述的真实更为丰富多彩。

《人类学诗学》收录了丹·罗斯（Dan Rose）[24]于1882年应《美国人类学家》杂志之邀请为斯坦利·戴蒙德的诗集《图腾》撰写的书评，即"体验之旅：斯坦利·戴蒙德的人类学诗学"。此文是西方学界探讨诗人/人类学家斯坦利·戴蒙德作品的主要论文（本文集将全文刊登）。

丹·罗斯首先对人类学诗进行分类和定义，这在人类学诗的历史上尚属首次。他把人类学诗的领域划分为如下几个分支：

（1）本土诗歌，即由非西方化的、未受过教育的、传统的诗人写作的；（2）民族诗歌，即由西方诗人发掘、翻译、解释、朗读、吟唱、赞颂的本土诗歌；（3）受他文化影响的诗歌，例如艾兹拉·庞德（Ezra Pound）或 W. S. 默温（W. S. Merwin）的诗歌创作；（4）非西方诗人的诗歌，运用西方语言，但诗人并未损失自我感受和艺术性；（5）受过西方教育的非西方国家诗人的诗歌，他们使用西方语言，或本土语言，或方言；（6）人类学家创作的人类学诗歌，譬如戴蒙德的诗歌，其中诗人把本文化与他文化的感受融合为一体。

其次，他简单陈述了人类学诗学的历史。提到鲁斯·本尼迪克（Ruth Benedict）和爱德华·萨皮尔（Edwand Sapir）均创作过诗歌，萨皮尔和本尼迪克都未曾用诗歌表现人类学的体验。本尼迪克没有写过关于土著生活的诗，萨皮尔只有一首《祖尼人》。但他认为，戴蒙德的诗远远超越了《祖尼人》。

复次，戴蒙德诗作的三个背景，即他的早年经历、家庭和高中生活。

最后，戴蒙德的诗学地理是一种在精英文化造就的想象地理中扩展的人类学——地中海、中东、北欧、北美，美洲土著居民、欧裔美国人、非洲人。他的地理是从家庭向高雅文化（High culture）和原始文化（Primitive culture）不断延伸的人类学。

在探寻他文化经验的诗人中，庞德的地位举足轻重。查尔斯·奥尔森（Charles Olson）和加里·斯奈德（Gary Snyder）是庞德的追随者，但他们更倾向于探寻原始文化。在上述背景下，戴蒙德是在美国对他文化经验进行双重探寻，他身上兼有人类学和诗学两个领域的文化印记，然而，他的诗作却打破了庞德—斯奈德的传承模式。

此外，戴蒙德的诗学理论。他诗作的主要特点是追求崇高的体验并用现代抒情诗的形式表达这种体验。诗人不断追求崇高，在读者的内心也会主动地、有意识地唤起惊奇感，这种感觉超越了写作技巧、方法和风格。即便是在"星期天的比夫拉湾"（Sunday in Biafra）里描述残酷的战争，戴蒙德依然能用抒情的笔调，勾画出饥肠辘辘的孩子的形象，不带有悲观和感伤的情绪：

> 他贪婪的眼神是温柔的
> 打量那被遗弃的孩子
> 瘦骨嶙峋的样子
>
> 他瘦弱的身躯
> 如同天鹅的影子
> 如同他养的动物
> ……
> 他寻到伴侣
> 梦想着那一天
> 在斑驳的树荫下
> 在华美的月光中

戴蒙德的诗歌无须注释。我们无须借助他的传记去欣赏其作品。他的每部作品都如全息图（Hologram）一般，栩栩如生，层次分明，瞬息万变。他说，他想把诗歌看作一种诗学观察，即观察诗人的个人经历与诗歌的关系、诗歌主题与诗人的关系，读者与诗歌主题、作者（观察者）和文本的关系，三者不是孤立的，而是一个整体。

戴蒙德，这位诗学与人类学的观察者，在表现崇高的诗歌里通过运用具体的手法，如两个短语并置的手法，获得了人类学的敏感性。在一个短语中，他表达了隐含的叙述者的观点；在另一个短语中，他又表达被叙述者的观点。比如在《萨满之歌》（*Shaman's Song*）一诗中，他以萨满（隐含的叙述者）的话做开头，然后又转向了熊（叙述对象）：

> 你是怎样知道熊的？
> 他的身体，我的灵魂

作者把"他的身体"与"我的灵魂"并置，合二为一，采取双重视角把自我和他者同时展现了出来。

戴蒙德扩展了隐含的叙述者和他文化中的被叙述者的双重观点，甚至是大自然中的被叙述者（如熊），如同一位完美的演员，采用了他文化的声音。

戴蒙德，他既是"真实的作者"，又是"隐含的作者"，同时又是思想者和观察者，他把人类的差异和自然的现象（如鸟和公牛）与自己融为一体，并以诗歌的形式展现出来。借用现象学家的话，这是戴蒙德人类学诗学作品的"本质"所在。与"客观性"极为不同的是，他在观察中占据了一种有利的位置。但这一位置不是彼此分离，而是相互交融。观察者走进被观察者的内心世界，并贴近他们；由此，双方都到达一个非此非彼的新位置。不管是艺术领域还是科学领域，这种世界观察者都很难得，几乎不曾存在过。

戴蒙德的诗并非是一般意义上的"观察"，而是艺术加工过并与读者交流过的观察，包括他的所闻、所说甚至所读。他本人没有和笔下的人物生活在一起，但却能在诗中将自我与多种文化的精髓融为一体。他需要读者在阅读过程中做出同样的回应。我们阅读这些诗歌，可以融入诗歌中"神交"（Unio Mystico），这种"神交"展现了戴蒙德的自我和他者之间闪现的瞬间。

最后，他强烈推荐人类学家和其他学者阅读戴蒙德的《图腾》，理由有三：第一，在探寻他文化的体验中，戴蒙德确实在诗歌中达到了自己向往的崇高境界；第二，该书提出了一个体验多元文化世界的"后等级"（Post‒Hierarchical）方式；第三，戴蒙德把民族诗学融入人类学中，将"西方精英文明"漠视的多种文化引入西方人的意识中。他的所作所为表明，我们迫切需要在人文学科的整套概念中添加人性的观念。[25]

《图腾》（*Totems*）于1982年出版，诗集的序言十分简短：

> 写一首诗如同描述一个图腾柱——它刚一闪而过，却已不在世间。我们分明看见了，但其存在只在别处。……其中有些诗写得很快，但有些得费时一两个月才能完成。《鲸之歌》费时数年，《绿色岁月》只需几分钟。其中的缘故，非我可知。

《图腾》的封底，几位人类学家和诗人的赞美之词溢于言表：

　　这是一部完美的诗集，极其富有内涵、涉及人性的方方面面、令人震撼不已。这是最佳意义上精美的诗——具有多重维度、成熟的风韵。

加里·斯奈德（Gary Snyder）

　　其中一些诗深刻地评判了现实，而另一些诗则充满想象地表达了我们这个世界的声音。一些诗必须要了解背景知识，如西班牙人的征服、尼日利亚的内战、东西方冷战。那些意象永存。……这些诗告诉我们：诗就是人类学的延续。

戴尔·赫姆斯（Dell Hymes）

　　戴蒙德的人类学深邃并富有担当，在我们当中，那些懂得戴蒙德的人在这本诗集中会发现潜在的诗意和对于意境的执着追求，而这一切，只有在诗的创作中才成为可能。《图腾》的语言与意境产生共鸣。诗人是"永远从原始状态回归"的人，唯有此，才能成为一个绅士，才能写出这个诗集。为此，戴蒙德指引我们一条道路，那是一条智慧、高雅及道义之路，而他即是先驱者。

杰罗姆·罗森伯格（Jerome Rothenberg）

　　斯坦利·戴蒙德是诗人也是人类学家，他提出了一个艰巨的任务：忠实记录下地球上已知部落的声音，并且亲身去聆听未知部落的声音。面对一位与众神对话的萨满，出众并认真的理论家思绪万千，他用写作诗歌的语言，勾勒出用母语吟诵的曲调。总之，最重要的是，他竖立起图腾之柱，"穿过乃至超越这个世界"。他写的诗，他又为之感动，为之震撼，他备受推崇，是因为他超越了肉体的局限而达到了永恒。

纳赛纽尔·塔恩（Nathaniel Tarn）

罗伊·瓦格纳在《诗学与人类学的重心重拟》一文中认为，人类的感受如快乐、出神、兴奋和消沉等心理体验一样，深藏于个人的内心世界，无须直接地传达。这些感受可以通过图像的方式引发出来——以言语或非言语意象的方式表现出来，这种感觉在过程中就成为一种预期的意义。

他认为，对于真正的诗人，字里行间灵感会突然而至，诗歌写完之后仍会有灵感闪现。诗歌即神灵突至的产物。笛卡尔主义科学家的目的是发现存在什么，而诗学的神奇之处是告诉人们存在于此；笛卡尔主义科学使创造的时间无尽地长，而诗学的神奇之处在于此时此刻。

如果没有对自我感知的认识，诗歌隐喻的就会被自我封闭了，这就是诗人长期焦虑的缘由：诗歌实际上是通过诗人的萨满特性产生的。也就是说，要么是诗歌本身，要么是上帝亲自构思的。

诗学是人的内心意象、内在感受借以向自己与他人形象地描绘自身的方式，而作为意象共享的另一个自我是被感知为自我本身的"另一种"感受。一首诗或一种文化不过是一个人把它作

为自我的自我感知。因为如果诗只能在个体中构成，这就意味着
不仅是一个人自己的，而且是所有人的。

诗学是无法证明的，并且不能够在自身之外去证明自身，
写诗的过程或创造意象的过程，就像瞬时"出现的事情"，这
一过程是不可测量的，而且是不可逆转的。在变化的过程中，
它不"存有"一个系统的顺序，它表现其初衷而非后来产生的
意义。

把世界感知为自己对世界的反应，当然是感知一个经自己这
一折射体折射过的世界。如果自我是主观性中的主体，那么世界
就是自我的活动。在笛卡尔出生前的古世纪，就已存在诗歌意义
的确定性，人类学主张把洞察诗歌意义的确定性重新构拟为人类
学的重心。[26]

斯蒂芬·泰勒是比较激进的后现代人类学家。1984 年，他在
《美国人类学》学术期刊发表诗评"后现代人类学的诗学转向：
保罗·弗里德里克的诗歌"（The Poetic Turn in Postmodern Anthro-
pology：The Poetry of Paul Friedrich）。该文分为四部分：1. 作为诗
的人类学；2. 作为人类学的诗；3. 诗人/人类学家；4. 为什么是
诗学？

保罗·弗里德里克[27]是美国人类学界的重要学者和诗人，他
于 1979 年出版了诗集《红翼》（Redwing），于 1982 年出版了诗
集《讨厌的月儿》（Bastard Moons）。《反思》收入了他的两组诗
作：《塔拉斯卡七重奏》（Tarascan Septet）和《亲缘之始：原始
印欧人》（Kinship Alpha：Proto – Indo European）。

泰勒在开篇便说：保罗·弗里德里克的两本诗集是重要的作

品，不仅因为是诗作，而且因为这两部诗集告诉我们后现代人类学开始了"诗学转向"，不仅体现在诗的创作方面，也体现在诗学的旨趣方面。

他认为，后现代人类学不仅拒绝黑格尔的理论和科学的理念（认为所有的传统不过是西方话语的形式和旨趣），而且反对符号学的见解（认为语言和文化不过是背离了人类用途和意愿的传统体系）。后现代人类学摒弃体系，推崇隐喻。后现代人类学不使用逻辑证明，而是通过神话、神秘的故事来表达，并通过展示、暗示、提示、唤起来说明。它不追求笛卡尔的"清晰无误"之境界，也不追求亚里士多德的简洁话语，而是推崇多音节词汇、并列结构、寓言、神秘的故事、省略、幻想和各种比喻。总之，他把后现代人类学看作是作为诗的人类学。

在第二部分"作为人类学的诗"中，他说，没有人类学便没有今日的现代诗歌和艺术，因为人类学使现代艺术家从他们熟悉的传统中走向远方，不断丰富他们存储知识、象征、事实的宝库，诗人和艺术家以此来探索古老的、异国风情的、原始的、远古的记忆，探索神话与象征的普适性，探索语言与思想的相对性。与民族志作者一样，诗人记录下上天给予他的东西。最终的人类学的冲动就是直接从原始野蛮的场景中获得诗。现代诗歌的形式就是从古老、原始的记忆中获得灵感的。

现代主义诗歌试图在科学的意象中再造艺术。现代主义的自然并非浪漫主义的自然，只有超常的感受力才能察觉，只有超常的语言才能描述。它不认为个体的自我是经验的中心，而倡导观察者与被观察者合而为一的理念，从而消解了自我，把主观和客观合为统一的过程。

第三部分"诗人／人类学家"主要讨论弗里德里克的诗。他认为其主要特征就是诗通常分为两部分，来表达同一事物的不同视野，而这不同视野又是相互矛盾的。这两部分相对的诗句，也可以是相对的段落。在《年轻的晒草人》（The Young Hayers）一诗中，在第一节中大火吞没了牛群和草垛，而在第二节中就表达了"夏日的饲养和养护"的主题，二者相互矛盾。具有破坏力的大火，吞噬了年轻的晒草人的生命。另一群同样年轻的晒草人，重新支起草垛。通过并置养护和毁灭的主题，诗人把二者融为一体。

对于弗里德里克而言，在模糊不清的想象中，语言可以自由翱翔。语言是无限的，而潜在的诗呼之欲出。在他的诗中，我们能意识到诗人的存在，听到诗人的声音，在想象的最遥远的地方诉说（桦树，桥梁，爱情），喃喃细语，欲言又止，似乎是为了把什么东西带到这个世界。

弗里德里克声称，诗有两极，一是音乐，一是神话。所谓音乐，是指语调、呼吸的间隔、元音的音调、音素的声音特征、音节、词汇、短语以及语言的象征主义。这种对于音乐性的追求，与现代诗歌的旨趣大相径庭。但是，毕竟声音并不等于重复，声音包括频率、强度、顺序、和谐以及旋律。若获得最佳效果，弗里德里克的诗应该大声朗诵，其意象即从词汇的声音中，而不是从词汇的意义中喷薄而出。

神话一极包含不同的要素。在《语言的音乐》（The Music of Language）一诗中，他说"我要拥有所有语言的语调"，但他还是在墨西哥的旷野中，或者在塔拉斯卡的词汇中，找到了灵感，写下了《塔拉斯卡的瓦罐》（Tarascan Pots）。在他的诗中，个别性与普世性相辅相成。貌似单一的事件，预示着文化与普世现实的特征。

在《亲缘之始：原始印欧人》（Kinship Alpha：Proto – Indo European）一诗中，一系列亲属称谓引出了古老的家族意象：

> 父亲，父亲，父亲，
> 坚实的臂膀，
> 家庭的支柱，
> 女儿的生养者，
> 烈马的驯养师，
> 勇敢的战士
> 也是镇上和宗族的老人

普天之下，原始世界，人类生活，莫不如此。

与现代诗人一样，弗里德里克赋予神话以主要的认知角色。他挖掘神话全部的宝库作为诗的灵感和象征，而不仅仅是西方传统的神话。他寻觅新的隐喻。[28]

2010 年，肯特·梅纳德（Kent Maynard）[29]与梅丽莎·卡门纳—泰勒（Melisa Cahnmann – Taylor）[30]合作撰写论文《字里行间的人类学——诗与民族志的交汇之处》，发表在《人类学与人文主义》学术期刊。该文的发表距《反思——人类学之缪斯》（1985）和《人类学诗学》（1990）的出版已有 20—25 年的时间。约半个世纪的时间过后，人类学诗学有什么新的思想吗？

人类学在方法、认识论以及民族志写作等方面遇到了重大挑战。人类学家想知道如何创作民族志诗，为了什么目的创作民族志诗。因此，本文首先讨论民族志诗的定义，然后思考诗如何帮助人类学家更深刻地描写我们和他人的生活。通过比较我们和其他作者的诗，探索形式如何影响意义以及民族志的洞见。

他们首先设问：我们何以知道民族志作者所说是真实的？或者说：民族志作者所说并不是真实的。民族志已经出现了危机，有人甚至宣告民族志已行将死亡，或至少应转变为一种全新的东西。

自从 20 世纪 90 年代以来，具有实验风格的民族志如雨后春笋，没有哪一种是正统的方式。我们可以看到民族志小说、回忆录、自传等，或多种式样融为一体的形式。如露丝·哈尔的《被翻译的女人：讲着艾斯布朗拉的故事穿越边界》[31]《脆弱的观察者：伤心的人类学》[32]；哥特利勃与格兰汉姆合作撰写的《平行的世界：人类学家与作家相遇于非洲》[33]；杰克逊的《巴拉瓦与鸟儿在空中飞翔的样子：一本民族志小说》[34]；倪睿阳的《爱与星星，以及所有那些事》[35]；司德乐的《民族志的品味：人类学的感觉》[36]和《美国的非洲人的故事》[37]。

自从 20 世纪 80 年代中期，民族志诗变成了人类学表述中比较容易被接受的形式。我们对传统民族志的印象，通常指一个人类学家在另一个社会生活一段时间，记录当地的行为和思想，并说明人类行为的模式。随着后现代主义对民族志的批评，经典的词汇如"模式"或"结构"已淡出视野，取而代之的是"pastiche""mélange"（多种式样融为一体的方式）。

我们追求写出诗学的语言，具有充分的节奏感，来讲述真实的故事。1968 年，诗人兼民族学家杰罗姆·罗森伯格（Jerome Rothenberg）首次提出民族诗学的概念，民族诗学研究土著口传诗歌的美学原则与口头诗歌的翻译。许多研究民族诗学的人类学家也写过诗，更确切地说，即基于"田野"经验的民族志诗。

　　研究者写作抒情诗，分析并翻译土著口传诗歌，体现了诗学民族志、民族志诗学以及民族志诗的延续。民族志诗是诗与民族志交汇之地，汇合了人类学研究和创作的精神，然而，民族志应该是什么样子的？诗歌是如何使人类学研究具有合法性并表述真实的？民族志诗在民族志的写作训练、有效性以及审美品质和条件等方面提出了哪些问题？

　　当代美国诗歌充满着如下理念：苏·艾伦·汤普森（Sue Ellen Thompson）"写下不可言说者"（writing the unspeakable）。对汤普森来说，最好的诗试图表达难以表达的东西，而且可以做到。或如诗人马文·贝尔（Marvin Bell）所言"诗之所言胜似文之所言"（poetry can say more than words can say）。查尔斯·西米克（Charles Simic）将诗概括为："华丽的词语，沉默的真实（wonderful words, silent truth）。"

　　1996年，弗里德里克对诗（包括民族志诗）做出了双重解释：第一，诗引领我们进入了一种特别的文化，并用特别的方式表述文化。成功的叙事诗或抒情诗都能够充分表达情感的经验，以及文化局内人的认同，让我们看到文化的细微差别和复杂性。第二，诗也是文化的，具有简约和隐晦的高雅。诗歌和文化都充满着迂回、模糊、缺失，甚至完全的沉默。[38]

　　人类学可从基于文化研究的诗歌作品中学习什么呢？民族志诗以及读者如何推动民族志进一步探索并照亮文化的边界？与诗学民族志一样，自由诗体和更为正式的诗歌结构都能提供一种自由，让人更加诚实和明确地表达自己的观察和感受。……用浓缩和升华的语言创作民族志诗，要求作者十分严谨，修改和删除多余的内容，凸显情感和态度，以及我们的立场和思想。

民族志诗和其他实验性和创造性的形式联袂，可以帮助人类学家描绘一幅更加深刻的社会现实画面，而对传统民族文本志而言，可能望尘莫及……我们当然不希望放弃民族志文本而选择民族志诗。相反，二者可以相得益彰。

诗作为民族志的表述，面临着双重挑战：它是精心构思的诗句和研究成果的有效表达。人类学的方法论之挑战，强调的是如何撰写民族志与真实性之间的关系。虽然，美学价值和民族志的有效性二者难以兼得。就民族志的有效性而言，"数据"必须以经历的"真实"体验为基础，有可能与优秀诗作的准则发生直接冲突，这意味着我们的感觉和审美，比事实更贴近于本心。因此，为了写作一首足以引起共鸣的诗，诗人可以不受历史地点、直接引语或年代时间的约束，让田野的经验贴近于本心。[39]

庄孔韶团队的人类学诗

中国人类学家庄孔韶不论在人类学诗学理论方面，还是在人类学诗的创作实践方面，都有不俗的建树。1995 年在北京大学人类学高级研讨会上，庄孔韶首次提出"不浪费的人类学"，是指"人类学家个人或群体在一个田野调查点上将其学习、调研、阐释和理解的知识、经验、体悟以及情感用多种手段展示出来。著书立说以外，尚借助多种形式，如小说、随笔、散文和诗，现代影视手段"[40]。庄孔韶借用了一个有趣的比喻："论著论文好比单项收获，我们不能满足，拖拉机收割之后，还需要男女老幼用各种家什拣麦穗，尽使颗粒归仓。"后来许多年，庄孔韶团队延续这种做法，出现了一批撰写学术专著的人类学家，又兼诗人、散文家、传记作者、编辑和专业民族志电影人等，于是，便开拓了"人类学话语的疆域"（格尔兹语）。

1984 年，庄孔韶写作了中国第一组人类学诗歌。根据罗斯上述分类，庄孔韶的人类学诗可做如下描述：受过西方教育的非西方人类学家，用本土语言写诗，其中诗人把本文化与他文化的感受融合为一体，并被翻译成西方语言。庄孔韶有两本诗集，第一本《情人节》，由华盛顿大学的人类学教授郝瑞（Stevan Harrell）翻译成英语，第二本《北美花间》由笔者翻译成英语。

庄孔韶的人类学诗中融合了一系列新的手法：临摹入诗，是人类学家庄孔韶独到的发掘与应用，在美国的情人节他模拟他理解的美国大学生的直白的情诗，与亚里士多德《诗学》中的模仿相类似，但已是一种换位理解的互动形态。而他的比较文化的诗作最为用心，其《牡丹》融会了精练的古文用典和隐喻：

> 皮泽特湾的家庭花园
> 只有一株牡丹
> 大概是地脉不宜
> 晚春又没有灼人的热风
>
> 夕阳为孤独染上金边
> ……
> 帝国大臣蒋公廷锡
> 怎么躲在这里？

> 他在寻找遗失了的卷轴
>
> 他想分辨姚黄和魏紫
>
> 他还要用衣袖缭绕天香

在此，"姚黄""魏紫"是宋代洛阳两种名贵牡丹花品种，它们与"帝国大臣"一齐讲述了一个东方古老画作漂洋过海的关联的与亲历的感触。

而他的《水仙》诗则扩大至中文和英文双重用典，从比较栽培学延伸到比较文化的内涵上去。

人类学诗强化经历的感受和感情表达，讲出其他方式无法表述的事件和思想，让读者体验诗人的体验。自我和他人被认为是相辅相成的存在，但又保持着心理上的独立与解析上的距离。庄氏的诗是将体验到的、观察到的、听到的或是读到的经提炼和熔化后展示给读者的。他将自己所在群体和不同文化中有生气的东西同时注入了诗歌中，与读者共享心灵相通的感触和喜悦。

《北美花间》中的《冬至》，借以民歌的、叙事的、排列的句式，并熟练地运用民间传说的魅力和隐喻为特点：

> 我看到了那位
>
> 衣锦还乡的伟大官人
>
> 总是惦记
>
> 做猩猩的母亲
>
> 他背着竹篮
>
> 从阴冷的森林
>
> 走回小村

便有无数个粉丸丢下

最圆的两个

黏在黄铜的门心

"搓搓痴搓搓

年年节节高

红红水党（涨）菊

排排兄弟哥"

庄氏认为，诗的形式对于人的情感和灵感的直觉表达，优于学术论作的"写白""道白"，而含蓄和直觉一直是从中国文化哲学到民众思维方式的一个重要成分。他的诗还借助了美好的传说和节日歌谣的韵律，而以"羊的寓言"则凸显了民间哲学入诗的妙处。

庄孔韶诗作团队虽然人数不多，但其作品恪守人类学田野产出的特征，因此很少呈现走马观花的即兴诗意，而是和论述民族志并行的情感深描诗作。张有春和宋雷鸣都有乡村生活经验，又同入人类学大门。宋雷鸣对河南乡土风物的细致观摩和张有春对甘肃故乡的深度调研，浓缩出宗族"祖先坐在高山眺望"的思绪，以及因"倒塌的土墙/将镰刀埋葬"所携带的农人生命观。然而诗人却痛心社会乱象而感慨万千，于是《长安戍卒》等诗百般寻觅，其新意在哪儿呢？嘉日姆几的小凉山出身经历和田野观察可以在他的诗里找到无数线索，然而这一句诗"有一条路/可以在死亡后成为白色/也可以在白色之后死亡"的隐喻你想得到吗？冻疮有什么好写的？故乡哪里有冻疮？他将其引申到怀念冬日小凉山老家的阳光，以及宁愿不要城市交通的血凝"冻疮"。方静文在田野病痛中用诗句向老师请假，诙谐有趣，她的医学人类学研究偏于整容和临终关怀形象的再造和对待重症诊断后的中国式互动诗句，巧用暗喻，自然烘托出跨文化的差异惟妙惟肖。

结语

从 1985 年《反思——人类学之缪斯》和 1986 年《写文化——民族志的诗学与政治学》横空出世，人类学诗学延续至今已有四分之一个世纪的历史。在这 25 年间，众多人类学家做出了富有意义的尝试。诗是瞬间的顿悟和闪动的灵感，这顿悟和灵感来自田野的经历，这突发而至并了然于心的亮光，以某种比喻和字节跳跃于诗人的笔下，生动地锤炼那一时刻的印记，或简洁，或崇高，或朦胧，或隐约可见，瞬间便成为永恒。

人类学家不但是理论家，还应是作家和诗人，才能把充满意义的文化描述、解释、展现得非同平凡。诗是富有诗意的，但是富有诗意的并非只有诗。隐喻存在于所有的文学、艺术的式样中，比如电影、戏剧、音乐和绘画乃至扩展至博物馆策展和政治社会诗学。中国人类学家庄孔韶团队的成员从此出发，创作了一系列充满诗意的作品。人类学诗学与文学诗学的差别，主要在于田野，人类学诗学来自于田野，这时指深度参与观察获得的灵感，既是个体的，也是群体的，其隐喻与直觉的诗意互动也因文化的整体性观察而丰富起来。中国人类学诗学的探索有两大源流，即中国古典文论的传统，以及人类学学科田野工作的反思与情感体验。一些中国学者的学术行动实践与西方后现代的写文化实验的部分合流，尽管分别带有各自的理念。

时隔 35 年之后，虽然《人类学诗学》和《写文化》相继翻译出版，但学界并未引起真正的关注，学术被有意义的和无意义的项目裹挟着，缺少人类学诗学的向度，是人类学研究的重大缺失。本文集开始了一次诗学人类学的启蒙和探索，希望发掘出诗意的田野，欢迎更多的新人参加。

注解：

1   克里弗德系加州大学人类学教授，是《美国民族学家》（*American Ethnologist*）、《文化人类学》（*Cultural Anthropology*）的编辑。

2   Clifford, J. and G. E. Marcus 1986 (eds), *Writing Culture: The Poetics and Politics of Ethnography*, Berkeley: University of California Press.

3   Marcus, G. E. 1986. "Afterword: Ethnographic Writing and Anthropological Careers" in Clifford, J. and G. E. Marcus 1986 (eds), *Writing Culture: The Poetics and Politics of Ethnography*, Berkeley: University of California Press.

4   Bakhtin, Mikhall. 1981, "Discourse in the Novel", In *The Dialogical Imagination*, Edited by Michael Holquist, pp. 259 – 442, Austin, Tex: University Texas Press.

5   Greenblatt, Stephen, 1980, *Renaissance Self – Fashioning: From More to Shakespeare*, Chicago: University of Chicago Press.

6   Clifford, J., 1986, "Introduction: Partial Truths" in Clifford, J. and G. E. Marcus 1986 (eds.), *Writing Culture: The Poetics and Politics of Ethnography*, Berkeley: University of California Press, pp. 1 – 26.

7   Donner, Florida, 1982, *Shabono: A True Adventure in the Remote and Magical Heart of the South American Jungle*, New York: Laurel Books.

8   Debra Picchi, 1983, "Shabano: A Visit to A Remote and Magical World in the Heart of the South American Jungle", *American Anthropologist* 85, No. 3: 674 – 675.

9   Pratt, M. L., 1986, "Fieldwork in Common Places", In *Writing Culture: The Poetics and Politics of Ethnography*, edited by Clifford, J. and G. E. Marcus, Berkeley: University

of California Press, pp. 28 – 32.

10 Clifford, J. , 1986, "On Ethnographic Allegory", in Clifford, J. and G. E. Marcus 1986 (eds.), *Writing Culture*: *The Poetics and Politics of Ethnography*, Berkeley: University of California Press, pp. 98 – 110.

11 Stephen A. Tylor, 1986, "Post – Modern Ethnography: From Document of the Occult to Occult Document" in Clifford, J. and G. E. Marcus 1986 (eds.), *Writing Culture*: *The Poetics and Politics of Ethnography*, Berkeley: University of California Press, pp. 122 – 130.

12 Marcus, George, 1986, "Contemporary Problems of Ethnography in the Modern World System", in Clifford, J. and G. E. Marcus 1986 (eds.), *Writing Culture*: *The Poetics and Politics of Ethnography*, Berkeley: University of California Press, pp. 166 – 180.

13 Wenner – Gren Foundation for Anthropological Research.

14 加拿大渥太华的卡尔顿大学人类学教授（Carleton University）。

15 *Reflections*: *The Anthropological Muse*, ed. by J. Iain Prattis, Amer, 1985.

16 The President of the Linguistic Society of America in 1982, of *the American Anthropological Association in* 1983.

17 Hymes, Dell, Foreword in *Reflections*: *The Anthropological Muse*, ed. by J. Iain Prattis, Amer, 1985, p. 11.

18 Bronowski, J. , The Logic of Mind, *American Scientist*, 1966: 54 (1): 1 – 14.

19 Flores, T. , Field Poetry, *Anthropology and Humanism Quarterly*, 1982, p. 19.

20 Prattis, J. Iain, Dialectics and Experience in the Fieldwork in *Reflections*: *The Anthropological Muse*, ed. by J. Iain Prattis, Amer, 1985, pp. 266 – 271.

21 伊万·布莱迪（Ivan Brady），纽约州立大学的人类学教授，诗人、作家、评论家、编者。与查尔斯·D. 拉福林合著《人类的灭绝与生存》（*Extinction and Survival of Human Populations*），曾担任《美国人类学家》书评编辑七年。他的大部分田野考查集中在波利尼西亚和美国西南部地区。

22 Barthes, Roland, 1986, From Science to Literature, In *The Rustle of Language*, translated by Richard Howard, Berkerley: University of California Press, pp. 3 – 10.

23 Polanyi, Michael, 1969, The Growth of Science, In *Knowing and Being*: *Essays by Michael Polanyi*, edited by Majorie Grene, Chicago: University of Chicago Press, pp. 73 – 86.

24 丹·罗斯（Dan Rose），美国生活与文化的民族志学者。在宾夕法尼亚大学教授人类学，为景观建筑系教授和人类学系教授。其著作包括《美国黑人市井生活》（*Black American Street Life*）、《能源转换和地方社区》（*Energy Transition and the Local Community*）和《美国文化模式》（*Patterns of American Culture*）。此外还出版诗集和艺术书籍。

25 Rose, Dan, In Search of Experience: The Anthropological Poetics of Stanley Diamond, *Anthropological Poetics*, Edited by Ivan Brady, 1990, Rowman & Littlefield Publishers, Inc. pp. 219 – 230.

26 Wagener, Roy, Poetics and the Re – centering of Anthropology, *Anthropological Poetics*, Edited by Ivan Brady, 1990, Rowman & Littlefield Publishers, Inc. , pp. 37 – 42.

27 芝加哥大学（Chicago University）人类学与语言学教授。曾在墨西哥的塔拉斯卡（Tarascan）印第安人居住地做了三年田野调查。

28 Taylor, Stephen A. , The Poetic Turn in Postmodern Anthropology: The Poetry of Paul Friedrich, *American Anthropologist*, 1984, pp. 328 – 333.

29 丹尼森大学社会学/人类学系教授。

30 佐治亚大学语言教育系教授。

31 Ruth, Behar, 1993, *Translated Woman*: *Crossing the Border with Esperanza' s Story*, Boston: Beacon.

32 Ruth, Behar, 1996, *The Vulnerable Observer*: *Anthropology that Breaks your Heart*, Boston: Beacon.

33 Gottlieb, Alma and Philip Graham, 1994, *Parallel Worlds*: *An Anthropologist and a Writer Encounter in Africa*, Chicago: University of Chicago Press.

34 Jackson, Michael, 1986, *Barawa and the Ways Birds Fly in the Sky*: *an Ethnographic Novel*, Washington, D. C. : Smithsonian.

35 Niriyan, Kirin, 1995, *Love , Stars and All That*, New York: Pocket.

36 Stoller, Paul, 1989, *The Taste of Ethnographic Things*: *The Sense in Anthropology*, Philadelphia: University of Pennsylvania Press.

37 Stoller, Paul, 1997, *A Story of Africans in America*, Chicago: University of Chicago Press.

38 Friedrich, Paul, 1996, The Culture in Poetry and the Poetry in Culture, *In Culture / Contexture: Explorations in Anthropology and Literary Studies*, E. V. Daniel and J. M. Peck, eds. , Berkeley: University of California Press, pp. 37 – 57.

39 Maynard, Kent, Melisa Cahnmann – Taylor, Anthropology at the Edge of Words: Where Poetry and Ethnography Meet, *Anthropology and Humanism*, Vol. 35, Issue 1, pp. 2 – 19, 2010 by the American Anthropological Association.

40 庄孔韶:《行旅悟道——人类学的思路与表现实践》,北京大学出版社 2009 年版,第 369—370 页。

费彻尔与诗学

和　柳

在西方社会进入"后现代"的时代语境下，1986 年的《写文化》提出了人类学文化撰写或民族志所具有的部分真实性和文学性，是负载了政治意义的复杂、多元的诗学创造性。诗学或文化创造以及政治的过程是"一个通过将特定事物排除在外，通过惯例、话语实践而不断地重构自我和他者的过程"[1]。这一作为文化创造的人类学文化撰写取向在《人类学诗学》中得以进一步发展，该论文集的作者们认为富有诗意地表达人类学的经验具有其他方式不能达到的效果。他们追求更为开放的人类学，对文化做富有创意的阐释，关注美学意义和产生美学意义的文化语境，以及与之相关的各个方面。[2] 在中国，庄孔韶强调用文化直觉来看待中国文化中的诗歌，以中国古典文论为基础，他的人类学诗学的兴趣在于"田野人类学诗歌是文化互动瞬间与灵感触发的产物，而地方长久流行的歌谣则是民俗群体性真情感知之精粹"[3]。直白地说，他的人类学诗学是人类学撰写的诗学和田野里的诗学的双重兴趣。费彻尔在人类学研究中对诗学的兴趣也表现出类似的特点。

在人类学撰写的诗学方面，在 20 世纪 90 年代前后，费彻尔开始就民族志撰写进行积极实验。在《写文化》的《族群与关于记忆的后现代艺术》一文中，他尝试了通过五类少数族群自传来讨论族群归属的问题，结论是族群归属不能被还原为同一的社会学功能，而是两个或更多文化传统之间的交互参照，体现了后现代主义知识的文化间性。他的实验之处在于将少数族群自传作为进入了民族志的多重他者的声音，而将其自身——作者的音量压低，仅作为评论而出现。[4] 这一将民族志或具有民族志属性的文学作品、艺术品、电影等做并置阅读的方法成为费彻尔此后学术论述的代表性方法之一。

此后不久，他与阿比迪（Mehdi Abedi）进行了另一次人类学民族志实验——《辩论穆斯林》（*Debating Muslim*），这是一本关于伊朗社会化的非正统的论文集。两位作者，一位是来自于"后现代"西方社会的人类学家，另一位是生于斯长于斯的"传统"伊朗人。二人分别写就了该书的不同部分，在语言风格和立场上表现出了鲜明的撰写双主体性。在写作上，他们尝试了各种写作类型：人类学家常用的口述生命史；辩论的经院传统及其批判；通过海报艺术、邮票和其他视觉文化来进行诗学和政治的辩论；以及关于移民心理调适的小说。这次早期的合作写作实验虽然粗糙，但却是伊朗人的声音和人类学家的声音的直白呈现，如现场辩论一般无保留地呈现在读者面前。[5]

除去以上具有人类学诗学性质的民族志撰写实验，费彻尔对他者文化中的诗学创作——亦即"poesis"的研究也十分突出，是为本文关注的重点。此处的诗学（poesis）既指创作，也指文学作品，他在著作中会使用德语词 dichten（写作，创作）和 dichtung（文学作品，尤指诗和歌剧）来作为特定情境中他使用该词意义的注解。就诗学（poesis）一词所负载的含义来说，其根源在于古希腊时期思想家，尤其是亚里士多德和他的《诗学》。亚里士多德认为人具有摹仿的本能，文艺创作的过程是摹仿，文艺就是对现实世界的摹仿，摹仿的对象是事件、行动、生活。他所说的摹仿是再现和创造的意思。反映了现实世界的个别表面现象，也揭示了事物的内在本质和规律。[6]

一　伊朗电影的诗学

20 世纪 70 年代，费彻尔开始了在伊朗的田野调查，之后持续有相关著述产出。从 20 世纪上半叶的小说到 20 世纪 70 年代以后的电影，甚至多媒体作品及其创作者都是他的主要研究对象，他主要关注了伊朗这些领域中的诗学创作，以及这些创作与过去和现在的文化关联。其民族志的写作策略依然是小说、电影的并置研究辅以作者本人的评论。

为何以电影为关注点？费彻尔认为，电影在文化解释的层面上具有特殊的意义。他引用了波斯语中的一个习语"哑梦"（Gonge Khab Dideh）来表达观影后感受到的困惑以及执着于破译其含义或受电影激发而重新思考的状态。[7]强调了电影的不可传达性。[8]这一"电影之后"（after film）的状态唤起了观众观影后对意义重建的参与，因此电影应当被理解为一种人类学文化解释的媒介。就伊朗的电影而言，费彻尔认为它们的作用不在于图像或直白的表达，而是一种写作手法，通过调动符号过程模式、摄影斜移和重构来带入问题，进入对话，进入跨文化、跨地方神话分类，进入对自我想象和回应可能性的扩展。[9]另一方面，电影具有民族志的意义。电影和数字媒体的逻辑与传统文学或口述传统的逻辑大不相同，带来的新视觉和叙事模式为人类学写作和创作提供了替代的手段。因此，电影不仅是民族志的载体，还是一种文化模式、模式化的社会动态。正如电影、电视等视觉表达媒介重置了文学和口头表达的地位，电影的效果和潜力也将被数字和多媒体环境所补充和覆盖。[10]

伊朗在20世纪产生了两次艺术革命。第一次是20世纪早期书面的诗歌和散文的艺术革命，第二次是电影和视觉媒体的艺术革命，是对书面艺术革命的扩展。一部分诗人和小说家都尝试创建新的话语模式，他们中的一部分找到了创造形象的新方法。如此创作的作品获得了诗学的力量，洞察了社会的动态。书面艺术和电影都为新的社会阶级——伊朗知识分子——提供了一个重要的讨论和反思的舞台，反思他们自己，反思他们与其他阶级的关系，以及他们的文化根基。[11]

20世纪30年代的著名小说家萨迪克·赫达亚特（Sadeq He-dayat）的小说《盲鸮》对其后的文学、电影剧本的创作，电影拍摄产生了深远影响。在《盲鸮》里，死亡的猫头鹰是一个模棱两可的象征，栖息于房屋上代表着毁灭，而栖息于废墟上则意味着再次繁荣。[12]赫达亚特在这个文本和他的其他短篇小说中创造了一个图像词典，被后来的作家所利用，从而构成了一种话语。这一诗学创作影响了60年代末伊朗的电影剧本创作，在20世纪60—70年代的电影创作中被图像化地继承。伊朗电影中的意象形成了一种图形文字系统，构成了新的视觉习语和制度。例如《盲鸮》作者在许多小说中的代表性意象——老人与年轻女子（代表着伊斯兰教堂里的魅力少女）。与将电影作为对传统口述模式的威胁的看法不同，一部分伊朗电影人认为，伊朗文化吸收了媒体技术后产生了"用相机写作"的模式，与波斯语的评论、书法或图形文字的形式相当。在电影的表现手法上，一方面披着现实的外衣，使观众产生了对当地环境和文化传统的熟悉感和参与感，另一方面通过强大的超现实主义将大众所面对的问题、难题陌生化。这使电影成为一种判断和批判的空间和方式。[13]在费彻尔看来，电影已经成为一种寓言和评论话语，与古老的诗歌和史诗传统的伦理和道德理性平行。

此外，伊朗电影所表达或塑造的情感有着深刻的哲学结构。电影《牛》（*Gav*）（1969）是一部在国际上非常出名的伊朗电影，讲述了一个贫穷村庄中一位名叫哈桑的男人由于自己的牛死了而陷入了极度的悲伤直至精神失常的故事，以波斯文化中的哲学结构呈现了一个病态悲伤的例子。影片的风格是对在赫达亚特和其他作家的作品中发现的情绪化自我反省的认知风格的延续。牛在电影中既代表着拜火教传说和仪式中的肥沃和善良，也代表着伊朗人面对的现代化的政治难题。由此，牛的形象也进入了前文提到的伊朗的视觉习语的词典。费彻尔还解读了电影中关于悲伤的不同层次。村落里的人们试着引导哈桑进入简单、成熟且现实的悲伤，但未成功，哈桑进入了扭曲的悲伤状态。伊朗人认为悲伤应该是深思熟虑、成熟并以对现实的真实性的认识为基础，是控制自己情感的能力。在更深层次上，悲伤在伊朗穆斯林中具有哲学的高度，并占据着核心地位，哲学性的悲伤是一种平衡的现实主义。悲伤通过童年的戏弄来灌输，通过诗歌作为灵魂的伴侣来培养，并通过圣训和祈祷在宗教中加以阐述。[14]

　　这一时期伊朗电影的诗学创作还表现在对前伊斯兰或琐罗亚斯德教（在我国历史上被称为祆教、火祆教、拜火教）的文化遗产的充分使用上。费彻尔认为伊朗电影中逐渐确立起的视觉习语或图画文字借鉴了前伊斯兰的仪式和寓言留下的遗产——"隐喻诗学的使用及其对解释力的教诲，它仍然影响着伊朗国内和海外的当代伊朗电影和艺术作品的观众"[15]。通过考察仪式、史诗和隐喻的历史路径能够看到琐罗亚斯德教的意象和哲学思想在历史上经历了数次的改造或意义重置。在这些改造中，许多隐喻的人物或动物所承载的意义被宗教家和哲学家改写或翻转，但是这些人物或动物的意象却被一直继承，并被后来的电影创作所吸收。[16]在对电影《沉默之塔》（1975）的分析中，他列举了大量此类的意象，例如狗、秃鹫、鸟、小昆虫、蜥蜴、海龟等。这部电影以琐罗亚斯德教和穆斯林的矛盾交织所造成的混乱为主题，这些意象所负载的双重矛盾的含义呼应了这一主题。例如，狗对于琐罗亚斯德教来说是神圣的伙伴和仪式的帮手，而对于穆斯林来说是不洁之物。[17]

二　新兴生活形式中的感性（sensibility）与想象力（imagination）

　　在一次对谈上，庄孔韶与费彻尔（Michael M. J. Fischer）就直觉进行了讨论。[18]庄孔韶认为，诗学人类学总是聚焦田野直觉、精神与情感的互动瞬间。[19]在其代表作《银翅：中国的地方社会与文化变迁》中提到，中国文化的直觉主义理解论是："针对中国田野工作场景（包括处理第一手资料、文献）的一种体认的方式。……隐喻之贯通和直觉之呈现有一个只可意会不可言传的过程，实现这一瞬间觉悟的直觉能力，构成中国人生活形式的组成部分，也是人类学家实现对中国文化整体性认识的思想来源之一。"[20]直觉思维是中国人的重要思维方式，贯彻在传统文化哲学、艺术、古诗中。直觉思维是简化思维过程而直奔主题、是非逻辑性的、是依存于感悟和印象的。[21]庄孔韶所提出的诗学人类学的直觉内涵无疑整合了这一中国古典文论和哲学中的直觉思想。

费彻尔与庄孔韶就直觉展开的讨论以第十八章中"文化的直觉主义"为基础。庄孔韶介绍了田野调查对文化直觉的运用，这种一直到底、飞跃式的思维方式能够帮助破解隐喻，根据具体的情形还可分为对人与人之间关系的直觉和场景性的直觉等。费彻尔结合他的田野经历做出了相应的解读。在"写文化"之后，美国出现了许多采取直觉式写作的实验性的文化撰写作品，这是一种创造性的模式，而非严格的理性模式。他介绍了他的一位擅长以波斯语写诗的伊朗学生难以用英文写诗的例子，他认为这其中存在着语言与文化翻译的问题与庄孔韶所提的文化直觉具有相似性——难以书写并与语言和隐喻相关，还与哲学有关，是作为文化局内人所具有的感性的、能够帮助他识别出的直觉。他认为，人类学者在田野调查中可以通过经验积累来获得这种直觉，因此直觉与积累的过程相关。又以阅读翻译文稿和原文的经验为例。语言学习的程度影响了你对译文和原文的理解程度，他认为翻译中涉及原文稿中词语的语义方向是否被译稿捕捉到，在掌握这门语言后，你才能够把握这一方向。这是一种直觉或说感性。他认为，人类学者可以通过经历来学习，并且，经过一段时间后是可以获得的，获得了关于人们那是如何思考的感觉。[22]Sensibility，即感受能力、感性，是事物给人的感觉，是想象力的来源。在康德看来，感性和理解是表征的两个不同的来源，二者的相互区别和结合决定了他提出的先验综合判断。在他看来，想象力与直觉或理解是可以相提并论的。想象力则一部分来自于感知，另一部分来自于建构。[23]

对费彻尔所提的"感性"的理解还需结合他近年来的学术主张——新兴生活形式和第三空间。费彻尔在 1999 年提出了"新兴生活形式"这一术语作为人类学面对当代世界更新理论体系的着手点，同时也是民族志撰写的指导方针，还是希望人类学将关注点转向现代生活、转向科学技术的呼吁。"新兴生活形式"的视角表明生活正在超越人类学者所受过的训练，倡导通过实验来学习、发现和解决问题，强调人类学具有的哲学立场。[24]此后，他结合了后殖民研究中的"第三空间"思想，发展了人类学的"第三空间"理论。他认为人类学在一系列的第三空间中运作。在第三空间中，新的文化伦理在文化互相关注的要求中逐步发展，也在科学技术的网络中逐步发展，在科技网络中，他者面孔、历史、自传体形象的要求反驳了将所有同一的还原论。第三空间还是"分析、文化批评、伦理高地的地带和拓扑学"[25]，一方面整合了"作为文化批评的人类学"的思想，另一方面折射出对当今世界所具有的拓扑属性——有如翻花绳一般牵一动百的非线性关联的认识，是让人类学与当今世界更为紧密地切合的努力。

以 1920—2008 年身体标记（body marking）为研究对象，费彻尔通过科学与艺术的关系讨论了新兴的生物感性（biological sensibility）和想象力。他提出的问题是：在生物感性的时代，身体标记的新联系、意义、强度和转换是如何实现的，身体的神性、兽性和自然性如何被重新定义？在这个研究中，科学与艺术之间形成了人类学进行文化批评和解释的第三空间。他认为生物感性影响了许多当代思维和诗歌的生产力，创造了主体性和主体性的想象力。[26]他对生物感性的理解首先建立在福柯对人的身体印记的兽性、神性和自然性的认识上。自然身体具有矛盾性，在其一端的边界上是兽性，是对内部疾病过程的预示、病毒/逆转录病毒的物种交叉以及失控的寄生虫—宿主和朊病毒关系；在另一端的边界上则是神性，是治疗奇迹、赋权、超越感、药物的运输和转化以及积淀媒介的延伸。其次，在他所考察的时间区间内（1920—2008 年），战争技术、生物技术对人的身体造成的创伤、标记或铭刻——在生物科技的作用下，身体的三性质的含义发生了扭曲或扭转。人类对身体的修补和实验越多，兽性和神性的性质就越被重新定义，身体上的标记就越具有新的联系、意义、强度和转换。20 世纪的科学技术改变了身体以及与之相关的——感觉、集体的技术身体、生物交流、情感和情绪。生物感性即是对此类变化的感知。身体的兽性、自然性和神性的含义随着生物科技的发展和应用而不断扭曲和扭转，具有生物敏感性的人类学家能够识别此类扭曲并对其进行文化批评。大陆哲学（代表性的哲学家有尼采、弗洛伊德、梅洛－庞蒂、柏格森、拉康、利奥塔、德勒兹等）也由于所讨论的内容与生物科技敏感性的共鸣而在此具有了活力。他们生物敏感性的思想影响了许多当代思想和文艺作品的创作，是创作的生产力。[27]

费彻尔以 20 世纪生物科技的不断发展为线索，穿插以哲学、艺术、人类学中对新科技的关注以及相关的艺术创作，在社会动态中，结合阶级、性别、后殖民主义、不对称的权力等角度对眼睛、皮肤以及深层的身体进行了人类学、社会和历史的解读。文化的想象力反映了科学与艺术间这样的关系：生物艺术，像文学和电影一样，跟在科学的进步后面，探索社会文化的嵌入关系和预测未来。科学和工程提出当前的可能性条件的问题；艺术在超出审美的背景下探索技术、工具和概念。[28]

费彻尔所强调的感性可以总结为一种"科技感性"，无论是生物学还是其他科技领域的发展都可催生此类感性。例如，他在一篇讨论好客（hospitality，哲学词汇）的文章中引用了马来西亚诗人王润华的诗歌 Myth of the Rain Tree 和 Pitcher Plant：Hanging a Beautiful Trap in the Sky 来呼应在生态学和生物学世界中的好客的问题。例如在后者中，王润华以"我"指代猪笼草，以生态学的视角描写了这种植物在热带丛林和荒芜土地上的生存，以隐喻殖民主义和资本主义对马来西亚的伤害。强调了基于生态学和生物学的新发现和发展而来的新的想象力正在取代从前以物理学为主的想象力，成为民族志颗粒度的新的来源。[29]如果没有这些科技方面的进步，相关的想象力将无所依据。这使对科技的关注具有了民族志方法论上的意义。

费彻尔是 20 世纪 80 年代人类学"写文化"运动的重要参与者之一。他与诗学相关的研究实践大致可以分为三类。首先是他在人类学文化撰写或民族志写作的诗学上的尝试。他常以他者文化中的文字作品为他者的声音，将它们并置，从而形成一种民族志中的多声道对话的状态，他个人常作为"阅读者"以评论的形式进入民族志的文本。这种并置的方法最初是以文字作品（民族志、小说、诗歌、自传等）为主，此后，他发现在文字作品之外，电影、艺术作品以及多媒体平台等也具有民族志的特性，也可成为人类学并置阅读的重要对象。

其次，他关心他者文化中的诗学创作（poesis）及亚里士多德《诗学》中对写诗是创造的认定。早期他以解释人类学的思路解读了20世纪70年代到世纪末的伊朗电影。他发现，伊朗知识分子以20世纪早期的小说为基础，在电影的创作中创造了新的视觉习语，通过后来电影制作者之间的"互文"而继续发展，并由于其图像文字的属性而产生了世界性的传播和影响。伊朗宗教中的情感结构以及前伊斯兰的文化遗产为电影的创作提供了重要的情感和隐喻资源。

最后，进入21世纪后，费彻尔的研究关注点转向新兴生活形式并逐渐搭建起第三空间和期间人类学的理论框架。在这一时期，他对创作的解读也随之发生了面向新兴事物和未来的转向。他关注了当代诗学创作中非理性的敏感性和想象力的联系，在科学与艺术的框架之间，探讨科学给文化和人类学洞察力带来的非理性的感受力。他的这种以创作者和作品为主要研究对象的方法拓展了人类学并置比较的内容，但是也有一定的局限性，只能够反映社会中一小部分人的声音，不过却利于捕捉到社会文化中新兴科技带来的新颖感性。

注解：

1   ［美］詹姆斯·克利福德、乔治·E. 马库斯编：《写文化——民族志的诗学与政治学》，高丙中等译，商务印书馆2006年版，第45—53页。

2   ［美］伊万·布莱迪编：《人类学诗学》，徐鲁亚等译，中国人民大学出版社

2010 年版，第 5—6 页。

3 庄孔韶：《流动的人类学诗学》，《开放时代》2019 年第 2 期。

4 ［美］詹姆斯·克利福德、乔治·E. 马库斯编：《写文化——民族志的诗学与政治学》，高丙中等译，商务印书馆 2006 年版，第 240—284 页。

5 M. M. J. Fischer, Mehdi Abedi, *Debating Muslims: Cultural Dialogues in Postmodernity and Tradition*, Madison: University of Wisconsin Press, 1990.

6 ［古希腊］亚里士多德：《诗学》，罗念生译，人民文学出版社 2002 年版，第 16—23 页；以及同书中罗念生《译后记》，第 92—110 页。

7 M. M. J. Fischer, *Mute Dreams, Blind Owls, and Dispersed Knowledges: Persian Poesis in the Transnational Circuitry*, Durham, NC: Duke University Press, 2004, pp. 1 – 2.

8 M. M. J. Fischer, *Anthropology in the Meantime: Experimental Ethnography, Theory, and Method for the Twenty-first Century*, Durham and London: Duke University Press, 2018, pp. 15 – 17.

9 M. M. J. Fischer, *Emergent Forms of Life and Anthropological Voice*, Durham and London: Duke University Press, 2003, pp. 61 – 89.

10 M. M. J. Fischer, *Mute Dreams, Blind Owls, and Dispersed Knowledges: Persian Poesis in the Transnational Circuitry*, Durham, NC: Duke University Press, 2004, pp. 9 – 12.

11 M. M. J. Fischer, *Mute Dreams, Blind Owls, and Dispersed Knowledges: Persian Poesis in the Transnational Circuitry*, Durham, NC: Duke University Press, 2004, p. 12.

12 M. M. J. Fischer, *Mute Dreams, Blind Owls, and Dispersed Knowledges: Persian Poesis in the Transnational Circuitry*, Durham, NC: Duke University Press, 2004, p. 54.

13 M. M. J. Fischer, *Mute Dreams, Blind Owls, and Dispersed Knowledges: Persian Poesis in the Transnational Circuitry*, Durham, NC: Duke University Press, 2004, p. 7.

14 M. M. J. Fischer, *Mute Dreams, Blind Owls, and Dispersed Knowledges: Persian Poesis in the Transnational Circuitry*, Durham, NC: Duke University Press, 2004, pp. 211 –217.

15 M. M. J. Fischer, *Mute Dreams, Blind Owls, and Dispersed Knowledges: Persian Poesis in the Transnational Circuitry*, Durham, NC: Duke University Press, 2004, p. 133.

16 M. M. J. Fischer, *Mute Dreams, Blind Owls, and Dispersed Knowledges: Persian Poesis in the Transnational Circuitry*, Durham, NC: Duke University Press, 2004, pp. 131 –147.

17 M. M. J. Fischer, *Mute Dreams, Blind Owls, and Dispersed Knowledges: Persian Poesis in the Transnational Circuitry*, Durham, NC: Duke University Press, 2004, pp. 168 - 180.

18 庄孔韶、[美] 乔治·马库斯、迈克尔·费彻尔：《对话：文化直觉、艺术实验和合作人类学》，《民族文学研究》2020 年第 4 期。

19 庄孔韶：《流动的人类学诗学》，《开放时代》2019 年第 2 期。

20 庄孔韶：《银翅：中国的地方社会与文化变迁》，生活·读书·新知三联书店 2016 年版，第 405 页。

21 参见杜道明《从"物中之道"到"味外之旨"——中国古代的直觉思维对象从哲学向艺术的演化》，《中国文化研究》2003 年第 4 期；羊萍：《从中国传统文化哲学管窥直觉思维方式》，《兰州大学学报》（社会科学版）1995 年第 4 期。

22 M. M. J. Fischer, *Mute Dreams, Blind Owls, and Dispersed Knowledges: Persian Poesis in the Transnational Circuitry*, Durham, NC: Duke University Press, 2004, p. 7.

23 M. M. J. Fischer, *Anthropological Futures*, Durham and London: Duke University Press, 2009, pp. 232 - 233.

24 M. M. J. Fischer, "Emergent Forms of Life: Anthropologies of Late or Postmodernities", *Annual Review of Anthropology*, 1999 (28).

25 M. M. J. Fischer, *Emergent Forms of Life and Anthropological Voice*, Durham and London: Duke University Press, 2003, pp. 3 - 4.

26 M. M. J. Fischer, *Anthropological Futures*, Durham and London: Duke University Press, 2009, pp. x - xi.

27 M. M. J. Fischer, *Anthropological Futures*, Durham and London: Duke University Press, 2009, pp. 159 - 196.

28 M. M. J. Fischer, *Anthropological Futures*, Durham and London: Duke University Press, 2009, pp. 161.

29 M. M. J. Fischer, *Anthropology in the Meantime: Experimental Ethnography, Theory, and Method for the Twenty-first Century*, Durham and London: Duke University Press, 2018. pp. 186 - 197.

（作者简介：和柳，云南大学民族学与社会学学院博士后。）

戴蒙德的人类学诗学

[美] 丹·罗斯　（徐鲁亚　冯跃节译）

　　我从两个方面对戴蒙德的诗作展开论述：首先，我将考证有关他的诗歌的社会文化背景和他本人的经历；其次，我将从一个人类观察者评价另一个人类观察者在人类学诗学上的成就之观点，对他的诗作进行分析。戴蒙德的这本诗集无可匹敌，对我们松散定义的"人类学和诗学"或"人类学诗学"做出了重大贡献。

背景

　　戴蒙德诗集的大背景下包含着五个小背景。第一，当今存在的人类学诗学。它可以分为以下几个分支：（1）本土诗歌——它是由非西方化的、未受过教育的、传统的诗人写作的；（2）民族诗歌，它是本土诗歌的客体（emics），由西方诗人发掘、翻译、解释、朗读、吟唱、赞颂的本土诗歌；（3）受其他文化影响的诗歌，例如艾兹拉·庞德（Ezra Pound）或 W. S. 默温（W. S. Merwin）

的诗歌译作；（4）非西方诗人的诗歌，运用西方语言，但诗人并
未损失自我感受和艺术性；（5）受过西方教育的非西方国家诗人
的诗歌，他们使用西方语言，或本土语言，或方言；（6）人类学
家创作的人类学诗歌，譬如戴蒙德的诗歌，其中诗人把本文化与他
文化的感受融合为一体。上述六个分支中，人类学家超越文化相对
主义，上升到更高的层次。在诗学领域，事实上已经实现了多文化
的融合。多种文化现实相互碰撞，不同感受、不同洞察力和不同认
知形成了新的联系，形成了文化差异政治的新的政治解说——现实
政治。

　　比如戴蒙德诗集中的《爱斯基摩》，它是我钟爱的一首抒情
诗，其深刻的情感富有强烈的感染力，使人产生身临其境的
感觉：

　　　　爱斯基摩
　　　　你这冥想之灵
　　　　白狐的软毛
　　　　把你
　　　　围成光晕
　　　　站在
　　　　夜空中心
　　　　渐渐褪去
　　　　沉寂
　　　　沉寂
　　　　群星陨落
　　　　冰样的温度

象牙尖

是人的武器

碎片

用破碎的心

期待重合

温情的海豹

是人的宠爱

死亡

毁灭

荣誉

均是一种献祭

第二，人类学诗学的历史。鲁斯·本尼迪克（Ruth Bene-dict）和爱德华·萨皮尔均创作过诗歌，而且都在当时一些最负盛名的杂志上发表过诗作（Mandelbaum，1949；Mead，1959）。虽然其诗作传承下来，萨皮尔和本尼迪克并没有建立一种传统，人类学和诗学之间的直接联系并未传承下去。人类学专业的研究生需要做初创的田野工作才有可能拿到学位，但却没人要求他们必须完成一首原创的诗歌作品。萨皮尔的诗颇富灵气和启示，在他的诗作中，人类学和诗学紧密地联系在一起，很像音乐和物理经常结合在一起一样。我们经常看到物理学家演奏音乐或是作曲，据说，在维也纳大多数人都认为 W. 海森伯（Werner Heisenberg）是钢琴家，而不是物理学家。

萨皮尔和本尼迪克是韵律诗的诗人，这给我们提供了一些启示，原因在于他们没有对英文诗歌语言方面的发展做出独创性贡献。他们的诗依然停留在 19 世纪过时的节律上，尽管在那个年代，庞德（Pound）、艾略特（Eliot）和史蒂文斯（Stevens）等人已经在那些知名杂志上发表诗作，建立起 20 世纪的审美情趣。萨皮尔和本尼迪克都未曾用诗歌表现人类学的体验。本尼迪克没有写过关于土著生活的诗，萨皮尔只有一首《祖尼人》（Mead，1959：88），在《祖尼人》中，萨皮尔似乎是给祖尼人写一首书信体诗。诗人是观察者，就像民族志作者一样，对土著仪式进行了反思，这首诗同时也成为祖尼人反思自身的一面镜子（如果祖尼人愿意把它当作一面镜子的话），是萨皮尔诠释舞蹈中的祖尼人之版本。《祖尼人》清晰地反映了人们的精神世界，但我认为，作为土著仪式的镜子，戴蒙德的诗远远超越了《祖尼人》。

戴蒙德诗作的第三个背景，即他的早年经历、家庭和高中生活。在这次电话访谈中，我所问的第一个问题是，他什么时候开始从事诗歌创作？他的第一个回答就切入主题，谈到他作为诗人和人类学家的生活。

我七岁开始写诗——在小学二、三年级的时候，当然写得都是些韵律诗，比如：

> gold
>
> *bold*
>
> hold
>
> *told*；
>
> 写的是海盗驾着船只，驶向一片陌生的土地……

"驶向一片陌生的土地"，戴蒙德很小的时候就向往异文化。

中学时代，他是纽约狄维特·克林顿（DeWitt Clinton）高中文
学杂志《喜鹊》的编辑。他有些早熟，写了大量的诗歌，主题
是有关异文化的，他最喜欢的诗歌是那首《吉普赛人》。

　　　她的舞姿展现了如此丰富的异国风情和文化内容。

　　然而，19 岁他参加英国军队，随后的 23 年里，他就再没
写过任何作品。尽管写诗是他中学时代就有的梦想，周围的朋
友们也把他当作诗人。第二次世界大战的伤痛和家庭的责任感
让他意识到必须有一份体面的职业才能生存下来。写诗的冲动
一直存留在他的潜意识里，偶尔会在睡梦中从无意识的深渊中
浮现出来。

　　戴蒙德青少年时代所处的美国文化背景对他的职业选择产生
了影响。当时的纽约和其他地方一样，尚处于经济大萧条的中后
期，诗歌是孤独的声音。戴蒙德没有诗歌创作的盟友，这和今天
的情况差不多。他创作诗歌要比那些"垮掉的一代"的作家在
国内成名早 20 年。除了拥有诗人的身份，诗歌创作显然不能给
他带来更多收入，正如他所述，从事金融业或新闻工作会更容易
谋生。面对如此的生活压力，他选择了人类学。

　　　因为除了诗歌，人类学是最适合我做的事情。

　　《图腾》以人类学方式反映了人们对吉卜赛妇女以舞蹈的方
式展现文化多样性的早期认识。诗歌中提及了夸扣特尔人
（Kwakiutl）、罗马尼亚人（Romania）、犹太人、天主教徒、克绕

人（Crow）、印第安部落（Apache，美洲印第安人的一个族群）、
阿里卡拉人（Arikara，美国密苏里河平原的一支印第安人）、阿
拉伯人、克利特岛人（Crete，位于地中海东部，属希腊）、波斯
人、俄罗斯人、爱斯基摩人、印度人、卫理公会派教徒（Meth-
odist）、叙利亚人（Syria）、比夫拉人（Biafra，尼日利亚东南部
一地区）、德国人、西班牙人、布列塔尼人（Brittany，法国西北
部一地区）、雨格诺教徒（Huguenot）等。以萨满（Shaman）教
为例，他这样写道，

> 你怎样认识熊？
> 他的身体，我的灵魂
> 四处出现
> ……
> 我和水獭躺在一起
> 乳白的水下
> 河床的柔软，胜过羽毛

　　戴蒙德设想的人物形象，不仅戴着面具，而且扮演一个角
色，并有与之对应的仪式、话语和舞蹈。诗中展现出不同的文
化，不同的人物。这还不是全部。除此之外，他还融入了自然的
元素，尤其是鸟类。文化和自然在他的诗中占有同样的分量。他
把动物看作是文化的生灵。比如，像这首《鲸鱼之歌》：

> 他们推着浪花，敲打着海滩
> ……

他们歌唱放逐

脊骨沉到海底

伴着盐水的气息

磷光般的眼睛

……

四只蓝眼睛的鲸鱼

伴着黑夜的气息

高歌

声音只有过路的海鸥能够听见

孩子们

在海湾旁的峭壁上

高歌

美国人想象的地理深受人类学的影响。1982 年，美国人类学协会（American Anthropology Association）就有 5032 位人类学家。美国人类学家的整体密度（每平方公里人类学家的数量）或许并不很大，但是全世界的人类学家大多集中在这个国家，越来越多带有考古学背景的文化人类学家不但影响到美国大众意识，而且影响了高雅艺术、绘画、文学、音乐和舞蹈等。这个国家中许多人类学家沿着 20 世纪诗歌由庞德开辟的道路走来，我认为，戴蒙德就是他们其中的一位，他们不仅致力于探寻他文化的原始状态，而且探寻他文化的经验。艾兹拉·庞德（Ezra Pound）甚至建议年轻的阿奇伯尔德·麦克利什（Archibald Mac-Leish）"寻找并撰写一个前人未曾接触过的文化"（Winnick，1982：106）。庞德这样说是由于他对麦克利什的诗歌失去了兴趣，庞德认为，麦克利什的诗歌完全是从他本人那里借鉴过来的，尤其在地名的使用上（如波斯）更是如此。

　　在探寻他文化经验的诗人中，庞德的地位举足轻重，他虽然不是最初的开创者，但他的确是最有影响力的现代倡导者，尽管他只关注高雅文化。庞德转向远东地区，选择了新的地理前沿——持续积蓄力量的中国，因为亚洲增强了对美国的影响。查尔斯·奥尔森（Charles Olson）和加里·斯奈德（Gary Snyder）是庞德的追随者，但他们更倾向于探寻原始文化，前者到了美国西部偏远地区，而后者则去了东方，他到了日本，并经北美土著部落回到美国本土（Steuding，1976）。

　　在上述背景下，我认为戴蒙德是在美国对他文化经验进行双重探寻，他身上兼有人类学和诗学两个领域的文化印记，然而，他的诗作却打破了庞德－斯奈德的传承模式。事实上，戴蒙德的诗属于抒情类，追求高雅脱俗。戴蒙德将诗句进行压缩，并从叶芝、狄更森、弗罗斯特、布莱克等诗人那里借鉴了很多东西。

　　我只是提到了与戴蒙德诗歌有关的背景知识：包括人类学诗学、作者的青年时代及其家庭、想象的地理以及对异文化中他者经验的探寻。我想把诗歌看作一种诗学观察，也就是诗人从个人经历和诗歌的关系，诗歌主题与诗人的关系，读者与诗歌主题、作者（观察者）和文本的关系出发进行的正面观察。这三者不是孤立的，而是一个整体。综合起来，它们可被看作是观察者/效果的一部分，这也是当代科学和人文学科普遍关注的一个话题。

人类学经验的诗学

人类学家在结束田野考察后，虽然人离开了，但内心往往还在学习那些他文化的生活方式。他们在论文专著中使用当地的词汇，并试图向同行阐明自己获得的当地人的观点。

在谈到人类学中观察者的作用时，克利福德·格尔茨指出，在过去的十到十五年间，人类学家一直被田野考察的方法论问题所困扰（1983：56）。研究他文化的田野考察给人类学家提供了一种词汇，既能准确地描述文化的内部经验，又能保持当地生活之外的科学研究和学术语言。格尔茨说，上述描述不是根据人类学家与当地人的恳谈做出的，而是根据观察者对当地生活的解释做出的。这一过程中最常用的两个术语是"主位"（emic）和"客位"（etic）：前者指人类学家建构的当地人文化生活的规则；后者指学科专著、期刊和专业书籍中使用的科学词汇（因此具有相对性）。如何从经历田野经验的民族志作者转换为受过训练、更为客观的西方观察者，格尔茨悟得其中三昧，他解释道，我们必须在最乏味的当地生活细节和全球结构体系中反复游走。想要成为一名成功的人类学家，我们必须同时关注地方性知识和一般性知识（1983：69）。毋庸置疑，格尔茨对这些事情的看法，是很多民族志作者在处理田野工作和表达自己观点时的思维模式。然而，戴蒙德的诗作提出了另外一个问题：这种已被接受的模式能解释人类学经验的全部领域吗？因为我们时而参与当地人的生活，时而又离开当地人的生活。我在下文中还要谈到这一点。

这种只有深入体验他文化才能了解的内部观点，在人类学家的诗作中十分鲜见，当代诗歌中也几乎没有。"高雅文化"的学生们经常会忽略主位表达的内部观点，这一点在比较文学和文学批评中尤为普遍。

戴蒙德，这位诗学与人类学的观察者，在表现崇高的诗歌里通过运用具体的手法，如两个短语并置的手法，获得了人类学的敏感性。在一个短语中，他表达了隐含的叙述者的观点（Chatman, 1978）；在另一个短语中，他又表达被叙述者的观点。比如在《萨满之歌》（Shaman's Song）一诗中，他以萨满（隐含的叙述者）的话做开头，然后又转向了熊（叙述对象）：

你是怎样知道熊的？
他的身体，我的灵魂

作者把"他的身体"与"我的灵魂"并置，合二为一，采取双重视角把自我和他者同时展现了出来。

戴蒙德扩展了隐含的叙述者和他文化中的被叙述者的双重观点，甚至是大自然中的被叙述者（如熊），如同一位完美的演员，采用了他文化的声音。在《萨满之歌》和《斗牛士进行曲》（Paso Doble）两部作品中，作者均采用悲剧式（Thespian[1]）的手法，诗中那个隐含的叙述人在遥远的过去——或许是克里特文明时代（Minoan Crete[2]）——唱歌，

快过来，我的小牛
在这里，我的小牛

　　听着戴蒙德现在写的这首歌，使我们感到突然时间倒流。那个时代的一首短歌，竟把我们带到了遥远的过去。

　　戴蒙德用这些修辞手法创作的作品深深地打动了我们，远非艺术技巧可及。作为读者，我们认识了戴蒙德，他既是"真实的作者"，又是"隐含的作者"，同时又是思想者和观察者，他把人类的差异和自然的现象（如鸟和公牛）与自己融为一体，并以诗歌的形式展现出来。借用现象学家的话，我认为这是戴蒙德人类学诗学作品的"本质"所在。与"客观性"极为不同的是，他在观察中占据了一种有利的位置。但这一位置不是彼此分离，而是相互交融。观察者走进被观察者的内心世界，并贴近他们。由此，双方都到达一个非此非彼的新位置。不管是艺术领域还是科学领域，这种世界观察者都很难得，几乎不曾存在过。

　　戴蒙德对他文化具有难以置信的敏感，他似乎要用布伯描述的方式把动物和人类的语言从其他文化分支中内化出来，并通过诗歌把这些"像是内在的"体验表达出来。

　　故事到这里并没有结束。戴蒙德的诗并非是一般意义上的"观察"，而是艺术加工过并与读者交流过的观察，包括他的所闻、所说甚至所读。他本人没有和笔下的人物生活在一起，但却能在诗中将自我与多种文化的精髓融为一体。他需要读者在阅读过程中做出同样的回应。我们阅读这些诗歌，可以融入诗歌中"神交"（Unio Mystico），这种"神交"展现了戴蒙德的自我和他者之间闪现的瞬间。因为他选择一种艺术形式来表达对他文化的体验，他的诗有改变读者的力量，这就是成功艺术形式的语用学。在此，他完成了一项根本的使命，不可逆转地将读者引向一个更为人性的、更为人文的方向。

通过在诗中实现"社会化的幻境"，戴蒙德又为格尔茨（1983c）详尽论述的人类学方法论的演变添上了浓墨重彩的一笔。这种演变并不包括交流，格尔茨本人也否认交流是人类学田野工作的根本特征，但是包括对他文化经验的解释，并实现进一步的超越。我们不但获得了某种解释，而且获得了理解他文化系统内在含义的新方法。当一些人类学家还徘徊于"地方化中的地方性知识与全球结构中的全球性概念"之间时（Geertz 1983：69），戴蒙德以一种非常不同的睿智的方式补充了这些正统的研究。在诗歌《图腾》中，他没有使用"全球的"这种隐含层级概念的词汇（比如，"高雅的"意在贬低"地方的"，后者即"低级"的代名词），而是不断展示五彩缤纷的文化图景。在他的诗中，我们既可在叙利亚拍摄天鹅，也可在莫斯科同情偷情者。我们超越了等级制度，从事智慧的活动，本着互相交流的态度建立起平等的关系。

在大学生活的对话中，经常有人说我们西方的诗作（或是其他艺术形式）先于生活；艺术几乎总是带有前瞻性地指出新的文化发展方向，尽管这些新趋势还没有得到广泛认可。我在阅读戴蒙德的诗作和当代人类学作品时发现，人们对他文化潮流的接受程度已经远甚于从前，特别是可以直接体验的那些鲜活的东西。当今，人们不断陷入"全球化"和"地方化"旋涡中，带着旧式的等级观（这是人类学开创者们留下来的老传统）作方法论，把西方观察者和当地人对立起来。然而，《图腾》却表明并预示着我们可以使用其他研究方法，而且，的确还存在很多方法供我们思考自身与不同的文化系统中"他者"之间的关系。

我强烈推荐人类学家和其他学者阅读戴蒙德的《图腾》，理由有三：第一，在探寻他文化的体验中，戴蒙德确实在诗歌中达到了自己向往的崇高境界；第二，该书提出了一个体验多元文化世界的"后等级"（post – hierarchical）方式；第三，戴蒙德把民族诗学融入人类学中，将"西方精英文明"漠视的多种文化引入西方人的意识中。他的所作所为表明，我们迫切需要在人文学科的整套概念中添加人性的观念。

（译者简介：徐鲁亚简介见本书勒口副主编简介；冯跃，首都师范大学社会学与社会工作系副教授。）

注解：

1　译者注：泰斯庇斯，古希腊雅典诗人，悲剧创始者。

2　译者注：古希腊的克利特岛，位于地中海东部，属希腊。

田野经验与人类学诗

[美] 伊恩·普莱提斯（徐鲁亚节译）

　　观察的过程的确要求自我意识的参与，就意味着观察者与和文化他者的辩证关系要求一种并非主客体分裂的表达方式，同时需要一种可以反映田野经验之辩证关系的语言，包含了主体和客体，并把二者推向表达田野经验的新的语言。这在人类学中是缺失的。我倡导用诗来弥合观察者与他文化之间的鸿沟。对我来说，诗是人类学田野报告中缺失的成分。

　　这是一个崭新的富有新意的过程，改变了观察者对于自我与他者之间的感觉，从而改变并影响了观察者自己的社会。诗作为田野报告的表达媒介，以一种超越某种特有文化的方式，使得理解他文化成为可能，并在此过程中，把田野工作从人类学前辈旧式等级观的遗产中移除了。但是，为什么是诗？在我说服读者在这一点上接受我的观点之前，我必须提供一些可信的支撑材料以支持结论中的主题。

　　诗与人类学有何相关性？人类学能够被诗引领吗？或人类学

会因为诗而发展吗？人类学家创作并发表了诗，但并未为人类学提供指南和方向。写诗的人类学家在文学批评和诗歌创作之间徘徊，来表达部分人类学的田野经验。他们的共通之处在于用诗作为一种新的民族志叙述的方式。

或许我应首先阐明诗的过程，考察 20 世纪后半叶诗对于人类学的相关性。在此，有几个主题需要探讨。可以说，因为有诗，人类学可以弥补田野实践中的缺失，诗具有自己的认识论、敏感度和存在的理由。换言之，人类学诗的维度不仅是一种表达方式，而且是人类学方法论的一部分。如果人类学得以进展的话，就不能仅仅从田野中被研究的文化的承载者那里获得信息，而且要从学科的专业人士那里获得信息，他们会更为直率地讨论记录和传达田野经验的过程。这种新的方向是从诗的领域中获得灵感的。

我们作为人类学家在不同的世界游走，一组组文字喷涌而出，在我们的眼前组成新的语篇，让我们惊讶不已。我们用文字创造了我们的形象，表达了我们的理智与情感。没有文字便没有世界（Ridington, 1982）。Ridington 还说，物质性的信息扑面而来，要求用丰富、具有含义的语言，像古代神话般地把自然的状态与人的心智连接起来。（Ridington, 1982: 3）

我相信，我们标准的语言系统与 Ridington 提出的问题不相等同。作为学者，对于能否使用语言作为专业的工具，我们经常失去自我意识。人类学话语领域中意识的不均匀性与多向性，需要在话语的全部选项中选择一种不同的象征性语言来连接观察者与被观察者，并创造出文化理解的方法论。正如我下面更为清晰地论述的那样，诗作为一种技术性的工具，在人类学家手中，就会大为不同。这种工具可以缓解田野工作中认识论方面的困境。Bronowski 在讨论文学的时候说到自我参照的要素，并提到从内心观察自我心智与从外部观察他人心智之间的紧张状况（Bronowski，1966：11）。他说：

> 文学的力量和意义在于对我们表述了他人的生活，以使我们在其中认识我们自己，并使我们可以从外部和内部体验他们的生活，把我们自己延伸到他人的行动和灾难中，从此把人类看成一个整体，文学和艺术就被赋予了生命。

我希望人类学以同样的方式通过诗获得生命。

Marcoux 的作品提出的主要问题之一是诗寻求真实和深度理解，一种想要写作和交流的冲动，向别人诉说超越自我的那一瞬间，而倾听者或许做好了准备，或许没有。诗具有节奏，文字追求声音和意义。田野经验是用意义的象征群、简洁和强度来表达的。体现了语言思想的诗，作为纯粹的象征，比表层的现实更为深刻，这种诗是具有仪式感的。诗人同时作为观察者而疏离生活，又卷入生活的方式和节奏中。诗人并没有看到自己在步行，而是看到脚下的土地在转动。诗人的任务是，把握田野经验中的现象，捕捉其意，然后把它变成富有意义的形式。诗具有象征代码，表达了一种参与，以及田野经验的内在体验。这种内在体验又超越了诗人及其田野经验，形成了一种新的空间、维度和表述。

田野中的情形是，人类学家被学术生涯的要求所限，把田野经验中大量的现象都压缩了，以事先程序化的方式来解释和交流。因此,文化和自我都失去了意义。我在此想说明,田野经验知识的精髓在专著和论文中是难于表述的。主要是缺乏一种适当的语言形式,来交流人类学家参与到他文化中的意义,来表达在田野中的所见所闻,而表达在人类学的文本中或专著中难有一席之地。

诗不应只存在于比较文学中,诗可以成为当今人类学实践中有力的转达媒介。诗为人类学提供了一种新的生命力的开端,人类学诗学认为,诗的作用在于表现被压抑和被忽略的东西。

人类学过去的十年有一个显著的现象,即学科中发生了反思,并进行了重新评价,允许引进新的过程来补充人类学的表述。人类学诗学以一种有意义的过程,对交流田野成果的词语赋予了新的意义。人类学诗学对于学科远比我们想象的要重要得多,因为人类学家使用的象征系统已经成为表达人类学知识的新的形式。

或许在诗和人类学之间有一个分野。诗来自文化预设的碰撞、接触、冲突、日常性的突破,以及理解和作诗的冲动。在人类学,相反的是,田野中的文化假设的碰撞被学科中正式的和被已接受的交流形式压抑了。这一不同与其说是符合逻辑的分野,不如说是需要超越的鸿沟。诗学打开了人类学现实中一个未被探索的重要领域,尽管这种现实影响了学科中被写作和被交流的内容。

在他文化中,人类学家是一个陌生人。如 Marcoux 所说,陌生性是批评性意识的主要成分。他文化的陌生性并非在"那里"(即田野中——译者注),而是在我们中间。但是,如果他者性(otherness)就在我们中间,我们必须询问哪里是人类学的田野。

在我们的生存状态中，确认陌生性的来源是为了进一步推进学科的进化，这是至关重要的。

对于 Robert Graves 来说，诗是特别诚实的交流形式，并暗示说许多诗和人类学都没有触及真实的基本水准。我认为，诗人和人类学家都需要具有某种意识，以防被限制在狭窄的理性中。

需要回归早先的诗的标准与本文集的题目"反思"有关。许多诗人并不关注诗的真谛，只是记录下从表面意象反映的思绪。如果我们把他文化作为镜子，或学科的表面意象，"反思"的概念就会存在许多维度，对于思考人类学的认识论状态是很重要的。首先，他文化的概念反映了观察者的某种假定、意图及认识论。最近，有很多激烈的争论，是关于玛格丽特·米德第一部作品的，如果我们想到她的某些作品都属于这个特别的分类，这些争论就显得多余，批评家的文章也是如此！事实上，玛格丽特·米德的早期作品写了很多她对于文化和概念的偏爱，较少谈及文化的承载者所经历的现实。因此，在田野工作的记录中，人类学具有巨大的幻想的潜力，并只交流他们希望反思的那些东西。观察者特别的认识论或者自我兴趣提供了某种狭窄的视野，或许意味着田野中第一次记录的数据总是被重新审视。这种谨慎标志着某种调整，宣称观察者要面临一种不同的现实了。

"反思"的第二个层级，具有很多维度和形式，即反思田野的经验，以及该经验与观察者日常生活的相关性，日常生活对田野经验的影响，对于个人生活圈子的意识，该意识导致了特别的田野兴趣，对于他者的反思，涉及基于田野的影响。（Leeds，1982）

当然还有一个层面，即难以捕捉但又包含其中的进化动态。

该层面超越了文化相对论，认为标准的正统客观论是有问题的。观察者走向被观察者，把被观察者拉近，在一个新的空间停下来，非此非彼。在此层面的人类学家获得了包括本文化和他文化的内在性，并超越之，到达了一种新的表达形式，不同文化中的经验把该文化和观察者都带入了一个不同的意识中，该意识将在西方文明中产生效果。

在此，我指的是观察者与他文化之间的辩证关系，把文化假设的碰撞作为原料，用更高级的语言形式表达出来，即人类学诗学的语言。在涉及田野的诗作中，表达了自我与田野经验的辩证关系。因此，人类学家无须简单地报告他的分析模型，无需用主客位的分类方式来讨论观察到的材料。人类学家参与到他文化中，并用诗的象征语言表达上述参与过程（Darnell，Wagner）。于是整个田野报告就更加完整了，尤其是在"内在性"方面，因为人类学诗学是一种特别的民族志叙述，是人类学专著和论文不曾表达的东西。这是一种长处，即可以让他文化的经验影响和教化观察者本文化的文明。

田野中的次序：观察、记录和交流，一种意义的代码被转换成另外一种代码。人类学专业最能被接受的意义代码经常与最先观察的、感觉的和体悟的意义的代码是不搭的。如果诗作为意义之间的中间代码，涉及缺乏不同层级之间适当性的许多困境就可以迎刃而解（尽管不一定完全解决）。换言之，诗成为田野的手段，作为一种表达文化的方式，或神话，就是一种处理矛盾的加代码的信息。

Toni Flores 在"田野的诗"（1982）一文中，描述了诗作为不同意义之间的代码的多种方式。田野中关于自我的诗把主观的

我变成了客观的我，并把观察者当作人类学观察的客体。（Toni Flores,1982：18）

罗斯指出：

> 人类学家致力于建立高大上的地位，以观察他人。这种地位之一就是客观性，所谓客观性不过就是在情感、道德和知识等方面疏离被研究的人们。（Rose,1983：352）无论我们是否采取客位或主位，或者是否在世俗的地方性细节和全球结构之间徘徊，我们都不能充分表达定期参与地方生活的人类学研究的意义。（Geertz,1979：239；Rose,1983：354）

主客位的分野当然在绘制地图方面达到了目的，但是主客位不能交流研究他文化的意义，以及被他文化改变的意义。我们仍然关注"他们的"模型和"我们的"模型之间的界限，只有两个模型的交界处被表达了，我们的民族志才是完整的（参见 Farnell,Ivan Brady,Duff,Helman 的作品）。大量的知识被压抑了，因为人类学学科之内的日常话语不具有语言学的质量来表达两个模型之间交界处的知识和经验。在我们的分析和民族志中，我们可以传达大量的信息，但是有些细节，文化假定的碰撞，需要更为丰富的语意来表述。在人类学诗学中可以发现的内在区域可以填补这个语言学上的空白。否则，客观的具体化就把知识者的敏感性和意识消除了，而这种敏感性正是当代人类学核心的方法论问题。

我们用来描述事件的语言对我们所做的叙述强加了形式和局限。日常语言和科学的话语压抑了我们对于他文化的知识和经验中有意义的部分。于是，我们对于文化经验的交流都发生在理性地编制了程序的模式中，该模式消除了知识中的很多东西。人类学家选择的语言形式本来是为了帮助我们理解和表达人类的状况，结果反而背离了初衷。

正是在这一点上，或许可以提供一个答案。诗的语言几乎具有语言的"他者性"，与日常语言交流的形式是不同的。

在诗的领域中收获的东西是知识的重构，提供了我们获得知识的语境，以科学的方式或其他方式，也成为表达多层级意义的代码，唤起了整个感觉经验（参见 Fox，Wilmsen，Anderson 的作品）。诗可以表达疑问、困境、经验和内在的东西，这些经常被学科压抑了，被文学忽略了，因此诗可以被用于田野工作。

在一个简单的层面上，我们知道，如果人类学家学习某种他文化的象征性语言，而并不准备把它翻译成他自己的可比较的象征性语言，那么感觉、颜色、情感、田野观察的悲剧都不会存在了，理解也就无从谈起。实际上能交流的东西可能是对于现实的苍白、错误的冥想。困惑和不解可以体现在诗中，也可以体现在隐喻中，就这样逐渐地，令观察者困惑和不解的东西就会浮到表层，通过重复和不同的形式表达出来（Park，Wagner，Marcoux 的作品）。诗变成了神话，蕴含着困境与矛盾，充满着丰富的语意，观察者开始理解了，而这一切，普通的田野笔记和日常的语言形式是难以胜任的。在此，主题以缩小的形式出现了，Grave 在"白色女神"（The White Goddess）中夸张地称之"诗是神秘的、加了代码的语言"。

对人类学家而言，诗不仅表达，而且加了代码，抽象出某种概念，然后又对自我认知和田野经验的主要部分进行解码，最终成为自我意识，这种诗传达给我们某些不同知识的多层面的解释，也传达给我们更多关于民族志的知识而不是人类学报告中的日常语言。神话的制造者运用这种语言形式，激发了人们的理解和意识。人类学家就是不知情的秘密的守护人，而这秘密就是人类学研究中被压抑的东西，秘密必须要大白于天下，告知那些有志于人类学研究的群体。人们会想，这种去神秘化的过程是否会摧毁天才之作。这是一个公开的风险。

我们正在揭开人类学田野的另外一个维度。到他文化去是学术生涯的一部分。人类学研究要求我们展现自我，他文化引领我们走向我们之间的田野，即专业的共同体。作为学者和作为田野调查者的人类学家，我们去调查、观察，然后离去。如果建立了密切的联系，我们会重访，近年来这种重访已不经常发生了。然而，田野经验还在每个学者的心中涌动，作为个人发展的一部分，田野经验已经在我们心中内化了，而有时我们并不知晓。

Kakar 评价了高度想象中的陌生化问题：

> 适当疏离你的本文化，融合在他文化的世界观中，甚至短暂与他文化的人们住在一起，对于深刻认识生于斯长于斯的文化和社会是绝对必要的。（Kakar，1982：9）

他还提及 Merleau - Ponty 的如下讨论：只是"含混地"了解自我，说明对他文化进行田野调查的人类学家并未对研究他文化社会做好准备，但对于审视我们自己的社会倒是可以的。由于上述因素以及人类学家的生命周期相关的因素，作为诗人的人类学家可以在当下脱颖而出。

田野调查者心中存在"他者性"（otherness），对自我的认识越发清晰了，于是在文化冲突的时候便以一种重要的形式出现了。例如，Flores 指出，关于田野中文化冲突的诗，从田野归来之时，私人的田野经验，便在公众场合下被命名了。田野调查者的感受如果原本是灾难性的，在诗中也被浓缩并淡化了（Flores，1982：17）。Wengle 把人类学的田野工作与"通过仪式"的阈限阶段相比较，在这一阶段当事人可以获得重生和复苏的感觉（Wengle，1983）。在他的心理分析的框架里，田野工作被当作一个激发了意识的过程（意识到人类学家自己的潜意识被压抑了），于是便产生了连贯性、创造性和幸福的感觉（Wengle，1983）。有关田野工作的诗是一种获得这种连贯感的方式。田野诗作具有治疗的作用，可以展示自我、完善自我、表达自我，所有这一切都不足为奇。

通过诗来实现自我展现对于研究我们的方法增添了一个维度。如上所述，主语的"我"（I）在诗中变成宾语的"我"（me），而客观性是无法达到的。诗表达感觉，颜色、味道和人的安逸姿态，也表达紧张的杀人状态，画一幅风景画，展现田野调查者的脆弱，到达一种超越自我与众不同的境界。"诗从未停留在个别的情景和个人的情怀，但却是从这里开始的，之后便走向远方，从文化和社会的领域向前跳跃，思考人类共同体。"（Flores，1982：19）

从自我治疗走向自我意识的展现，并融入了他文化。这个意识又被带回到我们的文明，在人文主义方面，可以消解我们自己社会的异化之焦虑。这就是观察者与他文化之间的辩证关系。人类学诗学的表达方式，不但会到达一个新的境界，而且还意味着观察的过程不仅仅是记录了人类学家看到了什么，而且有一种融入其中的感觉，他文化和自我都超越了观察的状态，表达了田野中体验的辩证关系，于是，一种加强的意识和感觉就产生了。这样，也就打开了人类学中令人兴奋的领域，有关多层面的解码及其对于我们自己社会的意义。

人类学的任务，至少是人类学任务的重要部分，是锤炼我们内在的田野经验，这样，吸收了他文化的意识所产生的建设性的东西就会被带回我们自己的文明。诗又一次成为不同层面田野经验的媒介。它允许无时不在的意识、关注和理解，并最终渐渐地引向人类学实践的变革。

我开始写作本文的时候就存在田野观察认识论方面的困难。之后我转向了诗作为解决困难的方法，因为诗具有产生意义的过程，记录观察者参与到他文化之间的辩证关系。最后我认为，他文化的经验及其表达可以大大促进学科的发展。我的论点是，他文化的田野经验使观察者的感觉更加敏锐了，更为博大的人文主义将会渗透到观察者本文化的文明中。

结论

人类学的诗学维度是存在的，它是一种理解的代码，一种真实的隐喻。因而，"反思"将带我们走向何方？认识到人类学的田野经验还有大片区域在专著和论文中从未被交流意味着什么呢？解决人类学家创造的神话之悖论需要人类学学科、大学的人类学系和人类学研究一直处在实践中而不是在书斋里查找参考文献来激发意识？在实践与非实践之间会出现一个逆袭吗？

　　反思的、自我意识的人类学与激进的诗学表达方式使得人类学处于争议中，但是人类学已经具备了发展成为一种不同的人类学的基础，这是真实的。特别是对于从本文化社会和学科疏离的专业人士，田野调查的正当性越来越难以证明，这一点是重要的。然而，有一个更为重要的考虑。如果田野很大程度在我们之中，那么人类学在他文化中干什么呢？某种特定文化的群体很少邀请人类学家到某一个田野点。人类学家某种预设的概念和学术生涯的要求使他们在全球范围内寻找田野点，这对于大学的人类学系和资助的机构来说都是合理、适当的。显然，人类学家的学科和文化被置于社会和意识形态的语境中，并是其中的一部分。于是，人类学需要清晰地意识到他们与本文化社会的意识形态之间的关系，不能不加思考地复制那些左右研究对象的条件。人类学实践的主要传统与现代化的社会有关，人类学家通常认同在经济和政治方面存在依存关系的意识形态维度。

　　在此，我希望就人类学诗学表明我的论点，即某些重要的东西在田野报告中消失了，文化假设的碰撞是人类学研究的原材料，通常通过主客位的分野来表述。我认为，包含主客位考虑在内的辩证关系，把二者都引向一种田野经验新型语言的辩证关系，在人类学中缺失了。田野经验可以用多种形式表达，比如艺术、叙事和戏剧。人类学诗只是我讨论的一种媒介。我指的是一种融合的过程，在富有象征的语言上加了代码，这种方式改变了专业人类学家的对于本文化和他文化的感受，然后对本文化社会产生了影响。人类学家关于他文化的经验应当在西方意识中传播博大的人文主义思想。总的来说,这一切尚未发生,因为我们作为人类学家,还未找到准确表述田野中的辩证关系的方式。我相信,人类学诗学可以完成这一壮举。这是 20 世纪末人类学面临的主要挑战。这一主题在斯坦利·戴蒙德的诗集《图腾》中已经得到诠释,因此我有了最后的话语。

斯坦利·戴蒙德在与 Rose 访谈之时,记述了他向人类学诗人演变的过程。起初,他对周边环境是否产生诗的冲动并不敏感,于是就开始了人类学研究。一天他写出一句精美的诗句,他说他选择人类学是因为除了诗歌,人类学是最适合他做的事情。(Rose,1983:348)。戴蒙德对人类学诗学最初的贡献表明自我和他文化的敏感性是可以融合的(Rose,1983:346)。就其本身而言,诗是具有感染力的关于田野经验的作品,但在目前的情况下,诗对于人类学而言就有更多的意味。这是一抹生命的光,是一个充满意义的过程,人类学应重新思考它的基础和方法论。

戴蒙德获得了我之前提及的内在性,他是一位杰出的诗人,重要的是他把民族志带入了新的天地,超越了束缚人类学方法论的主客位的领域。戴蒙德诗中的民族志叙述表现了学科中尚未交流的东西,他直接对本文化社会诉说着什么,而不是仅仅撰写他文化的状态。Rose 对于戴蒙德的评价为进一步研究人类学诗学提供了指导。

Rose 描述了诗学观察的特点:

> 诗人从个人经历和诗歌的关系,诗歌主题与诗人的关系,读者与诗歌主题、作者(观察者)和文本的关系出发

进行的正面观察。这三者不是孤立的，而是一个整体。

这一系列关系简要说明了田野状态下解释与交流的困境。其论点是作为方法论的人类学诗学允许他文化的理解可以用一种超越本体的方式表达和解释。因此，我们不但获得了某种解释，而且获得了理解他文化系统内在含义的新方法。

Rose 进一步论证道：人们不断陷入"全球化"和"地方化"旋涡中，保留着带有旧式等级观（这是人类学开创者们留下来的老传统）的方法论。

他让我们把这种人类学前辈留下来的带有旧式等级观的老传统与一种人类学家与当地人之间的新维度相比较，该维度涉及了感受他文化和自我之间关系的不同方式。

因此，人类学诗学——作为观察的诗——具有重要的转换功能，该功能不应局限于今日文学的表达，而应置于人类学的主流中，唤起人类学和社会的一种新意识。今天，学科缺失了民族志的宣言，即人类学家应用丰富的语言代码及不同的结构表达田野经验的精髓，而这些精髓在专业的专著和论文中从未触及过。此外，唤起学科中具有批判意味的自我意识强调了如下论点，即人类学田野的精髓在人类学家的心里。因而，田野工作属于我们和我们的文明。他文化是我们开发的意识中的重要部分，对学科的转换做出了贡献。作为诗人的人类学家把田野经验当作原材料，选择了一种表达他文化经验的方式，因而，一种不同的文本形式便出现在人类学同仁的面前。其结果是，内在的和外在的转换相互结合，促成了文本的实验，造就了与其说是新的知识，不如说是新的理解，"一种新的展现"（Rose，1985：8）。人类学诗学

寻找新的现实和读者，与他文化的新关系，以及人类学的新定
义。如果能感动倾听者、读者和将信将疑的人，就可以改变人类
学研究和实践的方式。

（译者徐鲁亚简介见本书勒口）

注解：

本文节译自《反思：人类学的缪斯》一书结语："辩证关系与田野经验：诗的维
度"，文中注释参见该书的参考文献。该书主编和结语作者是伊恩·普莱提斯
（J. lain Prattis），加拿大渥太华的卡尔顿大学人类学教授。

诗与民族志

[美] 肯特·梅纳德 梅丽莎·卡门纳-泰勒
（赵德义节译）

引言

人类学在方法、认识论以及民族志写作等方面遇到了重大挑战。作为民族志作者和诗人，我们在此讨论民族志诗。随着诗越来越多在学界出现，人类学家想知道如何创作民族志诗，以及为了什么目的创作民族志诗。鉴于此，我们首先讨论民族志诗在涉及民族志和民族志诗学时的定义，然后思考诗如何帮助人类学家更深刻地描写我们和他人的生活。通过比较我们和其他作者的诗，我们探索形式如何影响意义以及民族志的洞见。

在过去的几十年里，人类学中的重大挑战涉及我们研究文化所依赖的方法和认识论。作为读者，我们何以知道民族志作者所说是真实的？或者说，民族志学者所说不可能是真实的。我们在人类学研究中如何撰写文化，如同我们要撰写的被研究者一样，已成为我们反思方法论的一部分（Clifford，1986：2）。

　　不少人已经警示民族志已经出现了危机，有人甚至宣告民族志已行将死亡，或至少应转变为一种全新的东西（Tyler，1987）。随着后现代和后结构主义的转向，两个主要前提被重新讨论，即诺曼·丹曾（Norman Denzin）所指的表述的危机和合法性的危机，我们不再假定，民族志可以直接"捕捉生活的经验"（1997：3），我们并不能表述民族志的现实，我们只是创作了民族志的现实。特力恩（Trinh）甚至说，皇帝并未穿着新衣，即："人类学家并非发现了什么，而是创造了什么，编织了一个文本。"（1989：141）

　　即使我们能够捕捉现实，或者至少达到了某种有价值的猜测，我们用什么标准去衡量或解读民族志的文本？我们想要了解这个世界，但是如何去了解呢？

　　我们会变得像阿德里·库塞罗（Adrie Kusserow）一样，一个人类学家和诗人，他写下这首诗：

　　　　如意义有形，

　　　　我在寻觅，

　　　　我一无所知，

　　　　除非，在茫茫黑夜之中，

　　　　知识扑面而来，

　　　　用一道闪光把我惊醒，

　　　　问我：你知道啥？

　　　　我一无所知，我说，

　　我只是探索这个世界，

　　我爱这个世界。

　　自从 20 世纪 90 年代以来，具有实验风格的民族志如雨后春笋，没有哪一种是正统的方式。我们可以看到民族志小说、回忆录、自传等，或多种式样融为一体的形式。

　　我们作为民族志作者和诗人，只专注其中众多风格的一种，即民族志诗。自从 20 世纪 80 年代中期，人类学对文学理论和文学形式就更加开放了（尽管还不是主流），民族志诗变成了人类学表述中比较容易被接受的形式。

　　当诗歌更多地与民族志作品一起出现在学术刊物时，很多人类学家会问，诗歌如何对该领域有贡献，他们如何写诗？回答这些问题，我们首先讨论与民族志和民族志诗学相关的民族志诗歌的定义，然后思考诗如何帮助人类学家更深刻地描写我们和他人的生活。我们用我们自己的诗歌以及他人的诗歌，来探讨诗的形式如何可以影响意义和民族志的洞见。最后，我们对有抱负的民族志诗人提出一些建议，并讨论可能出现的问题。

论民族志、诗学民族志、民族志诗歌、民族志诗学

　　我们对传统民族志的印象，通常指一个人类学家在另一个社会生活一段时间，记录当地的行为和思想，并说明人类行为的模式。罗纳托·罗萨尔多（Renato Rosaldo, 1989）是后殖民时期的实验人类学家之一，他对将民族志定义为仅关注"文化模式"的单一类型而感到不安。罗萨尔多坚持认为（20 世纪 70 年代之

前的）经典民族志着重共享模式，而忽略变化的过程和内部的
不协调因素、冲突和矛盾。通过将文化定义为一组共享的意义，
经典的分析规范使得文化内部和文化之间的差异研究变得困难。
从经典的角度看，文化的边界似乎不是探索的中心地带，而是令
人烦恼的例外事项。（Rosaldo，1989：29）

随着后现代主义对民族志的批评，经典的词汇如"模式"
或"结构"已淡出视野。最近，实验人类学家更喜欢文化边界
地域的碎片化的民族志际遇。民族志的转向与早期的诗歌运动较
为相似，早期的诗歌运动是从惠特曼的《草叶集》发生而来的，
使美国诗歌从严格封闭的形式（比如，sonnet，sestina，vil-
lanelle）走向更为开放和自由的形式（Maynard，2002）。因此，
在跨式样的实验写作面前，民族志僵化的传统崩塌了。以更为创
新的姿态工作的人类学家参与了有力度且有争议的对话，讨论文
化现实与民族志表达的关系。

这种更具实验性的写作，主要局限在散文形式上，但明确追
求写出诗的语言，具有充分的节奏感，讲述真实的故事（Desjar-
lais，1997；Meyerhoff，1980）。但在这种创造性和后现代转向的
背景下，我们看到民族志诗破土而出，将人们的注意力引向诗与
散文、学术与艺术之间的文化边界。

虽然民族志诗与民族志诗学有一定联系，却不能彼此混淆。
1968年，诗人兼民族学家杰罗姆·罗森伯格（Jerome Rothen-
berg）首次提出民族志诗学的概念，民族志诗学研究土著口传诗
歌的美学原则与口头诗歌的翻译（比较 Hymes，1981、2003；
Rothenberg，1985；Tedlock，1985）。许多研究民族志诗学的人类

学家也写过诗，即基于"田野"研究的民族志诗。

在过去，人类学家写诗是很谨慎的，他们的诗似乎与田野无关。作为早期女性人类学家之一，露丝·本尼迪克通过《文化模式》一书（1934）向公众介绍了文化的多样性。本尼迪克为了避开其导师弗朗茨·博厄斯和其他同事的耳目，她以笔名出版了自己的诗集（Behar，2008）。在学术圈里提及诗歌是很有风险的事情，人们会认为你的研究不够严谨（Cahnmann - Taylor，2008）。尽管今天学术圈依然如此，但是民族志诗歌已成为获得并表达文化理解的十分活跃的形式。

研究者写作抒情诗，分析并翻译土著口传诗歌，有时也信手拈来，作诗一首，所有这些都体现了诗学民族志、民族志诗学以及民族志诗歌的延续。我们只讨论诗学民族志和民族志诗歌，这是诗与民族志相遇的地方，汇合了人类学研究和创作的精神，就是说，民族志应该是什么样子的？创造性文体比如诗歌是如何使人类学研究具有合法性并表述真实的？民族志诗在民族志的写作训练、有效性以及审美品质和条件等方面提出了哪些问题？

诗的真实和民族志的真实

我们并未放弃民族志文本，然而我们相信诗可以表达重要的洞见，对局内人和局外人都能提炼出文化的认知（比较 May-nard，2008）。同样，人类学可以向诗歌学习，拓展多种途径，表述那些我们与之共事并帮助我们更加关注形式如何传达意义的人们。

我们写作的式样如何言说我们不常谈及的东西，即基本的文化原则、价值观和前提？当代美国诗歌充满着如下理念：苏·艾伦·汤普森（Sue Ellen Thompson, 1997）"写下不可言说者"（writing the unspeakable）。对汤普森来说，最好的诗试图表达难以表达的东西，而且可以做到。或如诗人马文·贝尔（Marvin Bell）所言"诗之所言胜似文之所言"（Poetry can say more than words can say）。查尔斯·西米克（Charles Simic）将诗概括为："华丽的词语，沉默的真实"（wonderful words, silent truth）。美国现代诗歌或后现代诗歌都不倾向于词句太过整齐，概括太多东西。文化实践是凌乱的，甚至是稚嫩和不连贯的，因此诗歌或民族志应避免太多对仗工整的修辞，避免那些可疑的、排列整齐的断句。

弗里德里希（Friedrich, 1996）对诗歌做出了双重解释，诗歌引领我们进入了一种特别的文化，并用特别的方式表述文化。成功的叙事诗或抒情诗都能够充分表达情感的经历，以及文化局内人的认同，让我们看到文化的细微差别和复杂性。另外，在第二层意义上说，诗也是文化的，具有简约和隐晦的高雅。如文化一样，诗具有幻觉感，不易受到人类学中把文化看作"行为手册"的陈旧唯科学主义思潮的影响。而诗歌和文化都充满着迂回、模糊、缺失，甚至完全的沉默（Friedrich, 1996: 41; Maynard, 2008）。

人类学可从基于文化研究的诗歌作品中学习什么呢？民族志诗以及读者如何推动民族志进一步探索并照亮文化的边界？现在让我们转向诗和实验民族志，进一步揭示诗学民族志作者如何在文化和相互关系的研究中自我定位，无论是局内人还是局外人。

诗学民族志与不同的群体

唐娜·戴勒（Donna Deyhle）分享过一个笑话，是她在对纳瓦霍部落的教育进行民族志调查时听说的：问："一个典型的纳瓦霍家庭有多少人？"答："母亲、父亲、两个儿子、两个女儿，还有一个人类学家"（1998：39）。戴勒的抒情散文，清楚表达了她作为"侵入的人类学家"（1998：42）而经历的多次紧张状态（1998：42）。她是一个值得信赖的倡导者，然而却扰乱了那些被研究者的生活，让她时常无意间陷入情感和社交的苦恼中。她认为"研究者不承认他们的存在造成的影响……并没有意识到现实戏剧正在他们身边上演"（1998：47）。

　　诗不失为一个重要的途径，供民族志作者探索外来研究者和被研究的群体之间出现的紧张关系。通过迅速联想和有感染力的语言，诗的艺术使得人类学家可以表达或宣示"田野"经历中的主观感受和矛盾心理。我们和戴勒一样，都在民族志调查中经历过紧张的时刻。

　　梅纳德的《新生》一诗，也反映了一个男性演讲者出席由女性主持的仪式时作为局内人和局外人的紧张状态（2001a）。

> 新生
> 女人们聚集在漆黑锃亮的厨房里
> 擦掉了三十年的烟雾，晾晒着玉米。
> 牙刷仍然插在嘴里，
> 妻子们睡眼惺忪，哈欠连天。
> 我是坐在这里的唯一男人
> 忍耐着，看着女人做女人的事；
> 我的妻子认识这些妻子们。
> 黎明尚未到来/……

至少，自沃尔特·惠特曼的"我歌唱充电的身体"之后，美国诗歌（与后实证主义的社会科学一样）才得以自由地"重新定位主题"。如果经典的实证主义人类学把民族志作者隐藏起来，就像在客厅中隐藏大象，不如承认自己的存在更富有成效。如果听不到民族志作者的声音，我们如何创造"不确定性和分离的可能性"，又如何探索怀疑和错位的感觉？我们又怎么从梅纳德的诗中得知，他那天早上出现在厨房本身很奇怪，或许是侵入呢？然而，没有民族志作者的侵入，我们将无从了解他者社会（包括我们自己社会）中的更多东西，更谈不上探索凯登人（Kedjom）的文化习俗与特定个体之间的边界。这些紧张点正是民族志诗将引导我们探讨的区域。

诗学民族志与相同的群体

与诗学民族志一样，自由诗体和更为正式的诗歌结构都能提供一种似非而是的自由，让人更加诚实和明确地表达自己的观察和感受，无论他是一个民族志研究的局外人，还是一个从外部写作的文化局内人。用浓缩和升华的语言创作民族志诗，要求作者十分严谨，修改和删除多余的内容，凸显情感和态度，以及我们的立场和思想。我们不妨回忆庞德的格言，即诗是永恒的新闻：对一个人或一件事做诗意的描述，在最初的"新闻"发生很久之后，必须仍能保持新鲜如初的感觉（比较 Perloff, 1990：51）。民族志诗为人类学者提供了一种方法，使我们的研究多年之后仍然能保持它的相关性、清新感和"新闻性"。

是什么让这"新闻"既新又有创意？又是什么让观察的基

本要素变得令人信服且富有见地？答案在于大胆寻找洞见的民族
志冒险，而不仅仅是信息。我们同样以混血诗人娜塔莎·特雷塞
韦（Natasha Trethewey，2006）为例，她用正式的诗歌结构记录
和见证她在美国东南部的"南方家乡"。我们从她的《事变》中
摘录前两节和最后一节，主题是她在童年时期与三 K 党成员的
一次遭遇。

> 我们每年都讲述这个故事
> 我们向窗外窥视，阴影婆娑
> 尽管没有发生什么，
> 但烧焦的草儿已经绿了。
>
> 我们向窗外窥视，阴影婆娑
> 十字架还像圣诞树似的绑着，
> 烧焦的草儿已经绿了。
> 我们让房间黑暗，点上防风灯。
> ……
> 干完了，男人安静地离开，没有人来。
> 没有发生什么。
> 早晨，火焰已熄灭。
> 我们每年都讲述这个故事。（2006）

　　特雷塞韦用的是盘头诗诗体，是 19 世纪欧洲诗人从马来西
亚学来的一种诗体形式。第一节的第二、第四行和第二节的第
一、第三行，以循环唤醒了萦绕心头的十字架燃烧的记忆。这首

诗不仅首尾诗句相同，而且让读者看到句尾即将成为另一节令人
吃惊的新开端："没有发生什么""我们每年都讲述这个故事"。
另外，美丽和丑陋的画面并置："十字架像圣诞树还在绑着"
"烧焦的草儿已经绿了"。还有一种难以忘怀的并置出现在第三
节和第四节（本文未摘录）：男人"白得像天使"，他们"让我
们的房间变暗""让烛芯颤抖"。

尽管特雷塞韦（2006）对美国南部的黑人历史做了广泛的研
究，但她毕竟是诗人，而不是家乡的人类学家或社会科学家。然
而我们相信，"社会现实主义"的诗人，无论用特雷塞韦那样的正
式诗体，还是用菲利普·莱文（Philip Levine, 1991）和玛姬·安
德森（Maggie Anderson, 2000）那样的自由诗体，均是通过诗的
体裁表达文化边界和紧张，使人类学家更多了解诗歌如何照亮并
增进我们对文化和历史实践的理解。如上所述，我们把社会现实
主义的诗歌宽泛定义为特别关注并试图理解社会世界的诗。

还有一些作家同时采用几种体裁来揭示社会世界。吉列尔莫·
戈麦斯·佩纳（Guillermo Gomez Pena）在《逆向的殖民人类学》
一书中，将诗歌、散文、表演艺术融为一体，打破了表演者与观
众、研究者与研究对象、学者与艺术家之间的关系。佩纳在博物馆
展览"人造野蛮人""种族半机械人"以及最具挑衅性的"墨西哥
终结者"，或曰"一个典型拟人化的墨西哥后殖民时期的恶魔"
（2000：132），发起了关于墨西哥人在美国文化中定位的对话。

诗人罗伯特·布莱（Robert Bly）认为，在很多古老的艺术
作品中，从中心处出现了一个"流动的跳跃""一个从有意识到
无意识来回跳跃"（1975：1）。像佩纳那样自称"逆向的人类学
家"的民族志诗的作者们，都具备一定的跳跃思维，对快速联

想持开放态度，这为文化边界带来新的理解。民族志诗和其他实验性和创造性的形式联袂，可以帮助人类学家描绘一幅更加深刻的社会现实画面，而传统民族志文本，可能望尘莫及。

我们当然不希望放弃民族志文本而选择民族志诗。相反，我们认为诗的技巧和实践将使民族志受益匪浅，同时可以激发这两个领域的潜在融合。我们也相信，民族志诗和民族志文本会在某个契合点上产生共鸣。

人类学家"不言而喻"的意识在"田野"中积累了很多经验。以诗的形式写成民族志笔记，或将数据分析写成诗，都是这些信息的语言表达并以抒情形式分享之。诗可以替代笔记，或与散文同在。比如，梅纳德（2002，2004）曾经同时出版了一本关于凯登人的畅销诗集和一本民族志"凯登人的医学"。对读者来说，阅读一些当地医学的社会转型和生物医学入侵的散文，以及将两者合并的诗歌《我们来做》，应该大有裨益。

> 我们送你去医院
> 希望他们能妙手回春。
> 坐在候诊室的陌生人
> 要你张开肿胀松软的嘴唇
> 怎么回事？夫人，多久了
> 你回答了，热情洋溢地谈起，
> 玉米的颜色，五月的雨水。
> 妈咪！医生断言说
> 如果我切掉它，你就死定了。
> 今天睡吧，没有明天。

你走了之后，他断言说，

那是血管瘤，

血淋淋的病毒

在血管上打结

不会出现在你的舌头和嘴唇。

医生正在火头上

我们之后听说

他失去一位病人

因为医疗设备之故

设备缺乏，且已生锈。

他用北达科他州尖锐语调，

说用一根五英尺长的杆子

碰你的嘴唇，

不如用手术刀刺穿你的心脏

你的眼睛湿润而生冷，

成人不哭，何以为之。

还说什么呢？

已无暇等待；

你还有两个儿子和一个女儿

和邻居住在一起。

时针指向四点，

你还要煮椰子泥

为了一个弹手指竖琴的丈夫

为了上学的孩子们，

他们向更小的家族成员

乞求吉尼斯黑啤酒

他是家族中最年长者；

他的小伙伴们只是说，我们能行。

他们只能穿过大市场的

雨季大门开车回家。

你做着手势大笑着，

嘲笑那个站在路上的女人。

她挥手让我们过去，

像一个表演的指挥官，

一个骑在马背上的战士，

专横跋扈地指挥她的士兵（2002）

成为民族志诗人的挑战和可能

诗作为民族志的表述，面临着双重挑战：它是精心构思的诗句和研究成果的有效表达。正如我们提出的，它们是密不可分的：对于人类学方法论之挑战，强调的是如何撰写民族志与多大程度上接受其真实性之间的关系。仍然，美学价值和民族志的有效性二者难以兼得。就民族志的有效性而言，"数据"必须以经历的"真实"体验为基础，有可能与优秀诗作的准则发生直接冲突，这意味着我们的感觉和审美，比事实更贴近于本心。因此，为了弘扬创作一首连贯的、足以引起共鸣的诗的价值，诗人可以不受历史地点、直接引语或年代时间的约束，然而却同样或更加让田野的经验贴近于本心。

诗人可以写自己并不知晓的东西，而民族志学者（至少在传统和实证主义意义上）所写的内容更多是他已知的东西。作为民族志诗人和诗学民族志的作者，必须两者兼备。换言之，民族志诗人和历史小说作者一样，必须在恪守外部历史经验的同时，超越或者通过经验到达同样真实和美妙的现实彼岸的、一种增强而不是削弱文字"事实"的美感。

欲在撰写民族志和作诗两方面都有所作为，需要有锲而不舍的精神和额外的训练，以及达到这两个领域的标准。如果我们希望像诗人一样写诗，甚至写得比诗人更好，就需要和他们一起学习和实践，愿意把我们的作品交给他们审阅。叙述真实的民族志也不等于写出劣等的诗句。我们不能以自己是真正的民族志作者为由，而逃避诗人的训练。历史小说和其他小说在审美标准上没有什么不同，民族志诗亦是如此。

随着民族志诗作为一种式样而发展，越来越多的民族志作者将阅读和研究诗，并创作出社会现实主义的优秀诗作。作为民族志作者，除了授予学位的学术训练、专业协会的训练，我们还需要通过参与工作坊、参加地方和国家举办的诗歌活动进行额外的诗歌训练，并积极创作和发表作品。

那么，有抱负的民族志诗人（已经接受过民族志作者的训练）该如何开始呢？毕竟，我们的目的不是单纯写诗或单纯写民族志诗，而是写出好的民族志诗。对于那些希望研究民族志诗的民族志作者，我们建议：要像优秀的人类学家那样，从一开始时就让自己沉浸在诗的文化中。要了解一个社会，就要学习它的语言，要向那些有社区和文化知识的人求知，并尽可能多地参与观察。诗亦如此：一个人必须花些时间才能掌握诗的艺术语言，要向大师级的诗人求教，无论他们是否健在、是否正在创作、是否已经离开诗坛。

一个人必须成为积极的参与者和观察者：阅读当代诗，参加阅读活动，并在诗的群体中从事严格的写作和修改。在追求文化知识的同时获取写诗技巧的工具，为民族志作者提供多种体裁，以便更为真实地观察世界，并像艾米莉·狄金森（Emily Dickinson）所建议的那样，"有倾向性地讲述"真实。

我们民族志诗人知道，作家如何在作品中赋予启示并令人惊讶地探讨具有文化意义的主题。社会现实主义诗人朱莉亚·卡斯多夫（Julia Kasdorf）关于门诺教教徒（Mennonite）的研究，黛西·弗里德（Daisy Fried, 2006）对费城南部青少年的研究，威廉·海伦（William Heyen, 2003）对大屠杀的研究，所有这些和其他当代诗人，都为有抱负的民族志诗人提供了通过诗之形式处理主题的样板。

积极参与诗阅读和写作，将使得民族志诗人的敏锐感官置于观察之中，有助于他们的分析产生质的飞跃。有的学者建议，他们至少在大学进行两年写作诗歌的学习，以达到出版的水准（Piirto, 2002）。在现有的诗刊论坛发表诗，也可视为出版民族志诗的检验标准。

有抱负的民族志诗人不能光说不练，而要经过正式或非正式的学习，持之以恒地训练，并通过实践评估他们的诗在文学领域的价值，比如诗坛、知名作家研讨会，以及在文学期刊发表的文章。从2006年起，我们开始举办作家工作坊，并在美国人类学协会年度会议上设立了作家小组，旨在吸引有创造力的民族志作者参与这一过程。我们相信，在文学领域过关的高水平的民族志诗，将在人类学和相关学术领域彰显更大的价值。我们期待有一天，民族志的文学论坛能够确立，并孕育出伟大的民族志诗篇。

可以肯定，并非所有民族志学者都有时间或兴趣从事有关诗的训练。然而在读书的同时读诗和写诗大有好处，不能发表也是可以的。露丝·比哈尔（2008：63）批评人类学家鲁斯·本尼迪克特以笔名发表的诗"过于甜腻"，她主张人类学家应该坚持他们熟悉的体裁，通过诗学民族志来提高他们的艺术品质："毕竟，我们有很多诗学诗人，但请告诉我，你知道有多少诗学人类学家？"无疑，这是对人类学家提出的修辞挑战，寄希望于他们在作品中加入更多的好诗，而不是草率或笨拙的诗句。

此外，如上所述，并非所有的诗只有出版才能帮助我们发现民族志的洞见。在观察和撰写民族志笔记的过程中，写诗的过程和完成作品具有同样的作用。诗的初稿可以推动我们对田野经验的记忆或思考，或者最终推动我们呈现和解释我们的素材。不管是印刷的还是顺手而写，让素材和信息都变得"陌生"，会有助于我们对所观察的东西建立更严格的分析和理论认识。

要写出富有诗意的民族志，人类学家必须接受诗所赋予的抒情秉性。我们重申，为使民族志诗成为一种真正被接受的人类学撰写模式，就必须达到人类学之外的文学圈认可的品质。

诗和诗学散文，要求我们用所有感官和精心斟酌的语言和形式，传达我们对他者的体验，或者更大胆地说，解释人类为什么以我们自己的方式进行思考和行动。我们能否成功，取决于写作的真诚和反思的能力。它是一种体验能力，亦是对诗所提供的抒情的可能性和严谨性之深刻感受。

（译者简介：赵德义，山东师范大学英语系毕业，自由撰稿人。）

注解:

此文摘译自《字里行间的人类学——诗与民族志相遇》(Anthropology at the Edge of Words: Where Poetry and Ethnography Meet),原文由肯特·梅纳德(Kent Maynard)与梅丽莎·卡门纳－泰勒(Melisa Cahnmann－Taylor)合作撰写,于 2010 年发表在《人类学与人文主义》学术期刊(*Anthropology and Humanism*, Vol. 35, Issue 1)。

人类学诗学雏论

周　泓

20 世纪 60 年代后，诗学逐渐成为人类学理论和实践的重要话题，其背景是后现代理论对传统宏大理论的解构，身心经验论对科学主义的质疑。人类学范式的这一转换，使它在作品的主观性、个体性、通联性及意义的创造等方面，越来越与传统的诗学研究趋于认同。[1]

人类学诗基于人类学以诗学和美学的方法，改造自身既定范式，使自己更适合处理主体性感觉、想象和体验。人类学诗善于将自己的文化与他文化并置，以达到超文化的展示和沟通。人类学诗的主旨和特点，即以诗的形式展示跨越文化主题、信息及体验，以人类共通的诗歌语言提炼田野工作的感受。人类学诗已成为民族志的一种新的写作方法。

人类学诗学的内涵，首先是人类学家的诗歌创作，包括民族诗学、比较诗学与超文化（普同文化）诗学。民族诗学，如曾受西式教育而在作诗时使用本族语言及方言与西方语言，或二者兼而有之的非西方诗人的诗作；运用西方式语言习惯作诗而本人未被西方文化同化的非西方诗人的诗作；由西方诗人催生、翻译、诠释、诵读、歌唱、赞美的蕴含异文化诗歌的诗作。比较诗学，如将自我和文化他者的诗歌与感受力相比较的人类学诗作。普同文化诗学，即超越文化相对论、达到更高的寻求文化通则之水准，亦不同文化间联觉的诗作。[2]

一

近现代皆有人类学家进行诗歌创作。然启蒙运动后，人类学界一般认为，诗只是一种旁白、一种暇遣，或是田野工作中一种意外收获，属于文学范畴，因而未建立一种包含诗在内的人类学写作类型的思想体系。因之萨皮尔、劳伦·艾斯利（Loren Eiseley）、本尼迪克特等人的诗作，基本上发表于非人类学刊物。同时，人类学者大都不把诗作为一种方法，只是将之引入一些特定的经验主义可说明的语境。这使其诗作与文学领域诗人的诗无多大差别。本尼迪克特没有关于本土生活的诗作，萨皮尔的诗是一种启发及警醒。

20世纪60、70年代，随着后现代主义思潮的出现、"文本主义"的发展，以及语言学者对结构主义的更加注重，不少人类学家尝试创作诗歌，以表达他们在异文化中的体验，一些人类学专业刊物也开辟专栏。伴随人类学诗歌创作的兴起，与之相应的评论和研究亦渐展开。

在现代人类学诗学领域，戴蒙德是具有创见性和代表性的。他一直致力于寻求原始艺术和异文化的经验，代表作三部诗集

《图腾集》（*Totems*）、《西行》（*Going West*）和《在墙上写作》（*Writing on the Wall*），力图充实西方人性中被抑制和遗漏的、非西方人对人类意识觉醒所做的贡献。具有人类学和诗学双重背景的作家丹·罗斯（Dan Rose）认为，戴蒙德是以宇宙的观察者的身份进行田野工作和诗歌创作。[3]萨皮尔和本尼迪克特未能发掘出人类学经验对其诗歌的潜在影响力，诗人以一名观察者、民族志学者、当地礼仪情感传达者的身份出现，诗作像一面韵文所制的镜子（祖尼人通过它可以了解萨皮尔如何看待舞蹈中的祖尼）。戴蒙德的诗则高于仅作为当地礼仪镜子的层次，而设想一种表征：一个人戴上面具，其角色、礼仪、语言和舞蹈均遂与之相配，从一种文化转换成另一种文化，从一种人格转变为另一种人格。

克利福德·格尔茨试图获取文化内部的体验。认为这种获取，不应被认为建立于土著人与人类学家的"交流"的基础上，而应建立在，以一个观察者的身份对土著民族生活诠释的基础上。然而，这一被接受了的公式，是否足以应付一切人类学经验的变化，以及置身于一族之外的情况？仅凭了解另一种文化的内在观点是不够的！

戴蒙德采用并置两个意象群的方式，将人类的感受注入其诗歌中。在一个意象群中，其表达隐性的叙述者的观点，在下一个意象群，则表述显性的主人公（报导人）的观点。这些修辞手法的运用有重大方法论意义。它使戴蒙德在观察艺术中，取得一个完全不同于"客观"的地位。这是一种接纳，观察者向被观察者靠拢，被观察者也接近观察者。"主位"和"客位"不再是二元对立，而处于交融状态。

这种观察视角在艺术与科学领域都是开创性的。它给予我们的不仅是一种诠释，尚有对异文化体系固有意义的新的体验方式，即超等级地体验多元世界的方式，展示以一种更容易接受的语言，描述相异文化交流的可能性，以一种截然不同的思想力补充正统做法。戴蒙德将自己特殊的感受同人类世界结合，这种结合正是其独特的贡献。[4]

戴蒙德诗作的特点表现在：尝试体验庄严并以当代抒情形式展现。18世纪英国诗歌传统中不可或缺的崇高感，促使主观主义的发展，成为浪漫主义的坚实基础。诗人在追求崇高中，积极自觉地向着使读者产生超越技巧、方法或风格的震撼感方面努力。戴蒙德的诗作被肯定为"的确达到崇高之境界"。

罗伊·瓦格纳（Roy Wagner）由分析"痛感"入手，质疑以笛卡尔"条理清晰、确定无误的观念"、否弃身心一体的、近代西方思想界正统理念。其讨论诗学与文化问题，如人性体验、内心感受、自我意象、个体意识、主观的内在确定性、诗学的即时与此在、梦幻的感知与解释，以及意义的重构等。提出把意义的诗学特性的审视，重拟为人类学的重心，人类学写作将是写作意义的一种方法。认为对于释梦，奇妙性和解释在梦醒后常存留，描述梦的企图仍在记忆中，思索其含义的尝试仍是梦本身的部分；做梦者的反应亦成为易感知的意象，其相继活动均被建构为意象解释和分析的自我呈现。于是"解释是梦的又一个空间"！解释的经历是主观、个体的，通过感受自身描述感受。它脱离醒时的现实，又被赋予更高的意义，使其为自然主体存在。即被感知的世界是主观自发折射的，意义则是机能的构建或是回响定位，反射地感受自我意识。[5]

　　罗杰威廉斯·韦斯科特的《诗：自我创造》（1967），以希腊词 Poieo（"我创造"）表述诗的建构性；论述诗作为生命创造力之方式体现于，自我表达，内在感召，意象主义，唤起想象、灵感、色彩，宣泄压抑潜在情感，超越自我，达到心智共鸣。其亦讨论诗学与文化的联系，认为婚礼诗和丧葬诗都是对古老仪式的赞美——"用许多声音"表达，不使感召力限于一种活动类型或一种传递感觉的途径，既转达信息又表露感受，不只在文字的意义上，它可被写与朗诵，且在唤起想象的意义上，使"心灵之眼"活动。诗应该是音乐、绘画和内心激情话语的更加抽象的联觉作品。诗的韵律呈现强弱、意象、色彩、结构和对话。

　　罗杰威廉斯也探讨诗与梦的联系，认为诗和梦同有一种比散文和在醒着的生活中更广的质的范围。在散文中未表达和在醒着时间未渲发的幻想，在诗中得到自由表露，在梦中得以表演。因此，诗和梦提供亚里士多德主义提出的精神发泄，亦是压力解除的通口，以补偿散文和在醒着的生活中的节制。罗杰威廉斯并补充，诗与白日梦更加贴近：夜梦持续时间长，有一种叙事结构，这与白日梦的短促与属于意象主义形成特征对照。叙事诗可比作或描述生命的持续，抒情诗好比或描绘突发的洞见之光。

　　罗氏亦讨论诗与梦的个体建构意义：几乎所有人都有梦的体验，大多数诗人在写下诗之前筛选其意识流，多数梦者（或许更无意识地）在回想和叙述梦的过程中剪辑自己的梦；诗与梦且均有突出的超我经验。然而，诗比梦更清晰和完整，比梦更易寻求新洞见的发现。同时，诗人的灵感意味着"内在感召"。诗有在个体中和个体间使其活动一体化的能力，不仅使诗人与自己的灵魂亲密联系，且使之与读者进入亲密联系状态。基于被诗激起的涟漪没有先定的范围，不存在被自己制造的限度，因此即使诗人不在，诗仍继续发挥其功力，"我们的共鸣在回旋/从灵魂到灵魂/并无止境地升腾"[6]。

　　人类学史、人类学理论、民族志与人类学分支学科的演进，均展现向人性本质和个性迫近的脉络。[7]在文化的演进及古典人类学旗帜下，对人类特殊性与个体心智的格外关注是被冷落的。马林诺斯基对特罗布里恩群岛的研究，注意到巫术"对渔民因捕技不足而引起的忧虑与失愿心理的弥补"。弗雷泽意识到巫术与科学在认识世界概念上的相近，于人们头脑中产生同样的吸引力[8]，然认为其"相似联想""接触联想"等的运用有悖于"客观规律"。利奇在七类"联想意义"中加入情感层项[9]，然而它是社会历史的，尚不是人文的。本尼迪克特强调符号模型"为个人的情感限定某种范围"[10]，即关切模式在情感上的重要而不是相反。象征人类学注视个人介入、类比、联想、隐喻等[11]，然而格尔兹强调"公共象征"，以"公共符号结构""共同文化的客观材料"强调"在文化模式指导下成为个人"[12]，且认为了解本土人的观念不需要直觉移情。笔者认为，这其实延承涂尔干"集体表征"及个人的集体身份和责任感。[13]同时人类学家认识到，学科知识理论的相对性与个人性有关，需凭借深层的意义系统捕捉个人、情感和自我等文化特性。谢林顿（C. Sherrington）的"心智"观，包含愿望、热忱、真性、爱、知识与价值，认为没有这些也就没有信仰、希望和善举，也就排除了动因、力量和引力，以及角色和文化；它们在我们的世界无处不在、无所不能。[14]利科尔《解释的冲突》和《活的隐喻与历史的境况》提出话语理论，认为科学话语和诗歌话语，能够相互补充和转化。前者是逻辑实证的努力，是对确定形式的偏好，而诗意的话语则充满象征、隐喻、新颖和歧义[15]，以不同方式呈现、构造人们的生活态度。斯蒂文·费尔德，以卡卢利人的惯用法创造歌曲，表述卡卢利人的情感生活，获得感染力（《声与情》，1982）。格尔兹继而认为，"感觉活动……正是由想象塑型的感知，给了我们所知的外部世界……借助我们的思维和想象……我们有感情生活"[16]。笔者认为，文化亦是情感的造物。布迪厄指出，文化对个体的制约有范围及局限度。心理动力文本的实验以话语的展示（经验、情感、自我、回忆、联想、隐喻、移置等）为标志。20世纪70、80年代，文学批评和解释学，策动了人类学理论和方法的新思维，开启人类学的实验时代。马尔库斯和费彻尔于20世纪80年代中期指出：对人类学修辞与文本的认识及争论，从根本上反映了以抽象、普遍意义的理论框架指导的经验研究，因为，没有对情感和经验的表现形式的细致考察，也就无法直接领悟它们的本质。[17]文学人类学的建构和文学赋有的敞开、创新及更易交流的特性，意味着人类学学科本身的拓展；其对人性与个性的塑造，昭示人文精神不应失落于科学，以及人类学者尝试一种新的创作方式的可能。

二

现代科学因其巨大成就优越于人文社会学科，其思维模式——工具理性亦压抑、替代着各领域的认知方式，抑制着伦理、信仰实践[18]和审美表达，民族志的程式、论文量化的比重皆使"文化的创作"成为"文化的科学"。然而科学文明并不能代替信仰与人性。因而，打破格矩式文化撰写革命是反思人类学的积极挑战。在此，人性的情感的东西不再被疏漏，而是恢复其意义、地位与影响。正如维特根斯坦所言，人类的生活方式不可能归结为单一的"科学"生活方式一样，人类的语词不能归结为单一的"科学的"语词。[19]亦如庄孔韶言，"科学在最近历史上的巨大成功……前所未有地压抑了伦理、宗教、文学、艺术和一切非科学思维系统的认知""人类情感的直觉的、不可复述的认知过程观察，应有另一种方法论指导"[20]。庄氏质疑社会科学方法论中，实证研究对于人性与文化之非实证与非逻辑的思维行为的证明性。认为"科学的论述在相当程度上排除了调查者和作者的情感因素……那些情感、象征、隐喻、直觉、信仰等人类特性，并非完全能由科学所解释。于是民族学家自身发现并向单调的、有意识做了成分删除的科学论辩发起挑战，那是指文化不能脱离人性的表达"[21]。如同林耀华《金翼》可称国际诗学人类学（书写民族志）先河之作，庄孔韶《文化与性灵》《远山与近土》《自我与临摹》《家族与人生》《表现与重构》可谓人类学诗学在中国的最初实践，亦是人类学寻求心灵与自然、质疑差异与肯定趋近之本体转向先行。其分别以随笔、散文、诗歌、小说和影像，以文学人类学、影视人类学的形式，省视时空、自然、个性、制度的差别与文化、情感、人格、人性之通连。[22]

　　反思人类学认为，人类学论文按照科学标准的一致性要求是反人类学的形式。人类学的文化撰写恰恰不应丢失多样的或文化的思考方式，按照人文思维惯习写文化恰恰符合人类学学科原则。20 世纪 40 年代美国已有学者寻找直觉转换的文化路径，以整体性思维理解基本结构与关联的意义，以直觉的认识方式实现思维的捷径。[23]庄孔韶文化直觉主义的提出与实践，是对汉学人类学研究的一个贡献。认为数千年天人合一观、佛道与儒家道德要义、古今人伦礼制教化与重新诠释，成为汉人内省的哲学与文化基础和"智的直觉"——文化直觉的生活方式与群体场合隐喻觉解的能力。文化直觉构成汉人社会田野研究的一种体认方式，相关信息须由行为暗喻或直觉才能洞悉，呈现可意会不可言传的过程，而它是心领神会的实质性的。直觉思维过程始终把主客体作为一个整体，主体往往依据经验关联暗喻，使知识认知和逻辑推理程序压缩与跳跃，以体验与体认的非逻辑思路定势，完成事物本质的总体性判断。指出这一主客融会贯通的惯习思维及整体性认知顿悟觉解亦直觉思维，缺此不能实现对中国人的完整认识。行为的意识、无意识是知情意一体的，而非逻辑原则的过程。然直觉认知往往被逻辑的、功能的、经验的、分析的、科学统计等方法所排挤。若调查者在文献取材和参与观察时，只从预设理论去寻找逻辑过程的填充物，不能敏锐观察、感受当地人的直觉，则不易把握田野中重要信息含义，产生观察、发掘、解释、论证之误，混淆结论之真伪。现代哲学多注意直觉主义发达的先哲经典，极少涉及民众直觉思维与行为分析，这给人类学直觉研究余留空间。文化的直觉发现是人类学探索不可缺少的组成部分。[24]

反思人类学将人类学者和被研究者的解说，一同作为描述的对象。对于精英文化与大众文化的勾连，庄孔韶认为诗是学术同大众知识与生活联结的理想形式。在写作手法和类型上，对情感、直觉、关联、隐喻、象征等人性感知的处理，正是人类学与诗学获得沟通的契机。庄氏提出既有逻辑又不失书写经验成分的体悟式写作。认为人的情感和灵感的直觉表达，优于学术论作的"写白""道白"，中国哲学和民众思维方式的重要成分"直觉"，具有隐喻、双关和象征意义，这是中国诗历久不衰的文化基础之一。其《牡丹》融会宋代典故："皮泽特湾的家庭花园/只有一株牡丹/大概是地脉不宜/晚春又没有灼人的热风"，想必还少相适的文化伴随，"夕阳为孤独染上金边/……/帝国大臣蒋公廷锡/怎么躲在这里？/他在寻找遗失了的卷轴/他想分辨姚黄和魏紫/他还要用袖子缭绕天香。"[25] "姚黄""魏紫"与"帝国大臣"一齐，隐喻一个古老东方文化失落于异域的故事。人类学诗的总体构思，着眼于人类学的学术烙印与视角，承启雅俗共赏和人类思维的相通。庄氏置身和重拟当地人文事项，在抒发文化体验和提供诸层隐喻时，发掘与运用临摹入诗的手法。即在文化接触中，重拟被观察者的情感过程，尝试临摹他者的思绪及西方近现代诗之感，以"文化思维"临摹入诗，实现人类学识别与大众抒情的联觉。[26] 如《情人节的中国人》描述中国男士在文化表达的反差中，情感传递错位之尴尬："我模仿美国人/给凯西选了一件礼品/……她却推开我的紫色披肩/说或许可以送给穷人"！[27]

　　庄孔韶师生团队多年来的人类学诗学探索涉及文化写作的多元手法、歌谣与诗作、电影与戏剧、绘画与策展等领域。值得提及的是他们在田野调查中，在对歌谣和传奇关注之外，不少学者也写作人类学诗。对比已经中译的英语学术圈有限的人类学诗作，笔者认为中国学者的诗作更注意在田野调查中的直接感触以入诗。庄孔韶的民俗物象入诗即基于福建和云南的田野体验，《冬至》里猿母传说衍生出每年冬至农家圆桌前搓圆的民俗精神和文化传承。在阖家团圆的冬至祭礼中，他将现代诗句和古老歌谣相连接，并以电影和戏剧展示跨界的比较诗学。庄孔韶《羊的寓言》《鸦尼》是关于彝族牧羊与民间哲学关联的物象转换，及其在中缅边境追踪哈尼族游耕路线的体验及抒发之感叹。张有春凭借乡村生活经历、田野训练和人类学诗学情致，以《父辈的岁月》《野性的思维》表达对农人社会与农业文明持有的感悟与对现代文明之质疑。嘉日姆几依据不同环境下人体冻疮的成因，以《冻疮》引发出彝族传统体验与身心变迁的无奈感慨；这敦进我们对其创作的人类学电影《虎日》结尾的主题曲《我的灵魂》（诗、歌词、曲）、对彝族"虎日"民间盟誓戒毒的自救悲情的理解和美好期待。叠贵由人类学感动于苗人流动的生活与情怀，转而写诗、作词曲，且令诗和音乐结合入乐队和戏剧，并将口语化纳入苗语诗歌的创新中。其《你是谁》的清灵陈述与旋律，透露出"个体情感如何消解在集体场景"之诗意。这些的确难以在学术论文中呈现。在剧烈变动的社会，人类学诗人尝试寻找文化前程的心声与变调。

正如罗伊·瓦格纳指出："一般而言的人类文化，特殊而言的诗歌艺术，是主体间获得创造性整合之所在。"[28]这样，诗学和人类学因一同面对主体感知，得以相互沟通。其最终结果，使人类学更多地关切自我内在感觉诸人性问题，并向一种艺术的学科方向靠近。绝对客观，使我们认识的外界或对象成为神秘，自己变得无助；心灵意象会生成意义导向，从而使意识有价值。由之，人类学有必要发展出一种跨越文化、纳入诗的品质的写作和叙述类型。人类学诗人已做出努力：依重经历的感受和情感；表达其他方式难以表述的事件和思想；借助诗者唤起可比较的体验；引发相同或不同的辐射等。[29]人类学诗以这些方式引导读者共鸣和经历他人的体验，借助隐喻、象征透视人性情感与人类通性，表明人类学入诗的基本点。人类学研究者与被研究者同享人性情感的诗学（诗性书写）民族志，系人类学诗学的主要内涵和重要成果。

人类学诗所属的人类学诗学的人性与情感表达，尚包含艺术（影像、建筑、雕刻、绘画、戏剧、音乐、舞蹈等）元素的人类学释说，见诸分支学科的出现。庄孔韶认为，文字和影像不可或缺的本质在于，不同符号系统的"不可替代性，决定了这两种文化展示方法的独立性，互补性及其存在的价值"。一个文本、一个连通的观念及其转变，可由不同的声音和方式衍生与表达，影像、雕塑、建筑、绘画等是展现历史有价值的资料，人们可以据之释读、认知意义的产生、传留、认同、演变与力量。[30]同时以影视记载意识、心理、社会行为、历史遗迹、自然生态环境变迁，具有文字不可比拟的作用。[31]然而只有少数历史人类学、民族史志学家，走出单一文字资料来源，进入形的领域，重现社会记忆。建筑、创造品、武术"将我们带回到资料——信函、名录、插图、照片……它们所表现的要多于它们想表现的"（科马洛夫斯基，1992：36）。庄孔韶《表现与重构》摄影民族志，以影像形式，显现北美西部社会、自然、生活的轮廓，文化、自然、历史之"引起思考的背景陈述""实物上的与意象上的文化显影对比""北美城市兴起及新旧替代过程""新大陆……文化制度之置换"。此民族志的一个重要思想和视点是，历史应包含自然史与文化史。他认为，文化史的研究往往和自然史脱节，似乎其间没有什么联系，其实"文化史是由自然史为开端延续下来才出现的"，应该说"不止古坟和城池可以成为文化的纪念物，山脉、河流和动植物同样可以成为文化的纪念物。那恰好是人类本身赋予的。人类文化就是在大自然的基地上呈现的，一旦呈现，自然物便打上了文化的烙印"[32]。

《金翼》续本《银翅》是诗学民族志实践，以人类学论文要素糅合中国文人书写传统，呈现文化的意识、无意识与直觉逻辑，如何影响认知、推理与行为，融随笔、民族志、叙事、对话、直觉、史料实证、调查对象的情感于一体，突出报导人、作者、读者间的感受分享和交流。作者质疑简单地预设一个理论提携全书或统领宏阔的文化体系，认为不同的文化撰写架构，方能使不同的认知方式有机结合，提供难以复述的文化思维与关联体验的过程。《金翼》与《银翅》田野点的人类学影片《金翼山谷的冬至》，依据山庄传承的母猿所救农夫及其生子，倾心寻找猿母、伦德回报的传说，阐明人类应该感恩猿祖与哺爱这一人性报本主题和普世哲学伦理。神话传说记录人类演化史实。人类系人猿→猿人演进之果，亦是（诞生于）猿与人结合之结晶。人类追寻祖源之传说，提示铭记自身形成远古史源之本性，蕴呈人类学诗学原则。庄孔韶借助戏剧形式，实现孝子寻回猿母、阖家团圆之神话的完整呈现，亦是人类学诗学方法实践的样本。

在不具备人类学田野记录（如影像等）时空条件、又极具人类学内涵的环境，绘画可体现人类学诗学元素，作为诗学人类学方法载体。如在寺庙家庙、私密仪式中，一般不允许拍摄、录像与陌生人、外人介入。而人类学田野参与者可凭记忆，以画作呈现仪式场景。庄孔韶参与创作油画《祈男》，即因民家请师公"祈男"仪式的私密性，无以拍摄，而与林建寿创意绘画，载现当代汉人社会之宗祧信念的神圣传续，人类生物—文化一体性附着的血缘继嗣普同理念。又，在田野时间短促的异域考察中，不及录制文化的比较、关联、并接之体察，而先拍照或素描，继以绘画透视，是细致表达的极佳方式。庄氏参与林建寿绘作《喜临门》，密集呈现中西婚礼之文化并接。另，画作益于表达思想洞悉。油画《黑白花》象征并突出彝人哲学中，黑白间过渡、中和之谐，及其与汉人中庸观之通连；油画《刮痧》呈明，人类相同的疾病，可以不同医道疗愈。汉民间"刮痧"作为中西医术交流认可的介质，成为跨越地域国度人种的文化。庄孔韶绘画人类学研究及参与创作，可谓人类学诗学实验作品。

　　人类生活的本质及人性的本质应该是一致的。当一个作品能够反映人的最普遍、最深刻的本质，则会受到不分种族的承认，诚然这种承认通常难以用短期效果衡量。作品的跨地域性亦然，莎士比亚戏剧、但丁的诗，已超越英国的、意大利的特性。人类学诗学与诗学人类学（民族志），更靠近人类学由以依据的近代人学哲学的初始或天然属性。[33]伯格森注重生命本身之创造性，认为创造源于本能、不依赖于理智及其解释。创造过程没有可模仿的格式化的原本。超越民族、国家的作品，大都是个人化、个性化的，因为在此阈限得以人格独立自由和性灵放飞的基础。诗性作为人类灵魂阐发的普同范式，亦属于人类学人性本体论题。

主客观—心身—内外的对接联觉，超越人类学社会—文化学科正统，敦进人类学本体的人性观照与普世转向。

注解：

1　庄孔韶：《文化与性灵》，《"独行者"人类学随想丛书》，湖北教育出版社 2001 年版，第 61 页。

2　参阅 Dan Rose, "In Search of Experience: The Anthropologcal Po-etics of Stanley Diamond", in *Anthropological Poetics*, 1991。

3　Dan Rose, "InSearch of Experience: The Anthropologcal Po-etics of Stanley Diamond", in *Anthropological Poetics*, 1991, p. 231.

4　Wagner, Roy, "Poetics and the Recentering of Anthropology", in Anthropological Poetics, 1991.

5　Wagner, Roy. "Poetics and the Recentering of Anthropology", in Anthropological Poetics, 1991, pp. 37 – 38.

6　周泓：《人类学诗论》，《云南民族大学学报》2003 年第 5 期。

7　周泓：《现代族群意识与后现代族群关怀》，《中国社会科学院研究生院学报》2004 年第 1 期。

8　［英］詹·乔·弗雷泽：《金枝》，张泽石译，中国民间文艺出版社 1987 年版，第 76 页。

9　［英］杰弗里·N. 利奇：《语义学》，李瑞华等译，上海外语教育出版社 1987 年版，第 33 页。

10　S. Langer: *Feeling and Form*, New York, 1953, p. 372; Gerrz, 1999, pp. 88 – 89.

11　参见［美］克利福德·格尔茨《文化的解释》，纳日碧力戈等译，上海人民出版社 1999 年版，第 60—61 页。

12　［美］克利福德·格尔茨：《文化的解释》，纳日碧力戈等译，上海人民出版社 1999 年版，第 53、91 页。

13　参见［美］乔治·马尔库斯、米歇尔·费彻尔《作为文化批评的人类学》，王铭铭、蓝达居译，生活·读书·新知三联书店 1998 年版，第 54 页；周泓：《现代族群意识与后现代族群关怀》，《中国社会科学院研究生院学报》2004 年第 1 期。

14　C. Sherrington, *Man on his Nature*, 2nd ed. , New York , 1953, p. 161; L. S. Kubie, "*Psychiatric Considerations of the Problem of Consciousness*", in Brain Mechanisms and Consciousness, ed. , E. Adrian et al. , Oxford, England, 1954, pp. 444 – 476.

15　［法］P. 利科尔：《言语的力量：科学与诗歌》，《哲学译丛》1986 年第 6 期。

16　［美］克利福德·格尔茨：《文化的解释》，纳日碧力戈等译，上海人民出版社 1999 年版，第 88—89 页。

17　［美］乔治·马尔库斯、米歇尔·费彻尔：《作为文化批评的人类学》，王铭铭、蓝达居译，生活·读书·新知三联书店 1998 年版，第 22—23、73 页。

18　J. Milton Yinger, *The Scientific Study of Religion*, London：The Macmillan Company, 1970, p. 62.

19　参阅［美］理查德·罗蒂《哲学和自然之境》，生活·读书·新知三联书店 1987 年版，第 9 页；《中心与边缘》，中国社会科学出版社 1998 年版，第 138 页。

20　庄孔韶：《家族与人生》，《"独行者"人类学随想丛书》，湖北教育出版社 2001 年版。

21　庄孔韶：《民族学的影视表现与研究》，《民族学理论与方法》，中央民族大学出版社 1998 年版，第 345 页。

22　周泓：《"不浪费"的人类学思想与实践》，《云南民族学院学报》2001 年第 4 期。

23　Jeromes S. Bruner, *The Process of Education*, Cambridge, Massachusetts：Harvard University Press, 1977, pp. 7, 58.

24　庄孔韶：《银翅——1900—1990 年中国的地方社会与文化变迁》，台湾桂冠书局 1996 年版，"序"。

25　庄孔韶：《北美花间》，《自我与临摹》上篇，湖北教育出版社 2001 年版。

26　庄孔韶：《自我与临摹》，《"独行者"人类学随想丛书》，湖北教育出版社 2001 年版。

27　庄孔韶：《情人节》，《自我与临摹》下篇，湖北教育出版社 2001 年版。

28   Wagner, Roy, "Poetics and the Recentering of Anthropology", in *Anthropological Poetics*, 1991.

29   参阅 Brady, Ivan, "Poetics", David Levinson & Melvin Ember, eds. , Encyclopedia of Cultural Anthropology, Vol. 3, New York: Henry Holt Company, 1995, p. 956.

30   庄孔韶:《影视和影视制作的人类学定位》,《民族研究》1996 年第 3 期。

31   参阅胡台丽《民族志电影之投影:兼述台湾人类学影像试验》,"中央研究院民族学研究所集刊"第 71 集,1993 年;Meda Margret, "Visual Anthropology in a Discipline of Words", in *Principles of Visual Anthropology*, Paul Hockings, ed. Mouton & Co. Rouch Jean, "The Camera and Man", in *Principles of Visual Anthropology*, Paul Hockings, ed. , The Hague: Mouton.

32   庄孔韶:《表现与重构》序第 3、2 页,《"独行者"人类学随想丛书》,湖北教育出版社 2001 年版。

33   周泓:《仪式表征与神圣性本质——神学人类学管窥之一》,《民族论坛》2018 年第 3 期;周泓:《神圣基核与历史理性——神学人类学管窥之二》,《民族论坛》2018 年第 4 期。

(作者简介:周泓,中国社会科学院民族学与人类学研究所研究员。)

社会诗学

刘　珩

略说

　　"社会诗学"（social poetics）是人类学用以检讨民族志的研究方法和撰述风格（genre）的一个关键概念。社会诗学的实践者遵循格尔兹"一群人的文化就是文本的总和"的观点，同样将社会生活视作文本，从而阐释其所具有的显著的审美意义以及行为所表达的文化含义。社会诗学同时也是一个跨学科的概念，它一方面揭示了人类学的"文化书写"和事实建构过程中所借助的文学策略和修辞手段，另一方面也扩展了文艺理论中有关诗学的认知和论述，被雅各布森称为"诗学功能"（poetic function）的转喻和隐喻等修辞方式正成为包括文学在内的各人文和社会科学追本溯源的重要手段。同样，个体在日常生活中借助言辞和比喻等"诗学"手段所进行的社会展演也是我们认识他者、阐释社会和文化最重要的途径。从某种程度而言，诗学使得社会科学重新回归到"人"这一生产知识的主体的维度，从而也使得文学和人类学的并置（juxtaposition）和研究成为可能。社会诗学这一概念有如下几个来源：第一是亚里士多德在《诗学》一书中的诗论；第二是意大利哲学家、修辞学家维柯（Giambattista Vico）在《新科学》一书中借助词与物对"诗性智慧"进行的知识考古；第三是语言学家罗曼·雅各布森有关"诗学功能"的论述；第四则是以格尔兹（Clifford Geertz）和特纳（Victor Turner）为代表的美国符号人类学和象征人类学领域修辞分析的传统。哈佛大学人类学教授赫茨菲尔德（Michael Herzfeld）综合提出了社会诗学这一概念，并且在《成人诗学》以及《文化亲密性：民族－国家中的社会诗学》两本书中详加阐述。

综述

诗学的社会和行为语境

传统的诗学一直被认为与诗歌理论、诗歌创作和批评相关，雅各布森的诗学功能也被局限在语言学层面，诗学的社会交往和实践这一根源往往被忽略。人类学家在相关的研究中借助诗学这一概念主要是因为诗学意味着社会行为，赫茨菲尔德认为：

> 诗学（poetics）并不能简单地等同于诗歌（poetry）。诗学是一个用以分析传统与创造之关系的专用术语，这一术语来自希腊语中表示行为的一个动词，主要用来分析修辞形式的用法，因此它的作用并不局限于语言。诗学意味着行

为，我们不能忘记这一术语的希腊词源，唯其如此，我们才能更为有效地将语言的研究融入对修辞作用的理解中，从而发现修辞在构造甚至创造社会关系中的作用。[1]

诗学意味着即兴和具有创造性的社会行为，这是其希腊词源的本义。亚里士多德在《诗学》中，也谈到过诗的这一特性。他认为，与诗艺最接近的喜剧和悲剧都是从即兴表演发展而来的，悲剧起源于狄苏朗博斯歌队领队的即兴口诵，喜剧则来自生殖崇拜活动中歌队领队的即兴口占。[2]可见，诗最初应该是一种极具创造性的社会展演行为。在《诗学》第 19 章，亚里士多德讨论过言语、思想和情感的关系，主要想说明包括诗歌在内的话语是一种社会交往行为。他认为，思想包括一切必须通过话语产生的效果，其种类包括求证和反驳、情感的激发（如怜悯、恐惧、愤怒等）以及说明事物的重要或不重要。……若是不通过话语亦能取得意想中的效果，还要说话者干什么？[3]我们可以用今天的术语来阐发亚里士多德的这一思想：话语就是一次事件，一次行为的过程，在其传递的情感中就包含着思想，并且也饱含着事物的重要性和可然性，也就是事物的一般性和规律性，而这也正是人类学的民族志所力图把握的人类常识。这些常识显然是通过日常表达并引起怜悯、恐惧等情感的话语和行为中来传递的，表达这些情感的方式通常就是诗学的方式。

在维柯的经典论述中，诗学首先是要让一切科学和理性回到其村俗和神话的源头。诗学接近一种人的自然本性，未经雕琢修饰，但又不乏智慧和逻辑，因此暗示着真实和本源。维柯说，因为能凭想象来创造，所以就叫作"诗人"，"诗人"在希腊文里就是"创造者"。探究诗学就是要在原始初民中发现他们类似于诗人的创造性。[4]维柯将原始初民这些粗浅的玄学观点全都加以诗学的限定，并作为《新科学》一书中论述的主要部分，显然是要表明诗学是一切创造性的来源。

雅各布森在《诗学科学的探索》一文中，指出诗歌最初在古希腊语中是"创造"的意思，在中国过去的传统中，诗（词语的艺术）和志（目的、意图、目标）这个字和概念是紧密联系在一起的。他本人非常遗憾形式主义将诗歌封闭在历来独立于生活的艺术领域中的一时心血来潮的想法，并认为"逐步探索诗学的内部规律，并没有把诗学与文化和社会实践其他领域的关系等复杂问题排除在调查研究的计划之外"[5]。在《语言学与诗学》一文中，他认为指向信息本身和仅仅是为了获得信息的倾向，乃是语言的诗的功能，任何把诗的功能归结为诗或者把诗归结为诗的功能的企图，都是虚幻的和过于简单化的。[6]从雅各布森有关的论述中我们不难看出诗学功能的社会性，他用以分析诗学功能的基础和原则都是社会的，对暗喻以及其他比喻的功能的分类也是从人类学意义的社会参与者（social actor）这一维度来进行的。

以上这些有关诗学的经典论述表明，诗学是有关我们认知的经验来源的智慧，同时也是知识借助想象的各种手段（策略）加以创造性（也就是亚里士多德所谓的即兴）表述和组织的种种途径。诗学不仅仅存在于诗歌的创作中，它更多的是存在于人的社会行为、实践以及社会展演的过程中。将诗学加以社会的限定，目的是要说明诗学并非只出现在诗歌、文学作品、雄辩的演说或者某一英雄人物波澜壮阔、跌宕起伏的戏剧性的人生之中，它往往取决于普通人依照现实的情境进行展演的"时刻"或"瞬间"所迸发出的智慧之光。人类学角度的社会诗学的研究在某种程度上确认了熟练运用修辞手段的文化他者"诗人"、"作家"或"雄辩家"的身份。社会诗学的这种创造性行为正如赫茨菲尔德所言，"是人们认识自我，参与社会和历史进程的技艺形式，是日常经验的有效行为，是性格和人品的表现手段，同时也是自身优越性的展示。"[7]

　　将诗学还原其社会行为和实践的本来面目进一步拓展了亚里士多德的纯粹审美维度的"诗学"观念。我们不仅可以在悲剧中去对情节、人物性格的形成演变和行为加以分析，更应该分析这些人物的原型，亦即现实的社会参与者，他们本身参与了社会历史的进程，以自己的行动展演着一幕幕鲜活生动的社会戏剧（social drama）。① 这正如维柯所言，这些社会参与者正是那些凭借自身的社会经验、在社会实践中发挥自己创造性的"诗人们"。这些人在现实生活中的审美观念当然也是"诗学"的一个重要的审查维度，因为它决定了个体在展演时使用的语言以及诸多的表述策略，这是一种社会关系方面的审美观念。

社会诗学的普遍性、文本性和情境化

　　概括而言，社会诗学主要包括普遍性、文本性和情境化三个特征。所谓普遍性是指诗学是我们知识的本源，是一种普遍的情

---

　　① 人类学家特纳的社会戏剧理论主张在现实的生活情境中安排个体的社会展演，因此更具有社会诗性的特点。个体在与自身文化所施加的束缚的对抗中必须经历四个阶段，即违犯、危机、矫正和再次融合，这一过程性单位（processual unit）较为完整地揭示了个体与社会结构之间既对立又妥协的互动关系。

感体验并具有社会真实性。亚里士多德在为诗人和诗歌正名的时候谈到过诗学的这种普遍性，他说：诗人的职责不在于描述已经发生的事，而在于描述可能发生的事，即根据可然或必然的原则可能发生的事。所以，诗是一种比历史更富哲学性、更严肃的艺术，因为诗倾向于表现带普遍性的事，而历史却倾向于记载具体的事件。所谓"带普遍性的事"，指根据可然或必然的原则某一类人可能会说的话或会做的事——诗要表现的就是这种普遍性。[8]

亚里士多德有关诗学的普遍性观点使得弗莱（Northrop Frye）在《想象力的修养》（*The Educated Imagination*）一书中从一种另类的视角去诠释文学作品的普遍性和真实性，一种不同于社会科学所限定的"实证"和"经验"的真实性。他认为：

> 你不可能通过《麦克白》去获知苏格兰的历史——你只能通过它去理解一个男人在得到王位却失去了灵魂之后的感觉是怎样的。我们关于人类生活的印象是一点一点地获得的，而且对我们中的大多数来说，这些印象还不断地丢失和散乱。然而我们不断地在文学作品中发现突然使大量这类印象协调聚集起来的事物，这就是亚里士多德所指的典型的或普遍的人类事件的部分。[9]

弗莱要证明的这种文学文本的真实性和普遍性其实就是本文所要论述的"社会诗学"，一种不同于西方理性的原初智慧和知识。所不同的是，人类学家一方面要将文学文本延伸到社会生活这个更大的文本中，去洞悉文化他者在日常生活中通过行为、仪式等诗学的手段所建构起来的一套象征性的规则和社会结构。这套象征性的社会规则在建构过程中给人的印象同样是碎片式的、斑驳芜杂（bricolage）的，但是聚集在一起它却反映出了普遍的人类事件。另一方面，人类学将社会生活的文本当作文学文本来解读，在看似杂乱的情感体验中建立起了事物的普遍性和真实性，我们完全可以将其视作有别于传统社会科学的一种知识和表述（写作或书写）的范式。受到弗莱诗学的普遍性观点的影响，格尔兹坚定了在人类学研究中去描述他者情感体验的正当性和合法性，人类学家完全可以像诗人一样去体会文化他者的情感，在我者和他者之间建立一种共通性。他说：如果我们看过《麦克白》，可以领会到一个获取了王位却丧失了灵魂的男人的情感，那么参加斗鸡的巴厘人则能够发现平时镇静、冷漠、几乎是自我陶醉的、自成一个道德小世界的男人在受到攻击、烦扰、挑战、侮辱时，在被迫接受令人极端愤怒的结果时，在他大获全胜或一败涂地时的感觉。[10]

　　格尔兹将巴厘人的斗鸡看作体现了一种象征性的规则的观点如同我们把诗学放大到社会和行为（实践）语境中去的认识别无二致，其目的都是要在现实的生活和日常的情景中创建一个有意义的、可供阐释的文本。在格尔兹看来，人类学的文化模式的分析面临一种转变，即从一般说来类似于解剖生物体、诊断症状、译解符码或排列系统——当代人类学中占优势的类比方法——转换成一种一般说来类似于洞识一个文学文本的方法。[11]然而，这一文本与文学文本多少还是有些不同，格尔兹认为它是由社会材料建构而成的想象的产物，并认为这一思想仍有待于系统地进行开掘。

　　其实，如果我们不把文本看作是一种书写文献、一种确定性的记录，我们对文本的理解如同对诗学的理解一样便能深入到社会生活中，像格尔兹一样去开掘建构这种文本的社会材料以及加以表述的想象、比喻等策略和途径。罗兰·巴特在《从作品到文本》一文中为我们分析了两种类型的文本，一种是类似于所指意义的文本，这种文本仅仅具有少量的象征意义，文本为具体、即刻的当下提供了阅读和理解的愉悦感和安全感，这是一个单数、持续、合法和权威的当下。另一种作为方法论领域的文本，则是一个能指意义的领域，这是一个开放、多元、象征性的领域——此时的乐趣和对文本的阐释联系在一起，和资产阶级对无政府主义、破偶像主义、无意义以及混乱的情趣有关。介于完美解读（a best reading）的可能和不可能之间的是一种有关"深度"（depth）的概念，这是一种探究所谓"原型文本"（archetext），"深层结构"、"无意识的重要性"或"真实的意义"的态度。[12]

　　巴特所谓的"能指意义"或者"方法论意义"的文本，因其开放、多元和具有象征性所以多少有点类似格尔兹的"社会生活的文本"，但还是有根本的不同，主要是建构这种文本的社会材料和想象的方式。巴特的文本更多的还是一个纯粹的审美意义上的文本，多少和资产阶级的情趣有关。这种文本虽然有多元阐释的可能性，但却和读者的情趣、解读的深度以及探究的态度有关。解读者的理性思考和敏锐观察的目光是理解"深层结构"以及"真实的意义"的必要前提。人类学意义上的文本则完全由他者的社会和文化材料所构成，更为重要的是，文本中想象和表述的主体也是文化的他者，也就是在社会场景中诗学地表述自我并折射出文化模式和象征性规则的他者。当然，文本从来不拒斥意义的分析和阐释，但是从社会诗学这一视角所形成的文本的意义与巴特所谓的"完美解读"和"真实的意义"还是有所不同。社会诗学的意义并不仅仅出现在歌曲、谚语等一类言辞文本（verbal texts）或者书写文献之中，而更多的是出现在那些通常发生的事件和个体的日常生活经验之中，并且他者才是生产知识和阐释意义的主体。

意义的解读对于文本的界定固然重要，但是社会交往和实践同样是意义得以产生的重要情境。文本和情境似乎是相悖的，前者意味着规则、结构、意义，后者则意味着即刻、瞬间和随意。然而社会诗学就是这样一个文本和社会语境的矛盾统一体，多少有些类似于德里达在《论文字学》（De la Grammatologie）一书中对语言所作的界定，即"统一中的变体"，（alterity within unity）"认同中的差异"，（difference within identity）"在场中的空缺"（absence within presence）。[13]

弗洛伊德在其《诗人与白日梦之关系》一文中区分了两种（文学）创作的模式，其中一种是诗人的模式，他说，诗人如同过去的史诗和悲剧的创造者一样，他们已经掌握了现成的材料，而另一些人似乎是即兴地创造自己的材料。后者更多地受到记忆中的早期经历的影响，他们总是期待在某种创造性工作中实现某一意愿，而前者的"创造性"则被局限在对材料的选择上。[14]弗洛伊德所区分的两种文学创作模式人为地将文本与社会实践这一语境割裂开来，诗人在亚里士多德看来同样需要借助社会情境（比如生殖崇拜活动等仪式场合）来进行即兴的口占或口诵，他们并不是将自己封闭在已有的、现成材料中的创造者，而是人类学意义的参与者和行为者，从来没有脱离过社会生活这一现实的语境。弗洛伊德此处的诗人更像是亚里士多德在《诗学》中所谈到的历史学家。同样，即便是最即兴地创造自己的材料的人，同样受到语言、表述的形式、传统以及现实交往情境的限制，一种被布迪厄称作"规范性的即兴而作"（regulated improvisations）的社会展演方式较为完整地表达了社会诗学所关切的文本和情境的关系。

布迪厄的这一观点来源于对人类学的批判，在《实践理论大纲》一书中，他认为人类学家一心要对行为进行阐释，总是倾向于将自己与客体的关系的主要原则传达给客体，从而使后者的展演在缺乏实践的情境下颇不真实。他认为作为社会参与者的个体（human actor）本质上而言有着自己生活的艺术（the art of living），他将这种艺术称作"规范性的即兴而作"。[15] 从这一概念中我们可以看出布迪厄在调和社会规范与个体能动性这一矛盾统一体时所做的努力，实践具有社会规范性，但又不排除个体在具体实践中的即兴创作和发挥。可能实践或者"规范性的即兴而作"还不足以表达某种更深层次的能动性和规范的相互作用和影响的关系，布迪厄更精练地提出了"惯习"（habitus）这一概念，他认为，惯习是一种处置的能力，这种"处置"产生并规范着实践和表述，但是处置自身却也是一种建构的产物，比如受到以突出阶级特点的物质条件的影响。[16]

人类学家对这种"规范的即兴"的社会展演再熟悉不过了，在人类学家与资讯人的交往过程中，文化他者的诗性智慧或者诗学的表述策略让传统高高在上的"观察的一方"体会到了"被观察一方"的主体性和能动性。在后现代的人类学家眼中，这些通过言语、行为来叙述和创作（文化书写）的他者都是极具创造性的诗人。人类学家克莱潘扎诺（Vincent Crapanzano）在《后现代危机：话语、模仿、记忆》一文中对后现代语境下的"模仿"（parody）加以考察，指出尽管在后现代主义中上帝已死，但仍然还有一种权威存在，他将其称作"第三方"（the Third），"第三方"只有在对话这一社会交往的情境中才能发挥作用。克莱潘扎诺进一步解释道：

> 在任何交谈、对话和交往中，总会有一种对复杂、稳定的权威的期望，这种权威性主导了一种特定的语言模式（linguistic code）、一种语法、一套交际的传统以及交谈双方的权力分配，这是一种和文本相关的文本内、文本间以及文本外的准则以及正确的阐释策略。[17]

社会参与者在社会交往情境中对一套规则、传统的正确阐释的能动意识和社会展演（行为或实践）策略正是社会诗学的核心，它多少类似于布迪厄的"惯习"的概念，也类似于福柯有关人的实践性的论述，也就是社会实践和话语实践，《疯癫与文明》一书主要就是论述这种实践性。人类社会的象征性行为和隐喻的表述方式再清楚不过地表明个体如何在社会规范和主体性这一矛盾统一体中自由转换，从而体现了一种诗学的能动性。赫茨菲尔德认为：

> 社会诗学不但强调个体的能动性，而且还注意个体与潜在的听众在交流过程中的策略性互动。个体的成功展演取决

于其如何将自身的身份同更大范畴的身份认同起来的能力。具体而言，老练的展演者会间接地提及（影射）观念层面的命题（ideological propositions）以及历史的逸闻趣事，他们显然已经非常熟练地借助任何隐喻或者运用转喻的手段将自身隐藏在无所不包的实体中进行表述和投射（self projection）。因此有关个人身份认同的成功展演十分关注听众或观众对展演本身的兴趣和注意力，暗示的身份从而得以确认，正是在这样一种自我暗示的社会展演中，以及在随后日常思索的情境中，我们发现了交往的社会诗学——个体的展演并不仅仅表现在日常生活中，而往往是以日常生活作背景。[18]

雅各布森和列维-斯特劳斯合作的文章"评夏尔·波德莱尔的《猫》"也反映了诗学的社会交往实践性以及文本性之间的转换关系。在"评《猫》"一文中，雅各布森和列维-斯特劳斯认为，这首十四行诗的各个不同层次是怎样交叉、互补和结合，从而使全诗成为一个严密完整的整体。[19]诗歌各个部分比喻手段的变化、诗段的交错和互补将确切与朦胧、时间与空间、男性与女性、内与外、学者和情人、激情和严肃、倔强和温柔等看似对立的关系（也可看作是现实的社会关系的诸多对立和矛盾的方面）加以互补，从而形成一个整体而存在。在二人看来，这种对立和统一还显示了神话描述/经验描述、超现实描述/写实描述之间的转换关系。[20]其间的转换或者变调在雅各布森看来就是要解决始终存在于这首诗的隐喻和转喻倾向之间的矛盾，而诗学的功能使这种转换成为可能，如同社会诗学使得社会生活诸多的矛盾和对立关系的转换成为可能一样。

　　事实上，从社会关系和社会交往中显现出的诗学功能的特点往往比有时颇为"模糊"的语义和诗歌分析要多得多。正是意识到了这一问题，雅各布森更关心比如对称、交错（chiasmus）、排比以及对立等概念的诗学功能，因为这些概念更适合阐释社会生活，它们也总是来源于社会生活并且也体现了社会生活诸多对立和矛盾的方面，强烈地传递了这种生活状态的意象（iconic）。"评《猫》"可能也反映了这样一种关切。与人类学家的合作应该使雅各布森更体会到社会生活相互对立，同时又包容互补的诸多观念。总之，人类学家和语言学家合作的"评《猫》"探讨了社会生活中充满断裂、偶然、矛盾、瞬时的行为和实践如何通过对称、交错、排比等修辞手段以及隐喻和转喻的诗学功能转换成为一个优美、统一、永恒的诗歌文本，从而也体现了日常生活中，社会参与者在"规范"和"即兴"这一矛盾统一体之间自由转换的智慧和策略，这多少也是诗人在创作诗歌这一过程中的处境和写照。

诗学/科学：文学/人类学

　　人类学和人文科学的密切关系折射出这门学科在20世纪思想史和社会科学研究中的模糊地位，人类学比"科学"更"文学"（literary），但又比"文学"更"科学"。人类学一直在试图调和田野经验的亲密性与人类学分析和民族志表述的客观性之间的紧张关系，正是在这种主观性和客观性的紧张关系的调和及转换过程中，人类学丰富了自身跨学科研究的能力，也相应地产生了人类学的文学转向的趋势。尽管这一转向在人类学学科内部还不是普遍的并且也没有产生显著的影响，但它毕竟从知识论的层面反思了诗学与科学、文学与人类学的关系。社会诗学无疑是这种反思的体现。赫茨菲尔德非常清醒地意识到社会诗学在重构人类学分析话语和民族志撰述风格中的重要作用，他认为：

> 社会诗学反映了人们如何看待社会关系的审美观念，事实上，社会诗学相对于传统民族志研究中的所谓实证性和物质分析而存在，从而重新审视叙事、手势、音乐、资讯人的阐释等长期被忽略的方面，重构"道德"的而非"科技"的民族志撰述方式，所以社会诗学这一概念的意图就在于阐释文化他者的表述是如何发挥作用的。[20]

维柯对诗性智慧的论述目的也在于反对一种"科技""理性"的知识认知和研究范式。这种存在于文学文本、诗歌以及日常生活情境中的"诗学"的表述、言语和行为策略被维柯称为"诗性智慧"（poetic wisdom），他引用荷马《奥德赛》里的一段名言，认为智慧就是关于善与恶的知识。柏拉图的"将人引向最高的善者就是智慧"的观点使得维柯相信智慧是一种根据神圣事物和善的知识对人的心灵加以认识的方法。由此，诗性的智慧在维柯看来首先就是异教世界的最初的智慧，原始人的"最初"的玄学就不是现在学者们所说的理性的抽象玄学，而是一种感觉到的想象玄学。[21]显然，维柯对诗学和智慧的知识谱系的梳理和考证旨在说明，知识和智慧的发生是为了引人向善，而这也是人脱离动物性之后所表现出来的自然本性（人性），所以知识最初就是人这一向善的本性，即这种最初的智慧，而非启蒙运动所宣扬的理性。

维柯的这一反启蒙的思想被浪漫主义者发现以来，已经成为系统反思和批判现代社会科学"经验"和"实证"主义的有力武器，现代社会科学的"诗学"的特征从而得以彰显。维柯认为诗性的智慧是一种感觉到的和想象出的玄学，因此认为单凭经验的手段和理性的思考即可对知识加以实质性把握的想法简直就是一种虚妄，这也正是维柯试图抵制的现代理性支配下的学者们的"虚骄讹见"——认为他们所知道的一切与世界一样古老。当然，维柯并没有彻底否认现代理性，只是反对现代理性的认知方式。智慧主宰着人类获得知识和认识心灵的途径，自然也就主宰着经验理性的认知方式和过程。因此，认识的过程应该是"凭凡俗智慧感觉到有多少，后来哲学家们凭玄奥智慧来理解的也就有多少"[22]，理智不能超越或取代感官，它只能是第二位的。

维柯在《新科学》一书中强调了人的感官、感觉、想象甚至情感在获得善和知识这一过程中的重要地位，这对当下人类学的理论实践有重大启示。首先，它改变了经验和实证的民族志对文化和社会理性观察、客观分析并进而加以实质性把握的知识范式。"文化他者的凡俗智慧能发现多少，观察者的玄奥智慧才能发现多少"不但拓展了民族志"诗学"的认识论维度，而且也是人类学反思他者与自我的重要理据。民族志"科学/诗学"的认知和反思的维度及其张力取代了传统的"自观（selfhood）/人观（personhood）""客观/主观"等取决于观察者智力水平和理性深度的研究范式。人类学家通过社会交往直接进入"诗学"所要彰显的他者的智慧，平等并且有感觉地对待他者这种"想象出的玄学"，因为这是知识得以建构的基础。

其次，维柯在诗性智慧的论述中所提出的"诗学"的认知本体论观点可以看作是文学得以发生的根源。维柯强调了情感、感官在获取知识中的重要地位，从而为文学的社会真实性、人的社会实践性（福柯语）做了有力的辩解，这多少类似于亚里士多德为诗人和诗歌的正名和辩护。社会诗学一方面在彰显社会科学的文学性和修辞性的同时，也揭示了文学文本的社会交往和社会实践这一语境和本源，从而确立了文学理论深入到社会、历史、政治、身份等领域并展开评论的合法性地位。文学的"诗学"特点使得人类学重新发掘一种久已隔绝的知识考古意识，从而在自我与他者两种类型的经验之间真正建立一种共通的关系。

人类学的诗学或者文学转向同时也来自西方学界对"科学"这一概念的批判和质疑，其中解释学的理论起到了重要的作用。著名的传记研究学者弗兰克（Gelya Frank）在《生命史研究方法的现象学批判》一文中谈到生命史研究的方法和意义时，也指出了当下社会科学界对脱离人及其社会实践这一语境的所谓"客观的社会科学"的批判，进而传统的"社会"这一概念也受到质疑。[23]人类学对"科学"这一概念的批判是因为人们认识到在社会科学领域，恰恰是一个人试图去理解其他人这一获得知识的重要方面和过程被刻意地省略了。所以以反思人类学为代表的人类学后现代学者们开始谈论对文化模式的直觉性理解的重要性，他们也开始关注田野调查者所持的观念，探究调查者与资讯人的关系，以及调查者这一个体在民族志撰述以及做出结论这一过程中的作用和地位等。因为诗学的人类学要求我们认识到文化他者的凡俗智慧，考察他者在社会实践中自我实现和知识的象征性展演所借助的策略，从而确认其知识生产和表述的主体性地位。这一诗学的认知过程为我们平等地并且有感觉地进入到他者"凡俗智慧"中提供了有效的途径和方法，伽达默尔将其称作"解释循环"（hermeneutical circle）。

在人类学家拉比诺（Paul Rabinow）主编的《阐释的社会科学：读者的视角》一书中，伽达默尔在《历史意识的问题》一文中写道：

> 问题的存在是解释语境的开始，阐释者此时身处困境，备受煎熬，一边是他所归属的一种传统，而另一边则是他同其调查主体的客观存在的距离。人类学家受到一种信念的指引，期待两种经验和观念能够完美的统一和融合在一起，他们辩证地在自身的世界和客体的世界之间往来穿梭，进行意义的组合，改变自己的视野，最终使得客体和自身的经验形成一个统一的整体。阐释者的世界与客体的意义辩证地融通在一起——将其中的一个分割出去便不能理解另一个，伽达默尔将这一融合连贯的状态称作"解释循环"。[24]

无论是伽达默尔所谓的"解释循环"还是格尔兹所谓的对"社会生活这一文本的洞悉"都力图以一种反启蒙的诗学的方法论和认识论重新考察知识得以产生的过程，他们如同福柯一样都在进行一种知识考古学的尝试，目的是要引导我们重新认识被理性主义遮蔽已久的感觉、感官、情感在认知过程中的本体性，重新理解人类认识自身所借助的种种隐喻的方式——也就是雅各布森所谓的诗学功能。另外，维柯对真理和本源"知识考古学"

式的探究使得赫茨菲尔德也探寻到了人类学之"原罪"的根源，他认为人类学部分源自对人类愚昧无知这一"本源"的确认，正是试图消除他者"邪恶"一面的冲动才使得这门学科得到发展。[25]显然，人类学学科的知识考古同样旨在消除学者们认为文化他者愚昧无知并试图对其加以拯救的虚骄讹见，力求重新认识他者的诗性智慧，并将其作为自身的经验、知识和理论的一个重要的源泉。

　　显然，社会诗学不但是我们认识和理解他者的途径，同时也使得社会生活成为可供阐释的文学文本，此时的文本也因为反映了社会生活诸多对立、转换和妥协的关系因此具有了真实性和普遍性。社会诗学正是文学和人类学共通的地带，二者都在人的实践性这一维度来思考主体性存在的意义并进行最普遍性的文化的阐释。

结语

　　古希腊哲学家柏拉图为了捍卫哲学的"阵地"，抵制诗的堕落，将诗歌和诗人赶出了真理和理性的殿堂。西方启蒙运动之后的现代社会科学在经历了"经验""实证""理性"和"客观"的"科学"发展之后，重新认识到了我们原初的"诗性智慧"是自身经验、知识和理论的重要源泉，"诗学"的知识论和方法论重新回到了社会科学这一长期被理性主义占据的阵地，诗人们看来也是时候应该重新返回这一久已失去的乐园了。社会诗学作为认识论和方法论的统一体，为我们提供了认识这一"诗性智慧"的重要理据，而雅各布森所谓的诗学功能和维柯论述的人类"推己及物"认识自身的种种比喻手段成为社会研究和文学研究的方法。社会诗学是社会展演的方式和途径，它既在文本之中，又在文本之外，为我们提供了具有普遍性的人类事件的真实性和共通的情感体验，同时也是隐喻性地阐释或解读某种文化模式的途径。诗学使某些文本成为作品，文本因此而具有文学性。或许人类学也应该仿照文学领域对"文学性"的追溯，探究"诗学"使民族志研究成为可能以及使民族志成为作品的"功能"。

包括人类学在内的西方社会科学"诗学"的转向对于中国的文学人类学研究有着普遍的借鉴意义。为了说明某些文本（诗歌或小说）具有人类学的意义和民族志的印记，国内的某些研究往往会挪用成套的理论体系，用信息、数据、图表等技术性手段来分析和量化文本所具有的社会、文化和历史的"真实性"。如此的"事实"其实是建立在一个未经证明的"真实"与"虚构"的分类体系之上。[1] 因此，还原这些文本和研究的"社会诗学"之源和方法，才能在人的实践性和主体性这一维度获得最具普遍意义的社会真实性，文学和人类学的并置和研究才具有切实的操作性和比较性。

注解：

1　刘珩：《民族志、小说、社会诗学——哈佛大学人类学教授迈克尔·赫茨菲尔德访谈录》，《文艺研究》2008 年第 2 期。

---

① 关于"事实"与"虚构"的分类体系的论述，详见拙文《民族志认识论的三个维度——兼评什么是人类常识》，载《中国社会科学》2008 年第 2 期。

2 亚里士多德：《诗学》，陈中梅译，商务印书馆 1996 年版，第 48 页。

3 亚里士多德：《诗学》，陈中梅译，商务印书馆 1996 年版，第 141 页。

4 维柯：《新科学》，朱光潜译，人民文学出版社 2008 年版，第 159 页。

5 雅各布森：《诗学科学的探索》，载托多罗夫编选《俄苏形式主义文论选》，蔡鸿滨译，中国社会科学出版社 1989 年版，第 1—2 页。

6 雅各布森：《语言学与诗学》，载赵毅衡编选《符号学文学论文集》，百花文艺出版社 2004 年版，第 180 页。

7 Michael Herzfeld. *The Poetics of Manhood: Contest and Identity in a Crete Mountain Village.* Princeton: Princeton University Press, 1985, p. 18.

8 亚里士多德：《诗学》，陈中梅译，商务印书馆 1996 年版，第 81 页。

9 NorthropFrye. *The Educated Imagination.* Bloomington: Indiana University Press, 1964, pp. 63 – 64.

10 克利福德·格尔兹：《文化的阐释》，纳日碧力戈等译，上海人民出版社 1999 年版，第 508 页。

11 克利福德·格尔兹：《文化的阐释》，纳日碧力戈等译，上海人民出版社 1999 年版，第 507 页。

12 Roland Barthes. *Image – Music – Text.* New York: Hill and Wang, 1977, pp. 158 – 162.

13 Jacques Derrida. *Of Grammatology.* Baltimore: Johns Hopkins University Press, 1976, p. 18.

14 Sigmund Freud. *Character and Culture.* New York: Collier, 1963, pp. 39 – 41.

15 Pierre Bourdieu. *Outline of a Theory of Practice.* Cambridge: Cambridge University Press, 1977, pp. 1 – 2.

16 Pierre Bourdieu. *Outline of a Theory of Practice.* Cambridge: Cambridge University Press, 1977, p. 72.

17 Vincent Crapanzano. "The Postmodern Crisis: Discourse, Parody, Memory." *Cultural Anthropology*, Vol. 6, No. 4 (Nov., 1991): 433 – 434.

18 Michael Herzfeld. *The Poetics of Manhood: Contest and Identity in a Crete Mountain Village.* Princeton: Princeton University Press, 1985, pp. 10 – 11.

19　雅各布森、列维－斯特劳斯：《评夏尔·波德莱尔的〈猫〉》，载波利亚科夫主编《结构－符号学文艺学——方法论体系和论争》，佟景韩译，文化艺术出版社1994年版，第232页。

20　雅各布森、列维－斯特劳斯：《评夏尔·波德莱尔的〈猫〉》，载波利亚科夫主编《结构－符号学文艺学——方法论体系和论争》，佟景韩译，文化艺术出版社1994年版，第235页。

21　Michael Herzfeld. *Cultural Intimacy：Social Poetics in the Nation － State.* New York：Routledge，2005，p. 28.

22　维柯：《新科学》，朱光潜译，人民文学出版社2008年版，第150—158页。

23　Gelya Frank. "Finding the Common Denominator：A Phenomenological Critique of Life History Method." *Ethos*，Vol. 7，No. 1（Spring，1979）：86.

24　Hans － Georg Gadamer. "The Problem of Historical Consciousness." *Interpretive Social Science：A Reader.* Eds. Paul Rabinow and William Sullivan. Berkeley：U of California Press，Ltd，1979，p. 131.

25　Michael Herzfeld. *Anthropology Through the Looking － glass：Critical Ethnography in the Margins of Europe.* Cambridge：Cambridge University Press，1987，pp. 188 － 190.

（作者简介：刘珩，1971年生，人类学博士，首都师范大学外语学院教授。2009—2010年度哈佛燕京访问学者。）

四　诗学的人类学探索

人类学田野的歌谣与诗作

庄孔韶

　　山谷熟人社会的生活早已约定俗成，冬至节前你就会听到某一人家有酿酒的动静了！丘陵山地老屋里传出高亢的酿酒令，一人领唱，家人宾客整齐呼应！那是点燃冬至酿红曲老酒灶火的仪式时唱的，酿酒令伴随着糯米香飘过来：

　　　　伏惟哦，此酒不是凡间酒——好啊！伏惟哦，乃是惠泽
　　龙王赐我祭坛酒——好啊！伏惟哦，祭求红曲好酒种——好
　　啊！伏惟哦，祭求糯米好酒娘——好啊！伏惟哦，祭求坛坛
　　新酿尽佳酒——好啊！

　　进城工作的男人们带着节令食品回家，主妇们在冬至前夕和好糯米粉，全家围拢在厨房搓圆。家人们搓圆时充满喜气，看谁搓得圆，寓意家庭和美圆满。小孩子们搓圆时淘气，把米粉捏成小猫、小狗和小碗等[1]，给节日带来欢乐。林耀华还记录了20世纪30年代女人们喜戴手镯，"搓圆双手动作时，手镯互击，铿锵

作响，家庭的和乐，尽从这种声音表达出来"[2]。乡村大家族妯娌们在厨房八仙桌边围站搓圆时，手镯交错碰撞发出了清脆的响声，这一幸福和美的意境，被人类学家注意到了。当然，可以比较一下北宋周邦彦的《一剪梅》，他注意到的是另一种场景感知下的"袖里时闻，玉钏轻敲"，一缕美妙的诗意。

《金翼山谷的冬至》里，在老吴（《银翅》中金翼之家的好友，通过银耳业发家致富的先锋之一）家厨房全家人用方言唱的就是闽谣《搓圆》里的一段，民间传唱的歌词更长，也是林耀华先生 20 世纪 30 年代记录过的：

搓圆痴搓搓，
年年节节高；
大人添福寿，
泥团岁数多。

搓圆痴搓搓，
年年节节高；
红红水涨菊，
排排兄弟哥。

搓圆痴搓搓，
炎炎火止姆；
今年养小姐，
明年添细哥。

搓圆痴搓搓，

伊奶教侬搓；

伊哥务伊嫂，

阿侬单身哥。

搓圆搓圆，

搓圆搓圆；

哥做宰相，

弟中状元。[3]

　　前面提及"冬至大如年"，人人长了一岁，所以《搓圆》歌谣集中在为老人贺岁、延寿和小孩添岁的祝福上。人们边搓边唱：你看见火止姆烛台（男孩象征）了吗，今年生了女孩，明年还要生男孩！嗨，母亲来教你搓圆，哥哥已经有了嫂子，（对比）你怎么还单（身）着呀?! 搓呀搓呀，哥哥将来要做宰相，弟弟中状元！

　　当我们观看人类学纪录片《金翼山谷的冬至》里的搓圆之夜，才会理解冬至搓圆歌谣的家族场景。三十年后的冬至重复着三十年前同样的家族/家庭民俗场景。我们还会留意看到、听到，当大人孩子们高声背唱《搓圆》歌谣的时候，曾有瞬间停顿（镜头记录了几秒钟的记忆中断），然后孩子们马上想起，又接上了。这里我们可以实景体会民间歌谣常见语句重复的这个特征，其一是"应便于记忆的需求"。[4]从人人经历过的群体记忆体验上看，歌谣有节奏地重复段落，也的确利于集体启发记忆、合唱和合诵。这是从形式整体性上理解。而我们从歌词还可以进一步看到形式和内容的一致性：大体押韵的歌谣的节奏性，象征和对比的手法，恰好是在共同的韵律中憧憬和推动饱满的家族主义，歌颂家族理想的完满性与延续性。总之，这种家族主义的动力借用了来自歌谣诗学的重复性、节日民俗的重复性和年年家家在厨房里搓圆的场景的重复性。

配合歌谣唱诵的冬至场景，我们还可以看到田野的诗学人类学比拟，或谐音，或隐喻。如家家在祖先供台上放置橘子（急子）、"火止姆"（婴儿状）、水党（涨）菊（花瓣多意味孩子多）、汤圆（孝子圆），吃和送米粿（孝道回报）；而果盘里的干果，如红枣（早子）、花生（生子）、榛子（增子）、瓜子（多子）和桂圆（贵子；龙眼谓龙子），以无数节日果品意象群的谐音、象征、直觉和隐喻（暗喻）而累积成家族昌盛、多子多福的期盼寓意。

笔者曾邀徐鲁亚教授、古田籍人类学和英语专业的研究生，以及专业摄影师张景君，发起了一次诗学人类学沙龙活动，并拍摄了九分钟的电影短片，取名为"冬至：一个人类学的诗学"。沙龙活动包括展示同一冬至主题的古田方言、普通话和外语诗/古歌谣，及师生创作、朗诵现代诗。其歌谣内容就部分来自20世纪30年代闽东冬至传说和节令歌谣的两个不同版本。

一位清华大学的古田籍学生用方言朗诵了《搓圆》。方言诗、汉语诗和英文诗的转换，有何种对应性关系呢？闽东方言被认为是中国的八大方言之一，其本身就是从古汉语发展而来的，因此"它的基本词汇有许多是相同的，只是在语音上有差异"[5]。"与现代汉语相比，古田话动词的重叠形式显得比较丰富""重叠后表现出来的语法意义也比较丰富"[6]，如《搓圆》歌谣中连

续出现的动词"搓搓"。在福古方言区童谣的研究中，我们也注
意到更广泛意义上的"句式的重复，有短语的重复，有语词的
重复，有单字的重复"的现象[7]，这在《搓圆》中尤为突出，如
"年年""节节""红红""排排""炎炎"等。其重复的作用显然
在于，有节奏的歌谣和递进的内容，是家族祝福、长幼仁爱理念
的婉转提示与劝言，令人感受到来自歌谣与音乐的或明或暗的
动力。

徐鲁亚也到过金翼山谷现场，所以对着《搓圆》歌谣的英
译稿，可见节令活动、行为、隐喻、情感的表达方式，以及和中
文歌谣的思路一致。他提示冬至《搓圆》英译诗的出发点从不
同的角度说极可能达成"三美"，即意美、音美、形美[8]；也可
以说是"最佳近似度"[9]，即译作模拟原作内容与形式最理想的
逼真程度。因冬至歌谣的文化玄想有限，在跨文化翻译时，他希
望依照原韵律和节奏，而且不仅歌谣的行数对应，也尝试着对应
押韵。例如：

搓圆痴搓搓，
年年节节高；
红红水涨菊，
排排兄弟哥。
Rub and rub and rub,
Every year's better.
Red chrysanth red,
Each one a brother.

此段英文第一、第二句均为五个音节，分别对应汉语第一、第二句的五个字；英文第三句是四个音节，第四句又是五个音节，在形式上近似原作，使用了上面提到的重复，模拟了原作的节奏，在韵律上采用了"ABAB"的模式，其中，"rub"和"red"辅音相同、元音不同，属于半韵。在意义上，亦充分表达了原作的隐喻，即每一排菊花都象征明年会诞生的一群"细哥"。所以，这一诗作的翻译过程，既要体现语言运用的诗性归属，也要体现意象上的民俗归属与文化归属。诗人庞德（Ezra Pound）就是在多种语言之间的互译中寻找何者是那个总是存在的意象[10]；那个刹那间表现出来的理性和感性的复合体，被比喻为"一个旋涡"的意象。[11]

师生在冬至沙龙上也朗诵了自己的人类学诗作，这是作者三十年前在金翼山谷过冬至节时有感于作为猩猩的母亲的传说而作的。这就回到了我们讨论的福建冬至母猿/猿母和孝子的传说上来。在福建丘陵山林多猿猴的环境下，寒冬时节闽地农夫林中作业，人猿交集的机会颇多，若有传奇经历定会不胫而走，奇遇中丰富的生活想象从而进入农人的宇宙观寄托之中。

《金翼》中的"猿母和孝子"传说是讲一位农夫在山林里劳作时生病又迷了路，幸而遇到一只母猿搭救，后来他俩情好日密生了一个男孩子，但农夫不得不带孩子离开树林回家。日后，男孩努力耕读考中状元，功成名就。此时父子两人思念林中猿母，想方设法找到并要接回它。于是他们先用糯米粉搓圆，然后召集族人走进森林，把汤圆黏在树上，丢在从森林回家的小路上，再黏在大门上。饥饿的母猿按照汤圆的记号，历尽艰辛最终找到了大门。父子俩和族人亲戚邻居都来迎接猿母，全家终于大团圆。

这里借南方湿寒的冬至节气，从汤圆统摄意象和寻猿母传说

的惜别哀婉自然地转换到人伦与孝道的理念之中。那么现代人是
怎么想的呢?

> 我看到了那位
> 衣锦还乡的伟大官人
> 总是惦记
> 做猩猩的母亲
> 他背着竹篮
> 从阴冷的森林
> 走回小村
> 便有无数个粉丸丢下
>
> 黏在黄铜的门心
> 听说是最圆的两个
>
> "搓圆痴搓搓
> 年年节节高
> 红红水党菊
> 排排兄弟哥"
>
> 竹箕旁的阿嫂站起来
> 撒上糖和豆粉
> 我掏出两个橘子
> 再推开门
> 把羽绒服挂在树上[12]

笔者数次参加古田冬至节,最感动的一次就是 2017 年冬至凌晨和老吴家人模拟"大官人"往山谷林地上丢汤圆和在树上黏汤圆。汤圆实际上是中国人通常的叫法,这种糯米团要滚上红糖和豆粉(干吃),这样不会发黏,容易一个个拿起来。孩子们也喜欢把时糍(汤圆,加汤水)黏在树木的树干上。现代诗借用了古老歌谣的多福多男的比喻,感慨现代金翼山谷农人依然具有牢固的儒家家族主义理念。笔者三十年前认识的吴家嫂子最会做时糍,她拌的红糖豆粉最好吃。不过笔者很清楚冬至做客要带什么礼物:一篮红橘(比一般橘子颜色更红的地方品种),是贺冬祭祖的最爱,又喜气又红火,也应了"急子"的民俗愿望。不过,"我"更为"猿母与孝子"的传说而感动,于是走出了大门,在门外的橘子树上"挂了"一件现代的彩色羽绒服,想来是给猿母准备的吧!"我"似乎为带去的礼物以及"我"的新想法、新做法颇为得意,因为"我"和村民一样,也"漂亮地"表现了对"猿母"的接纳。诗中"我"的彩色"羽绒服"或许属仁爱的朦胧意象的"旋涡",承载了对乡土民俗生活的认同之情。请留意,这首现代诗使用了变换主语,以及诗作者、传说中的大官人父子、现实生活中的搓圆农妇等穿越时空与场景的并置手法。记得庞德所擅长的是诗句翻译过程中的意象识别和对比,而金翼山谷呈现的体验则是人类学家的田野体验,是田野工作中的诗学。戴蒙德(Stanley Diamond)是人类学界少有的双重关注诗学与人类学的学者。他写诗的特点也是"追求崇高的体验并用现代抒情诗的形式表达何种体验"[13]。这种体验需要识别自我与他者的互动在不同学科和文学形式中的特色。例如戴蒙德的《萨满之歌》也容纳了叙述对象和隐含的叙述者的双重视角：

> 你是怎样知道熊的
>
> 他的身体，我的灵魂

　　的确，人类学家和社会学家都经历过主客位关系从分割到交流的学术认识历史。戈夫曼（Erving Goffman）认为人与人的互动理论不是简单的互动，其中蕴含着更多的内容，是"自发的共同参与"[14]；而戴蒙德的诗句更是在体验中展现了交流的互动与"神交"（unio mystica）。[15]

　　因此，田野中的诗学特色补充了社会学、人类学通常讨论的实证性和层级性（如互惠、互助，主位／客位、自我／他者、精英／大众、全球化／地方化等）对互动的侧重，在体验中呈现田野诗作的平等精神与情感交流，因此人类学诗学的贡献是方法论级别的。人类学界那些只有少数人参与的、不起眼的并置和即时超越性互动的田野诗作，表达了一种体验多元文化世界的"后等级"（post – hierar chical）方式[16]，笔者乐于将其称作"流动的人类学诗学"。

　　因此，我们"没有理由再把诗学的研究仅仅限于文学。诗学不仅是文学的文本，而且是所有学科的文本，不仅是语言的创作，而且是所有领域的象征"[17]。人类学诗学可以在多种民族志手法中展现，其广义上包括"使个体内在的生命被他人体验的艺术"[18]。只不过我们的民族志和论文受到科学逻辑实证主义的长久影响，于是我们在写作时放不开，或完全没有空间将社会结构及关系里的美学、哲学与情感的成分包含进去。对于当今很多人类学家来说，他们越来越像政治家了，"诗学的根基已经不复存在。很多人类学研究已经失去了民族志和生活中诗学的互文性根基"[19]。虽说田野人类学家可能比比较文学和文学批评专业的学生们更为注意研究对象主位表达的内部观点，但他们在处理材料和撰写论文时却很少在哲学、美学意义上思考自我与他者的流畅互动。[20]人类学诗学和文学诗学的差别在于前者必须在田野参与观察中呈现，而文学诗学却不一定这样，尽管文学采风与体验颇有人类学田野工作的意味。三十年前笔者发现了这一点，努力将《银翅》这一学术论著容纳多种混生的论说与文学笔法，特别是力图捕捉在田野工作时的"文化的直觉"。然而，笔者发现还不够，于是开始邀集志同道合者尝试在金翼山谷内外继续调研并创作人类学诗集、随笔、散文、小说、绘画、戏剧、摄影和纪录片作品，它们均是基于艺术、哲学和美学的人类学诗学思考。

金翼山谷内外民间唱本《闽都别记》的陈靖姑女神传播圈[21]及方言歌谣分布，已经从口传的方言地理，女神神性和妇女生命历程，禁忌、信仰与科学的关系，隐喻与文本再造的多元角度扩充了社会生活的诗学关联；而如《搓圆》的农人歌谣和调查者的系列人类学节令诗的对照，实际上属于所谓"民族诗学"的分析范畴，这种汉文化和区域家族主义的憧憬借用了来自歌谣诗学的重复性、节日民俗的重复性和年年家家在厨房里搓圆的场景的重复性。配合冬至歌谣唱诵的场景，我们还可以看到诗学人类学的比拟、谐音、节奏、重复、隐喻和直觉呼应的不可言状的动力所在。而我们团队成员从田野现场启发和推敲冬至诗的翻译，同诗人庞德在多种语言文字之间徜徉，找寻对译中的共同意象，其实都是为了深刻理解诗歌的真意，因为翻译是语言的诗性归属（黄运特语），以及体现意象上的民俗归属与文化归属。

而人类学家创作的人类学诗作，则总是如戴蒙德的诗歌一样，诗人把本文化与他文化的感受融为一体，并且把自我和他者并置地思考。[22]如果我们把金翼山谷冬至的闽谣和人类学诗作也加以对应性考察，我们会发现这实现了主客位的诗学"并置"（juxtaposition），其诗作的节奏、重叠、谐音、隐喻、象征、意象都获得了直觉的沟通，数十年来调查者和调查对象最终达成了非此非彼、亦此亦彼的交融状态。显然，来自田野基底和书斋的人类学诗学，超越了各种实证性（如科学、结构和关系之类）的层级和壁垒，超越了"地方化中的地方性知识与全球结构中的全球性概念"[23]，呈现了在一个体验多元文化世界中的"后等级"（post‐hierarchical）方式[24]，达成了笔者乐于将其称作"流动的诗学人类学"的互趣状态。田野人类学诗作不仅要提供不同层次的直觉与隐喻起情起兴，还要尝试重拟被观察者的情感并临摹入诗，于是参与观察所提供的主客位的双重感触或分或合地流进诗中。因为有文化临摹、比较民俗和交叉文化情感交替的多元体验，诗作变换手法与形式便有了基础。

可见，以田野工作为基础的人类学诗学可以为我们提供新知的意境。这是指它扩展了他者和自身互动的物质与精神层次，也能展现人类学常规作品"轮不上"安排或根本忽略的哲学与美学的思维与行为的动感所在，因此我们当然需要随时把握住人际交往的"流动的诗学人类学"。

上述因在闽东田野采集冬至搓圆的歌谣和猿母与孝子的神话

传说，我们组织师生讨论了语言人类学、闽东丘陵非人灵长类种群的生存环境，以及冬至农家搓圆场景下的孝道与朱熹《家礼》"过化"的先在理念影响。这是在田野工作基础上抒发家族主义人伦情感和守望相助精神的人类学诗学体验活动。

让我们再次强调金翼山谷冬至歌谣的人类学诗学的如下特征。

大自然的韵律和节令生活的美感，在冬至期间连接着大小传统贯通的习俗与歌谣节奏。恰好是在共同的韵律中，憧憬和推动饱满的家族主义，歌颂家族理想的整体性与延续性。总之，这种对家族主义的推动借用了来自歌谣诗学的重复性、节日民俗的重复性和年年家家在厨房里搓圆的场景的重复性。

诗学人类学总是聚焦田野直觉、精神与情感的互动瞬间。挖掘中国美学和文学理论（如公安派的性灵、真和趣），重新思考歌谣、戏剧和电影等不同类别互动的灵感深邃境界，不是人类学田野工作中的实证与一般文化诠释的努力可以完成的。

田野人类学诗歌是文化互动瞬间与灵感触发的产物，而地方长久流行的歌谣则是民俗群体性真情感知之精粹。人类学诗歌获得了他者—自我，以及族群之间、文化之间和田野场景之间的灵感并置状态，而诗歌、戏剧、绘画、电影等跨学科与跨专业的实验与并置状态，无疑可以对人类学形成潜在的重要补充。多样化的文艺形式与专业并置状态（不同的诗学表达）同变动中的科技、哲学、美学和直觉一旦相遇（科技人文场合与条件），触类旁通的田野人类学诗学（别论与通释）才会形成。

注解：

1　林耀华：《闽村通讯》，载《林耀华：从书斋到田野》，中央民族大学出版社 2000
年版，第 287 页。

2　林耀华：《闽村通讯》，载《林耀华：从书斋到田野》，中央民族大学出版社 2000
年版，第 287 页。

3　这是林耀华先生 20 世纪 30 年代在福建家乡收集的众多闽谣之一，参见林耀华
《闽村通讯》，载《林耀华：从书斋到田野》，中央民族大学出版社 2000 年版，第
287—290 页。"火止姆"是当地用泥巴捏成的婴儿状、供插红蜡烛的器具。

4　岳永逸：《保守与激进：委以重任的近世歌谣——李素英的〈中国近世歌谣研
究〉》，《开放时代》2018 年第 1 期。

5　杨碧珠：《闽东方言与普通话词汇在词形词义上的差异》，《宁德师专学报》（哲学
社会科学版）1994 年第 1 期。

6　李滨：《闽东古田方言动词的重叠式》，《福建教育学院学报》2006 年第 7 期。

7　李娟：《复沓的印迹：福州方言童谣叠词探魅》，《宜春师院学报》2014 年第 8 期。

8　许渊冲：《翻译的艺术》，五洲传播出版社 2006 年版，第 81 页。

9　赵振江：《最佳近似度：诗译者的最高追求》，《文艺报》2014 年 10 月 15 日。

10　张洁：《翻译是诗歌的最高境界——黄运特访谈录》，《外国文学研究》2014 年
第 5 期。

11　刘岩：《中国文化对美国文学的影响》，河北人民出版社 1999 年版，第 107 页；
参见庞德的著名诗作《在地铁站内》（*In the Station of a Metro*）。

12　庄孔韶：《冬至》，原载《北美花间》（庄孔韶诗集，华盛顿大学人类学系，1993
年）；又见庄孔韶《自我与临摹——客居诗选》，湖北教育出版社 2001 年版，第
13 页。

13　［美］伊万·布莱迪编：《人类学诗学》，徐鲁亚译，中国人民大学出版社 2010
年版，第 226 页。

14　Erving Goffman, *Interaction Ritual*, Garden City, 1967, p. 113.

15　［美］伊万·布莱迪编：《人类学诗学》，徐鲁亚译，中国人民大学出版社 2010
年版，第 230—232 页。

16　Erving Goffman, *Interaction Ritual*, Garden City, 1967, p. 232.

17　Tzvetan Todorov, *Introduction to Poetics*, University of Minnesota Press，转引自［美］伊万·布莱迪编《人类学诗学》，徐鲁亚译，中国人民大学出版社 2010 年版，扉页。

18　Rita Dove, *What does Poetry Do News for Us*? Virginia University Alumni, January/February, 1994, pp. 22 – 27.

19　Rita Dove, *What does Poetry Do News for Us*? Virginia University Alumni, January/February, 1994, p. 21.

20　Rita Dove, *What does Poetry Do News for Us*? Virginia University Alumni, January/February, 1994, p. 230.

21　庄孔韶：《银翅：中国的地方社会与文化变迁》第 13、14 章，生活·读书·新知三联书店 2000 年版。

22　［美］伊万·布莱迪编：《人类学诗学》，徐鲁亚译，中国人民大学出版社 2010 年版，第 228—233 页。

23　Clifford Geertz, "From the Native's Point of View: On the Nature of Anthropological Understanding", *in Clifford Geertz* (*ed.*), *Local Knowledge: Further Essays on Interpretive Anthropology*, New York: Basic Books, p. 69.

24　Clifford Geertz, "From the Native's Point of View: On the Nature of Anthropological Understanding", *in Clifford Geertz* (*ed.*), *Local Knowledge: Further Essays on Interpretive Anthropology*, New York: Basic Books, p. 233.

为公安派辩护

——中国古典写文化

[法] 范　华

游记这一十分独特的文学体裁，自唐代以来，就和诗词一样，受到所有大文豪的追求和青睐。那时中国如有电影纪录片，一开始就会受到它的启迪，从而形成与别处创作截然不同的电影流派。那么，这种视觉的新学派的鼻祖，就会是柳宗元、范仲淹、欧阳修、苏轼、袁宏道等。他们的冒险情趣对于具有历史沉淀的地区，尤其是对于"胜地远游"[1]的迷恋，使他们不仅成为本国的探险家，而且也成为首批"旅游文学家"[2]，并以其文学素质保证了这一新体裁在西方的成功。在西方文学界"旅游文学家"仅在20世纪80年代才正式被认可为独立的文学流派。作为中国作家旅行日志特征的散文诗，与诺瓦利斯（Novalis）、楞茨（Lenz）或夏多布里昂（Chateaubriand）的浪漫文学漫谈相比，其文笔和思想颇为相似，但稍逊豪放和旷达。

公安派是明万历末年的一种文学运动的名称。它不仅为游记文学带来了一股清新的气息，而且还在当时的文学界引起了一场真正的革命，抨击了"文必秦汉，诗必盛唐"的"复古"运动的正统思想。袁宏道[3]及其两兄弟袁宗道和袁中道缔造了公安派，此名源出于他们居住的今湖北省公安县的县名。他们与古典派的支持者们相左，斥责各种模仿论者、台阁体诗人和八股文的鼓吹者。他们宣扬个人表现、自发性、感情冲动论；这种公然蔑视传统观念的形象，使他们的大部分作品都在此后的三个世纪期间被列入禁书。

袁氏三兄弟的文学理论确实是现代派的。这样，他们不仅打开了中国的风景之窗，人们今天仍不倦地去观赏，而且也打开了文学创作之窗；人类学电影工作者，甚而纪录片作者都可借鉴他们的思考和理念。

一 性灵

公安派首先以"性灵"为特征。"性灵"是一种多面体的概念，在西方语言中似乎没有对应词。译成 sentiment、emotion 和 ame 等，只相当于中文的"感情"一词，都不能比较清楚地反映"性灵"的感情感受所代表的精神和灵感的广度。"性灵"诞生于一种具体的主观性与一种特有现实之间的相会和相互作用。"性灵"就是"自我"与"外界"之间的一种瞬时触发。"性"意为"性格"和"个性"；"灵（靈）"则是中国文字构字法中"会意"法的典型例证之一，指与冥冥的一种沟通。它是由偏旁"雨"、三个"口"（指唱歌或神谕）与意指"卜士"或"巫师"的字组成。整个词以一种图画文字的方式描述了用咒语求雨的萨满。广而言之，对于一幅风景画人们也可以讲"其中有性灵"。它具有山水画家们非常频繁地使用的"韵"（气韵）的含义。"性灵"确实是指感觉世界的先验部分，同时是指从中感觉到神秘和诱惑力的这种天生禀性。"性灵"是学不到的，也是不能相传的，这是一种第六感觉，一种近似于诗人们称之为"灵感"的感受状态并具有与该词相关的全部主格特征。袁宏道说："出自性灵者的真诗。"他的一位朋友焦竑也附和他写道："诗非他，人之性灵之所寄也。"

这种概念一旦被移植到电影领域中，首先就突出了在自我与其对象之间存在的感情上的相互联系，把"性灵"置于主导一切的地位。例如，让·鲁什（Jean Rouch）的全部电影之所以都带有"性灵"的标记，那是由于它们都是以一种默契、一种神入为基础的，由此而达到了作者本人和被摄入电影中的人物的一致性。摄影师也是电影中的一个角色，他以参与事件的方式而伴随事件的进展。让·鲁什拍摄的电影题材本身就已经带有了"性灵"，因为，无论是科特迪瓦的"疯师"（Les maitres fous），还是马里班迪牙加拉（Bandiagara）悬崖区中的多贡人（Dogons），都有萨满社会的特质。但非洲本身并不构成电影。得力于他的超现实主义视觉，让·鲁什一开始就把奇里科（de Chirico）的绘画作品与人类学家玛塞尔·格默勒（Marcel Griaule）所带回的多贡人的面具联系起来了；否则，他就不会有这种"性灵"，也就不会有让·鲁什全部人类学作品所特有的魅力。该有多少相同内容的电影实际上缺乏这种内在特质啊！因为从一开始起，酝酿这些电影的主导思想并非是鲁什称之为"共享人类学"。"共享人类学"即指"反馈"（feed - back）[4]，它随着拍摄而开始，属于一种思想状态、一种表情、一种蕴含，在音乐领域中可与爵士乐大师们的即兴演唱相媲美，特别是可以与

"激情爵士乐"（Soul music）的黑人演唱家们具有可比性，soul（激情）可能正是"性灵"的最理想译法。

二 真

"性灵"既处于一部作品的前期，又是其最终表现形式。正是这种趋势贯穿在整个创作过程中。袁宏道以全新的方式将"真"的概念与"性灵"联系起来了。"真"相当于人类学研究中的一个关键词 l'authen ticité。

袁宏道这个离经叛道的人，不安守本分的人，对俗套和传统性著作的猛烈抨击者，与同时代的李贽[5] 是最早关心本国的活传统、关心我们今天称之为"非官方中国"之事件的人。袁宏道写道："当代无文学，闾巷有真诗。欲沽一壶酒，携君听竹枝。"他认为："今之诗文不传矣，其万一传者，或今闾阎妇人孺子所唱，擘破玉打草竿之类，犹是无闻无识真人所作。"此类言语，出自一位像他那样受过古典文化教育，属于官宦阶级，而且还先后在江南和北京地方官府中行使高级职务的人之口，特别令人惊愕。此外，其长者李贽的言论也同样令人惊愕，李贽也曾以"真"的名义捍卫话本新文学，要求使用真实语言和出于自然，反对矫揉造作和一切虚假的做法。袁宏道本人也接过了李贽的"童心说"理论。李贽认为，本世间唯一堪称文学的作品，便是那些能够存童心者。

像对"性灵"所作的那样，公安派也将"真"的概念据为己有，并赋予它一种很特殊的意义，而该字的意义在诸多领域中已由多种因素所决定。如在绘画中，自 10 世纪荆浩的那部叫作《笔记法》的论著发表以来，"真"便具有了一种最重要的意义。荆浩认为，"真"既与"似"又与"华"相对立。
达到"真"，这就是击中了事物的要害，以从中传递灵与情，
揭示事物隐蔽部分的本质。只是由于一幅绘画成功地捕捉到了
"气"与"韵"，它才能成为"真"[6]。所有人类学家和所有电
影艺术家，也都各自以他们的方式，寻求成"真"也就是说寻
求赋予"真"的全部特征，于日常礼仪中找到一个社会的民族
精神，理解人类是怎样想象世界之秩序的。让·鲁什的电影于
此也可以充作参照点，美国人蒂莫西·阿什（Timothy Ash）和
拿破仑·沙尼翁（Napoleon Chagnon）所拍的关于雅诺玛米人
的电影也如此。"真"不仅要对拍摄电影的社会有一种真正了
解，而且还要具备一种心态，其第一条原则就是"相信其他人
的信仰"。无论是指文学、绘画，还是电影，"真"都需要有
属于"性灵"范畴的某种类型的参与。但与根本无法学到的
"性灵"不同，"真"相反却是贯穿在人类学研究工作及其伦
理之中。我可以举中国的一个例证，这就是人类学家庄孔韶有
关端午节的电影（1991），其中每个镜头当然都具有这种真实
性的素质。刘湘晨有关太阳部族（新疆塔吉克族）的影像也是
如此，虽然刘湘展本人并非人类学家。相反，很多有关人类学
内容的电影，如关于云南摩梭族、贵州的傩戏的电影，就未能
击中要义，其原因在于民族中心论，浅薄的异国情调，或者是
对一个民族真实传统内容的一窍不通。

三　趣

在 16 世纪末叶，公安派突出了真实并将此作为创作领域中的

第一项要求，这就足以确立它那先驱者的地位。但袁宏道还补充了另一种概念"趣"，使他与电影拍摄工作联系起来了。"趣"的通常意义是指人们所说的情趣、事物的趣味、兴趣和趣爱。但袁宏道对"趣"的理解，却远远地超越了这种品质形容词的用法，而是作为评价一部著作的主要标准。一部著作的文风、品位和力度都取决于其"趣"。"趣"是对"理"的矫正。它是诗词的原动力。原动力越大，理性成分就会变得越淡薄，它已超越了其字面意义。

陶渊明写道："但得琴中趣，何劳弦上声。"换言之，尽心弹奏而掌握了琴之奥秘的人，最终会与乐器之音融为一体。忘我便会进入一种通向新的未来之路。

但任何人都未曾翻译过的"趣"字，事实上在法文中有一个几乎是完美无缺的对应词 ravissement（抢走，取走）。本处是指 ravissement 一词的双重词义：其主动式词是 ravir（抢走），其被动式是 ravi（被抢走）。"趣"字的写法，从辞源学观点来看，同样也完全相当于"抢走"的概念，因为它包括"取"和"走"的偏旁。我们应该这样来理解陶渊明那琴师的"趣"。他在他个人与其乐器之间的一种互趣的状态中弹琴，达到了一种特别理想的"自然"境界。这就实现了一种全面的相互影响。从引申字义来讲，"趣"的概念适用于人类学家与其所处的社会之间，电影拍摄人与他拍摄的人之间奠定的关系。所有人类学家明显都为他们的研究对象辩护，尽管人类学家克洛德·列维－斯特劳斯（Claude Levi－Strauss）曾提请他们注意。他写道："神人的概念提醒我注意到，它总是保有非理性主义和神秘主义。"他在其他地方也揭示过"观察家有被其观察目标最终吞噬的危险"[7]。这种观点会导致他断然弃绝袁宏道的"趣"。但正是这一点决定了人类学电影的角度与质量之差异，最大限度地浸沉于某一异域文化之中不会有什么威胁，而且通过接近和视角的转换，可达到从内部理解一个社会的得天独厚的渠道。

"趣"在它与"性灵"和"真"的三角关系中成了能够联结整体的环节，并探测出这个整体内相互作用的真正的规模。

如果这些概念能够被电影导演们采纳，那么它们同样也可以成为一种理论批评的工具。在美学领域中，这种工具是经常使用的。在国画中如同在银幕上一样，缺乏"真"被认为是一大瑕疵，因为它并不是一种形式上的弊病。荆浩认为，在"无形病"与"有形病"之间，确有一种关键性的差异。他也在"有笔而无墨"的著作或"有墨而无笔"的著作之间，作出了一种很得体的区别。事实上是"墨"赋予了著作色调、对比度、光线和渐晕，是笔抓住的图形结构、描绘的波纹和细腻差异处[8]。摄像机这支大笔也应该理想地拥有"笔"和"墨"的功能。我们可以把它们解释为图像调整（镜头变换）和动作（反映生命和节奏）。这种互补性和互相依赖性对绘画和电影两类形象都适用，因为二者有许多共同点。

用中国美学或文学理论重新思考电影，一方面可以使新形式涌现出来，另一方面又可以用新的方式领会现实。

在这"首次"电影节的日子，我与中国的研究人员和导演们一起，希望能思考人类学电影的特征，回顾、发展和创造新概念。人类学电影在西方是从罗伯特·弗莱厄蒂（Robert Flaherty）1992年的作品《北极的纳努克》（*Nanook of the North*）开始的，而在中国只是近期才出现，但不论早晚，人类学电影都需要不断创新。

注解：

1 Randonnees Aux Sites Sublimes（胜地远游）是由谭霞克（Jacques Dars）翻译介绍的《徐霞客游记》的标题，载《东方知识》丛书，加利玛尔出版社 1993 年版。

2 现有两部杰出的中国游记文集：艾梅里（Martine Valette - Hemery），*Les Formes Du vent*，*Paysages Chinois en Prose*（风的形式，中国的散文风景诗），尼克塔洛波 1987 年版；里夏尔·E. 斯特拉斯贝（Richard E. Strassberg），*Inscribed Landscapes*，*Travel Writing from Imperial China*（风景记，中华帝国的游记），加利福尼亚大学出版社 1994 年版。

3 袁宏道（*Nuages et pierres*）（云与石），散文集，由艾梅里译自中文，法国东方学家出版社 1983 年版。艾梅里，*Yuan Hongdao*，*Theorie et Pratique Littèraires*（袁宏道，文学理论和实践），法兰西学院汉学研究所 1982 年版。

4 Feed - back 本指回归本源，把片中人物放映出来让他们看自己的形象，导演对自己提出质疑，并通过他们的看法确定真相而重新估价自己的工作。

5 毕来德（J. F. Billeter），*Li Zhi*，*Philosophe Maudit*（受诅咒的哲学家李贽），日内瓦 1979 年版。

6 李克曼（Pierre Ryckmans），*Les Propos Sur La Peinture*（石涛论画），第 209 页以下，比利时汉学研究所，布鲁塞尔 1997 年版。

7 克洛德·莱维 - 斯特劳斯（Claude Lévi - Strauss），*Anthropologie Structurale Deux*［《结构人类学（二)》］，普伦出版社 1973 年版。

8 克洛德·莱维 - 斯特劳斯（Claude Lévi - Strauss），*Anthropologie structurale Deux*［《结构人类学（二)》］，普伦出版社 1973 年版，第 46—48 页。

［作者简介：范华（Patrice Fava），法国汉学家、人类学家、导演。现任法国远东学院研究员，中国人民大学道教研究中心研究员。代表作有《通天之道：湖南道教神像》（2013），纪录片《韩信复仇记》（2005）等。］

拉维诺与奥考的歌

——奥考特·庇代克诗歌的人类学启示

和　柳

奥考特·庇代克（Okot p'Bitek，1931—1982），是乌干达诗人、小说家和人类学家。出版于 1966 年的卢欧语（luo）《拉维诺之歌》（*Song of Lawino*）及其后的三本续作——《奥考之歌》（*Song of Ocol*）、《囚徒之歌》（*Song of a Prisoner*）、《马来亚之歌》（*Song of Malaya*）被认为是非洲诗歌的杰出代表。庇代克后将《拉维诺之歌》翻译为英文于 1969 年出版。此后，又与《奥考之歌》合并出版。

青少年时期，庇代克就读于古卢（Gulu）高中和位于布多（Budo）的国王学院。青年时，他热衷于足球，通过足球不仅走遍了乌干达北部，还在 1958 年随乌干达球队出访英国，并获得了在英国受教育的机会。他先后在布里斯托大学、阿伯里斯特维斯大学就读。其间对阿乔利人的传统产生兴趣，并于 1962 年前往牛津大学攻读社会人类学。1964 年完成论文《阿乔利人与兰戈人中的口头文学及其背景》后回到乌干达工作。后因他对政治家的强烈批评，被迫离开乌干达，1979 年得以回到乌干达。1982 年回到马凯雷雷大学任教，遗憾的是他在上任不到五个月时不幸去世。[1] 他长期研究东非的部落、宗教、民俗、艺术和民间文学，被誉为"黑非洲文化传统的坚定捍卫者"[2]。

《拉维诺之歌》及其续作为何会轰动非洲和英国？首先，《拉维诺之歌》与《奥考之歌》的成书年代正值第二次世界大战后非洲民族独立运动，诗歌的内容与身处运动浪潮的人民对自身文化及其未来的思考发生了共鸣。其次，庇代克在诗歌中借用了大量阿乔利人的地方言语和词汇，使他的诗歌不仅深受文化精英的追捧，更是深入民间。他的诗歌被认为使阿乔利人的传统诗歌形式适应于新的展示条件，对于使用英语写作的非洲诗人来说是具有开创性的。[3]《拉维诺之歌》出版后，他开创了新的写作题材，后来被称为歌曲诗。[4]

庇代克在乌干达研究阿乔利人传统歌谣的同时着手写了《拉维诺之歌》。这首长诗最初是以阿乔利语写就，后在一次当地文学圈的分享取得了热烈的反响。于是，才有了庇代克将之翻译为英语版本和后续其他的英语长诗的创作。诗歌翻译的难度大是普遍的问题，因为涉及不同语言的语义文化翻译。庇代克亲自翻译的《拉维诺之歌》的成功之处在于，他采用了极其直白的翻译策略，这最大限度地降低了对外国元素的借用以及随之而来的语义歪曲。然而英文版的翻译也有问题。首先，直白的诗歌降低了诗歌的语言美学。在阿乔利语的版本中，作者大量地使用了重复的短语以表示反问，还具有章节串联的作用。但这些语言方面的特征在英语版本中被大大削弱。其次，翻译带来了意义流失的问题，不过庇代克亲自翻译使这一损失降到了最低。最后，英译版为了充分传达意义，而不得不增加一些说明性的语言。

除去以上文学价值外，《拉维诺之歌》与《奥考之歌》至今仍有重要的人类学学术价值，尚未得到透彻的讨论。以下笔者将尝试对奥考特·庇代克的 *The Song of Lawino*, *The Song of Ocol*（1972，1989）[5] 进行简略的人类学评论。

一　在殖民的二元框架下的隐喻表达

在《拉维诺之歌》中，拉维诺就像在村落中，在同族人、兄弟和丈夫的面前诉说着她所面对的婚姻的危机。在拉维诺的叙述中，"我同氏族的人""我的丈夫""兄弟"这样的称呼不断出现，营造了一种情境感。就如同一位人类学家来到了拉维诺和奥考的村落，正好目睹了这场氏族聚会，在一起聆听拉维诺的哭诉。[6] 拉维诺讲述了自己遭受丈夫的嘲笑，尖刻地指责第三者。她对西化的阿乔利人（更深层是白人）和固守传统的阿乔利人做了比较——是关于舞蹈、炉灶、家庭、孩童养育、疾病和治疗等民族志细节，表达了对白人宗教的不解，强调了她对阿乔利文化的捍卫立场。拉维诺希望丈夫能够重树阿乔利人的文化自豪精神，希望代表传统文化的南瓜不要被人连根拔起。

拉维诺是阿乔利人传统文化的代言人，她的丈夫奥考曾到欧洲接受西方教育，回国后尊崇西方文化，他爱上了同样崇尚西方文化的阿乔利女子——克莱门汀。拉维诺同奥考与克莱门汀形成了一组文化的对立——被殖民者与西化的被殖民者（殖民者）的对立。真正的殖民者——白人，在《拉维诺之歌》中被掩藏在奥考和克莱门汀形象的背后。这种对立的关系，表面是拉维诺对克莱门汀的嫉妒和憎恶、拉维诺对丈夫的不解，深层是阿乔利人文化和西化生活方式的对立（以及更深层的被殖民者与殖民者文化的对立），借拉维诺之口通过各种对立的隐喻来呈现。

例如，拉维诺眼中的克莱门汀是极其丑陋的。她看着像患了病、像一个巫师；像沾了血的嘴唇、像裸露的溃疡；脸色苍白；看起来像得了痢疾。这全是因为克莱门汀像白人女人一样化妆、装扮，因为"她相信/这是美/因为这与白人的脸相似"。相对应的是，拉维诺对阿乔利女人的美的描述是：不苍白；美丽的疤痕文身；如满月的乳房；没有疮疖的皮肤，以及像百合花一样修长的脖颈。又如拉维诺对丈夫热衷的交谊舞厅的描述和道德判断：人们不知廉耻地相拥跳舞；酗酒；闷热的室内就像鬣狗的巢穴。[7]

与拉维诺对西化的不解和维护传统文化的立场不同，《奥考之歌》中的奥考一改他之前崇洋媚外、移情别恋、站在白人立场上鄙夷自己文化的形象，成为一位坚决的革命者。此刻，在他眼中，他那位哭哭啼啼的妻子就像一位被驱逐的国王，抱着往昔的回忆不肯放手，讽刺了拉维诺的守旧和思想的迂腐。他深刻反思了非洲的落后：非洲是生了病的巨人，被贫困所束缚，被困在封建迷信的淤泥中，胆怯而不敢冒险的。甚至发出了悲哀的呐喊——"妈妈/为什么/为什么我生而为/黑人"。他认为造成同胞们的苦难的正是那落后的传统文化，所以，要革命、要打破传统文化。这通过一系列摧毁阿乔利人家园（精神、文化和社会的）的描写来表达。他崇敬泛非运动的代表人物，现代化的城市被他当作终极目标——他所希望的是非洲的彻底现代化。

人们一般认为，拉维诺和奥考分别代表了殖民地的两种典型人物——传统文化捍卫者和激进的革命者。但笔者认为，这两个角色以及庇代克其他诗歌中的角色都表达了作者对乌干达、对阿乔利人文化的复杂情感和深刻思考，并让听众或读者加入一起思考。

二　"黑人性"与"泛非主义"运动的人类学启示

《拉维诺之歌》与《奥考之歌》在内容和写作风格上反映出浓烈的"黑人性"（Negritude）与作者对"泛非主义"运动的深切思考。这是两个相互平行的黑人文化运动。随着庇代克的诗歌在非洲的广泛传播，拉维诺与奥考二人逐渐成为人们谈话中的象征，在一定程度上，拉维诺的诗歌中我们可以看到明显的"黑人性"精神，而在《拉维诺之歌》中的奥考与之后独白的奥考则明确地表达了庇代克关于"泛非主义"运动的态度与反思。

1. "黑人性"精神

"黑人性"（Negritude）或"非洲个性"（African personality）是指在历史中由非洲人自己创造、为全体非洲人共有的历史遗产、民族精神、文化个性。能够唤起非洲各地民众的自信、认同和团结，为非洲的自由解放而共同斗争。"黑人性"在"泛非主义"运动的思想家中被普遍而坚决地认同。[8]强调文学作品的非洲风土人情、黑人主体性以及非洲情感的表达。[9]

庇代克在诗中直接使用了"非洲人格"（African personality）这一"黑人性"的同义词。更重要的是，诗歌借助于拉维诺这一阿乔利女性的角色，生动呈现了黑人的文化个性和文化自豪感。在《拉维诺之歌》中，拉维诺向她的丈夫、同氏族人诉说着，从她经受的轻蔑和谩骂开始，指责了丈夫的新爱人"克莱门汀"，然后从舞蹈、骄傲的自我、房屋与生计、疾病和治疗等方面将阿乔利人的文化娓娓道来，并以奥考为对象，讲出了"没有受过教育"的非洲人如何不解于实践观念和基督教。在整首诗中，"家宅"（homestead）和"南瓜"（pumpkin）是关键词。南瓜是阿乔利人的一种主食，象征着阿乔利传统的延续性，不应被拔掉。[10]结合诗的语境，可以将"家宅"和"南瓜"理解为非洲人生活的中心，是非洲人文化传统的象征。

这一意象在《拉维诺之歌》多个小节的结尾处重复出现：

听着奥考，你是酋长之子，
把愚蠢的行为留给小孩子们，
你应该在一首歌中被嘲笑，这不对！
关于你的歌应该唱诵赞美！
别再鄙视人
就像一个幼小而愚蠢的人一样，
别再像对待无盐灰烬一样对待我[11]
变成侮辱和愚蠢的不毛之地；
谁曾将南瓜连根拔起？
——《拉维诺之歌》，第1节，我丈夫的话是苦涩的

又如拉维诺自豪或骄傲地声明：

没有豹子
想要变成鬣狗，
有着羽冠的鹤

讨厌变成

秃顶，

食屎的秃鹰，

长颈而优雅的长颈鹿

不能变成猴子。

不让任何人

拔起南瓜。

——《拉维诺之歌》，第5节，优雅的长颈鹿不能变成

猴子

以及歌的末尾，拉维诺试图再次用舞蹈唤回丈夫的心，并请求：

让我在你面前跳舞，

我的爱，

让我向你展示

你房屋中的财富，

奥考我的丈夫，

公牛之子，

不要让人把南瓜连根拔起。

——《拉维诺之歌》，第13节，让他们准备 Malakwang

菜肴

2. 反思"泛非主义"运动

（1）代表落后与愚蠢的"南瓜"

与拉维诺相对，奥考就是那个"把南瓜连根拔起"的人。

但是，"连根拔起"背后的思想从《拉维诺之歌》到《奥考之歌》却经历了转变。在《拉维诺之歌》中的奥考是一位接受西方教育而西化的非洲黑人，他以"现代""进步"和"文明"自居，他的审美、穿着、居所、日常生活的一切都向西方人靠拢，爱上了同样"现代"的黑人女人"克莱门汀"（Clementine），积极投身于党派和政治争斗。相对地，鄙夷着他的妻子和非洲文化传统。比如：

> 我的丈夫嘲笑我
> 因为我不会跳白人的舞蹈；
> 他蔑视阿乔利舞蹈
> 他怀抱着愚蠢的思想
> 他自己民族的舞蹈
> 是不道德的，
> 它们是道德上的罪恶。
> ——《拉维诺之歌》，第 3 节，我不知道白人的舞蹈

被"连根拔起的南瓜"还包括兄弟关系：

> 我不理解
> 新的政党。
> 他们穿着不同，
> 他们穿着礼袍
> 就像基督教神父，
> 但是奥考对待他的兄弟

就像他们不是亲戚，

……

这就是自由（Uhuru[12]）的团结？

这就是独立带来的

和平？

——《拉维诺之歌》，第 11 节，贫困的水牛把人们撞倒

（2）为了彻底革命要"把南瓜连根拔起"

在《奥考之歌》中，奥考的思想发生了深刻的转变。他不再是跳着交际舞享受西式生活、打着"泛非主义"幌子参与政党之间虚伪斗争的"现代""进步"与"文明"的男人。相对于拉维诺强调自己不是混血、不是奴隶的身份，奥考看到了奴役、剥削以及不平等：

你认识那位奴隶吗？

是他劈的柴

指给我他们用来割草的

拖拉机

还有将烧柴和草

带回家

的手推车。

——《奥考之歌》，第 4 节

对于"家宅"和"南瓜"，他的态度更为坚决：

我看到一个巨大的南瓜

正在腐烂

里面有

一千只甲虫；

我们将犁翻

整个山谷，

把南瓜拿来堆肥

还有其他本地蔬菜，

被篱笆分割的

家户

将被拆毁，

我们将会把氏族土地之间

作为标记的树木

连根拔起，

我们将毁掉

部落边界

掐住土语的喉咙

让它哑死。

　　——《奥考之歌》，第 1 节

让首领向整个部落宣告要告别传统：

向你的朋友

和你的年龄组伙伴告别，

向你的儿子和女儿

还有你的孙子女告别，

让他们向你告别，

因为明天早上

当公鸡啼叫时

第一次，

人们将会四散，

每个人都将循着他或她的路

向新城朝圣，

一旦他们出发

他们将再也无法相见！

　　在《拉维诺之歌》中的奥考为了竞选而宣扬着他所在政党的口号"自由"（Uhulu）。但是，到了《奥考之歌》时，他对非洲人的未来有了更为明确的蓝图想象——"新城"（New city）：

我们要建起

一座在山上的新城

俯瞰湖水，

水泥，钢筋，岩石……

白蚁的蚁后

将要饿死……

宽阔的大街，宽敞的花园，

停车场，游泳池……

我们将要为现代非洲的

创建者

竖起丰碑；

——《奥考之歌》，第 9 节

　　《奥考之歌》反映了庇代克对"泛非主义"的深刻思考。"泛非主义"既是一种社会政治思潮也是一种政治运动，强烈地反对殖民主义和种族主义，启迪了非洲人民的种族意识和民族主义。"泛非主义"主张非洲各国人民联合起来，摆脱帝国主义的统治，达到"非洲由非洲人统治"的目的；主张非洲国家必须在经济、政治和社会方面进行改造，其最终目的是建立一个泛非洲联邦或非洲合众国。[13]庇代克通过是否"将南瓜连根拔起"这一意象将"泛非主义"运动中的几种思想并置——珍视并保存非洲传统文化、为了西化而贬低非洲传统文化、为了彻底革命而革除非洲传统文化，将非洲应当如何的讨论抛给读者，引人深思。此外，还尖锐地抨击了非洲的党派政治。

　　庇代克虽然有在英国接受人类学教育，但他对人类学持坚决的批判态度："我们将要破坏/所有非洲的人类学著作/关闭/所有非洲研究的/学校。"（《奥考之歌》，第 3 节）但是，在今天看来，这两册讨论了"黑人性"精神与"泛非主义"运动的诗集深具人类学反思的价值。景军提出了人类学的南南学派的思想[14]，以指代人类学抵制学术欧洲中心主义、反对南北学术关系不平等和弘扬本土研究价值，庇代克是其中一位代表人物。庇代克的诗歌扎根于本土，对乌干达的政治、经济、文化进行了深刻的反思，并批判性地看待了西方人类学，因而还具有更进一步的人类学学术价值——反思西方人类学的自我反思。

三　写作中的人类学刻印

庇代克在《奥考之歌》中严肃批评了人类学，因为这个学科只关注传统文化，而对非洲人所受的殖民压迫束手无策。然而他的写作无疑受到了人类学思想的影响。如前文所述，我们可以在他的诗歌中看到大量翔实的民族志细节，在《拉维诺之歌》中还能看到人类学民族志的严谨主题——家庭和社会结构、生计方式、养育，等等。尤为难得的是，他作为阿乔利的本土人类学者，关注到了情爱、身体和吸引力这一类主题，这是同期西方人类学研究所忽略的部分。

1. 身体和吸引力

在庇代克的诗集中，对身体和吸引力的描写令人印象深刻。在 20 世纪 60 年代，这些内容都不会以感性的语言出现在人类学的学术论著中。情感与身体似乎至今仍是学术讨论中不入流的部分。但是已有学者就这一学术误解提出了不同看法。庄孔韶认为，诗歌应成为一板一眼、问题导向的学术论著的互补作品，关涉被排除在"正规"学术之外的非理性、情感和不可言说的内涵。[15]在反思人类学的浪潮中，学者们也提到了对异文化经验中个人、自我与情感的表达。他们倡议围绕着人观的概念进行考察，关注人类能力和行为的基础、自我的观念以及情感的表达方式。[16]但是，这一尝试更多是西方学者在异文化中搜集整理的内容之扩张。庇代克的诗歌则是本土人类学家的直白表达，与死板的学术讨论相比，借拉维诺之口，他让我们以文学的形式领略了阿乔利人关于情爱、身体之美的文化。

　　舞蹈是重要的场合，跳舞的男人和女人都应当以骄傲的姿态展示健康的体魄。例如，当男人进入广场时：

　　　　当鼓声响震

　　　　漆黑的年轻人

　　　　扬起大量灰尘

　　　　你跳得活泼而健康

　　　　带着自豪与顽皮

　　　　你与神灵共舞，

　　　　你竞争，你冒犯，你

　　　　挑衅

　　　　——《拉维诺之歌》，第 3 节，我不知道白人的舞蹈

　　舞者的健康体魄应该是这样：

　　　　光天化日下跳舞

　　　　在户外

　　　　你不能隐藏

　　　　肿胀的肚子，

　　　　臀部的皮损

　　　　初显的乳房

　　　　还有充满炽热乳汁的胸部，

　　　　……

　　　　强壮狮子的胸膛

大腿上的巨大伤疤

腹部的美丽纹饰

和胸膛上的刺青疤痕

身体的所有部位

在舞台上被展示！

健康和活力

在舞台上一览无余！

——《拉维诺之歌》，第 3 节，我不知道白人的舞蹈

2. 写作上的人类学属性

如前文所述，庇代克对于人类学持有坚决的批判态度。不过在他的诗歌中，我们可以看到大量的人类学印记。

人类学跨文化比较的视角被巧妙地融合在庇代克的作品中。拉维诺的诗歌有大量的黑人与白人、黑人与西化黑人之间的比较，一方面我们看到了其中附加的道德评价，另一方面也让读者看到了拉维诺身为黑人的自豪感的缘由。例如拉维诺对人们在舞厅跳西方交际舞的看法：

确实，奥考

我不会跳舞厅的舞。

被紧紧搂住

我感觉羞愧，

在公开场合被紧紧搂住，

我做不到，

这在我看来是可耻的！

对亲戚们毫无尊重：

女孩儿们搂着她们的父亲们，

男孩儿们紧密地搂着他们的姐妹们，

他们甚至与他们的母亲们跳舞。

——《拉维诺之歌》，第 3 节，我不知道白人的舞蹈

在 20 世纪 80 年代，西方学界对民族志文体的讨论中土著的口头叙述被认为是人类学者改变其民族志叙述的诉诸手段之一。[17]同理，西方人类学界在 20 世纪 80 年代"写文化"运动中系统反思人类学的文化撰写之前，大部分学术写作被绑缚在科学论文和马林诺斯基开创的民族志模式之下。与此相对，非西方学者通过汲取地方文化中的叙事特点，在文化撰写上已有丰富的尝试，这在《拉维诺之歌》中尤为明显。

无论是《拉维诺之歌》还是《奥考之歌》，有着明确的互动对象。诗歌的各处充满着"我的同氏族人""年龄组"——当地的"歌"是一种人们抒发自己看法的系统化或制度化的途径，有聆听者。他们是施加道德判断的听众，这在我国许多少数民族的歌的运用中有相似之处。

庞代克在英国和非洲的近现代诗学中是重要的，他让非洲诗歌的体裁进入英语写作，给英语文学界带去了新风。他的诗歌席卷非洲，人们赞美了他对非洲后殖民时期的"泛非运动"的积极贡献。然而站在人类学的立场上，我们不禁要问，庞代克的诗歌只是带有人类学风格的批判性文学作品吗？

可以肯定地说，庞代克的诗歌有两点重要的启示。其一，对西方人类学反思的反思。庞代克批判人类学，是他在英国求学期

间，英国学者仍以带有文化中心主义的术语来衡量非洲文化。以及反映出当时人类学知识对于发展非洲人社会、改善人民生活上的无意义性——西方人类学看不到剥削，无法让人们找到后殖民时期的出路。这一对西方人类学属性的深刻反思，远早于西方学者对学科历史的系统反思，在深刻程度上也远超西方学者能够抵达的程度。这也正是景军教授呼吁人类学界关注非西方人类学的意义所在。其二，从庇代克的诗歌对阿乔利人身体观念、美感的刻画上，可以看到人类学研究的局限性和发展的空间。地方文化中，关于审美、情感这类感性的、体验的以及个人化的部分的人类学讨论仍属少数，是因为我们手边的人类学概念与理论工具箱的限制。

注解：

1 G. A. Heron, Introduction. In：Okot p'Bitek, *The Song of Lawino and The Song of Ocol*, East African Educational Publishers Ltd. 1972, 1989.

2 高秋福：《汲诗情于民间——悼念乌干达人民诗人奥考特·庇代克》，《世界文学》1984 年第 3 期。

3 G. A. Heron, Introduction. In：Okot p'Bitek, *The Song of Lawino and The Song of Ocol*, East African Educational Publishers Ltd. 1972, 1989.

4 李美芹：《非洲文学中的政治、历史与文化观照》，《北方工业大学学报》2020 年第 4 期。

5 Okot p'Bitek, *The Song of Lawino and The Song of Ocol*, East African Educational Publishers Ltd. 1972, 1989.

6 任何一位曾经有过此类田野经历的人类学者都会对这样的场景有共鸣。

7 见《拉维诺之歌》第 2、3 节。

8 刘鸿武：《"非洲个性"或"黑人性"——20 世纪非洲复兴统一的神话与现实》，《思想战线》2002 年第 4 期。

9　聂珍钊：《黑人精神（Negritude）：非洲文学的伦理》，《华中科技大学学报》（社会科学版）2018 年第 1 期。

10　Rosemary Gray, Counterpoint in Print: Okot p'Bitek's Song of Lawino and Song of Ocol, In: Anna-Teresa Tymieniecka（eds.）, *The Aesthetic Discourse of the Arts*, Analecta Husserliana（The Yearbook of Phenomenological Research）, Vol. 61, Springer, Dordrecht, 2000.

11　根据《拉维诺之歌》中的注释：盐是从特定植物的灰烬中提取出来的，也从家畜粪便的灰烬中提取。灰烬被放入一个容器中，容器底部有许多小洞，之后将水倒在灰烬上，将盐水收集在另一个放在下面的容器中。无用的无盐灰烬之后被倒在路上任人踩踏。

12　笔者注：Uhuru 一词意指自由或国家独立。

13　张忠民：《泛非主义的产生及其对非洲的影响》，《徐州师范学院学报》1992 年第 3 期。

14　景军教授于 2021 年 5 月在清华大学讲授"南南学派：发展中国家社会学思想研究"时的观点。

15　庄孔韶：《文化表征的多元方法与跨学科实验》，《民族研究》2020 年第 6 期。

16　［美］乔治·马库斯、米开尔·费彻尔：《作为文化批评的人类学》，王铭铭、蓝达居译，生活·读书·新知三联书店 1998 年版，第 71 页。

17　［美］乔治·马库斯、米开尔·费彻尔：《作为文化批评的人类学》，王铭铭、蓝达居译，生活·读书·新知三联书店 1998 年版，第 109 页。

让·鲁什《安拿依的葬礼》的
电影人类学诗学

张敬京

引言

《安拿依的葬礼》(*Funérailles à Bongo, Le Viel Anaï.*, 1848—1971) 是国际影视人类学先驱让·鲁什和人类学家乔迈·狄德伦 (Germaine Dieterlen) 于 1972 年联合执导的一部人类学纪录片，是记录多贡民族独特丧葬仪式的珍贵影像史料，它讲述了多贡元老安拿依隆重的葬礼。该片的英文版值"国际影视人类学先驱让·鲁什诞辰一百周年纪念展映"[1]之际，于 2017 年 10 月首次在中国大陆放映。

让·鲁什师从法国早期人类学家马塞尔·格里奥尔 (Marcel Griaule)，于 1941 年踏上西非马里的土地，从此和多贡民族结下不解之缘。在近三十年的田野调查中，他用摄影机记录马里邦贾加拉 (Bandiagara) 地区多贡民族的仪式和传统，共拍摄几十部人类学纪录片，谱写出多贡民族的影像民族志，被誉为"高卢乐巫"（le Griot gaulois）[2]。

《安拿依的葬礼》摄于 1972 年；此时，人类学的后现代浪潮正风起云涌。后现代的一个重要转向是诗学的转向，它提倡更具文学性和创造性的写作范式，呼吁多声部的文化撰写。作为法国新浪潮的代表人物之一，让·鲁什的纪录片《安拿依的葬礼》并不满足于客观的现实主义叙事，在影片中，他一边颂扬多贡民族的诗歌，一边通过独特的视听语言提升影片的文学性和审美意境。他的影片风格与人类学的诗学转向不谋而合。

安拿依·多罗（Anaï Dolo）是多贡民族的元老，1971 年以 122 岁高龄离世。那时让·鲁什和狄德兰正在当地拍摄每六十年一次，并且每次连续举行七年的"锡圭"（Sigui）仪式。此前他曾有两部纪录片，分别介绍多贡青年和妇女的葬礼。但是鉴于安拿依罕见的高龄及他生前在当地的社会威望，他的葬礼也格外隆重。于是让·鲁什用镜头记录下了这一"高规格"的葬礼仪式。

安拿依的葬礼仪式集中反映了多贡民族复杂的宗教信仰。根据让·鲁什的老师、法国早期人类学家马塞尔·格里奥尔的分析，该民族既有主神崇拜，认为宇宙是由阿玛（Amma）创造；又相信万物有灵，认为人死后会灵肉分离，且死者的灵魂会干扰到生者的生活；而锡圭仪式和葬礼仪式，则主要反映出他们的祖先崇拜和图腾崇拜。[3] 根据多贡人的信仰，安拿依去世后，他的肉体会与灵魂相分离。肉身虽然已经不复存在，他的灵魂却依然存在于家中和村落里，而且多贡人认为，人越长寿，就越有智慧，他的元神（le nyama）也具有更大的威力，会随时附体。因而，安拿依的灵魂和元神已经威胁到了村民们的生产生活。只有通过一系列的"安魂"仪式，它们才会离开村落，去到"冶邦之境"[4]，与祖先们汇合。

涂尔干在《宗教生活的基本形式》中说道："文明是社会的产物……宗教力就是人类的力量和道德的力量。"[5]宗教生活从表面上看是在处理信徒与神的关系，而实际上是在处理个体与社会的关系。拉德克利夫－布朗从礼仪与社会基本结构的关系出发，认为神话和仪式所表达的宇宙观的社会功能，在于维护社会的结构。因此，宗教不仅满足个体的心理需要，更是维护集体利益和社会制度的需要。从这个角度看，安拿依葬礼的一系列仪式不仅是为了安抚他的家人，更是维护集体利益、保证社会再生产的需要，因为死者的亡灵已经威胁到了整个村庄的利益。同时，葬礼在颂扬造物主和祖先的同时，也强化了集体记忆和集体情感，增强了多贡民族的集体凝聚力。

《安拿依的葬礼》采用了古典叙事模式，即"铺垫—冲突—解决冲突"的结构。这里的冲突是指安拿依的离世造成村庄的恐慌，而村民们正是通过一系列的仪式来解决冲突，使村庄重归宁静。下面以时间轴为序，简要描述影片的叙事结构（图1）。

让·鲁什是一位才华横溢、极具艺术气质的影视人类学导演，是法国新浪潮的代表人物之一。1941年，他奉命到非洲修筑公路，因一次工地事故偶然接触到多贡民族的安魂仪式。神秘的仪式和独特的宗教信仰，对于年轻的让·鲁什而言无疑是一块"新大陆"。当他首次抵达多贡民族聚居的邦贾加拉地区时，他不禁感叹道："（格里奥书中）闻名已久的山崖尽收眼底，这种感受是任何照片、文字或电影都无法确切描述的。刹那间，我感受到了青葱时期的忧伤、达利油画风景的粗犷、基里科的配景和冷光以及特罗卡迪罗广场熟悉的味道。"[6] 多贡的景色和年轻的让·鲁什发生了化学反应，这种异文化对于让·鲁什却是那么熟悉，以至于他自然而然地将本文化与他文化的感受融为一体。多贡的一景一物激发了他心中的创作细胞；他在异文化里找到了终身使命和心理认同，他的诗意心灵终于有了寄托之所。

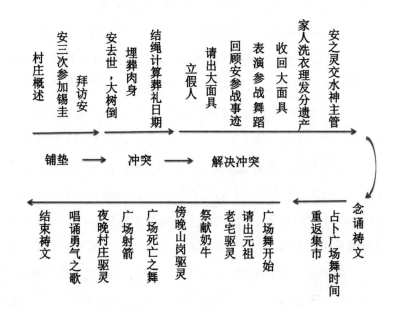

图1

多年来，他跟随马塞尔·格里奥尔系统研究多贡习俗。老师去世后，他又和乔迈·狄德伦继续人类学事业，用文字和摄像机记录多贡的风土人情。几十年间，他扎根邦贾加拉地区进行田野调查和纪录片创作，和当地人建立起了如亲如友、"打闹嬉笑的关系"[7]，而这种与观察对象的互信又极大地方便了他的田野调查和纪录片拍摄。他对多贡的热爱浸透到他的骨髓里，表露于他的作品间，为他赢得了"高卢乐巫"的美誉。乐巫（griot）一词，原指身兼巫师、乐师之职的非洲游吟诗人。让·鲁什穿梭于多贡各大仪式之间，用影片记录、传播、吟唱着多贡的信仰和习俗，因而他扮演的角色像极了多贡民族的游吟诗人。让·鲁什的好友兼搭档、法国社会学家埃德加·莫兰（Edgar Morin）曾这样评价道："他热爱非洲人民的诗意心灵……诗性普遍存在于他的作品之中。"[8]让·鲁什的诗人气质在多贡民族的土地上找到了合适的土壤，并结出硕果，升华为诗意盎然的影视人类学作品。

《安拿依的葬礼》首先是一部影视人类学的纪录片，它的记录性质决定了其现实主义的主导风格。然而这部电影又同时带有明显的主观色彩，具有极强的文学性和美学价值，即后现代人类学家所倡导的"诗学"。著名电影理论家巴拉兹·贝拉（Balázs Béla）在《电影美学》里说道："电影不是复制，而是创造。并且还由于是创造而成为一种新的独立艺术……这其中的原因，包括可变的距离、从整体中抽离的细节、特写、可变的拍摄角度、剪辑以及由于运用上述技巧而获得的一种新的心理效果。"[9]《安拿依的葬礼》正是创造性地使用了这些视听语言，它所表现的"真实"，是经过让·鲁什的审美取向处理过的"部分真实"，带有极强的鲁什个人风格。

一　祷文——多贡民族诗歌的典范

诗歌是最早的文学形式，如印度的《罗摩衍那》、古希腊的

《荷马史诗》、英国的《贝奥武甫》、法国的《罗兰之歌》和中国的《诗经》。这些韵文精巧短小，有利于古人表述情感，且易于口头传诵。

祷文是多贡民族独具特色的一种口述文学形式，在多贡土语里被称作"德歌"（les tegués）。由于多贡人相信灵魂的存在，在葬礼上都会念诵祷文，以安抚逝去的亡灵。这种诗歌形式在格里奥早期的民族志《多贡面具》（*Masques Dogon*）[10]里多有记载。普通人的祷文一般较为简短，主要是对逝者人生轨迹的勾勒和个人品质的赞颂。而安拿依的葬礼祷文则是长篇大论，在影片中长达十五分钟。它不仅讲述了安拿依勤劳的一生，更是囊括了创世传说、丛林野兽、多贡历史、村落史和主要圣坛，集中反映了多贡人复杂的宗教信仰。祷文从遥远的神话时代讲到安拿依的凡人时代，有如史诗，气势恢宏。

格里奥尔在谈论多贡民族时，曾说过："他们（多贡人）的宇宙观同赫西俄德的《神谱》一样丰富多彩，他们的形而上思考和宗教可与古希腊民族比肩。"[11]赫西俄德是古希腊的第一位个人诗人，活跃于公元前 8 世纪。他的《神谱》讲述从地神盖亚诞生到奥林匹亚诸神统治世界这段时间内，宇宙和神的诞生及诸神之间的权力争斗，这是西方诗人第一次为希腊诸神撰写家谱。无独有偶，多贡民族的丧葬祷文也如数家珍一般，逐一呼唤创世祖阿玛、四方诸神和丛林时代的野兽。所以，不论从形式还是内容上看，都与赫西俄德的《神谱》有惊人的相似之处。

《安拿依的葬礼》中的祷文由长老用多贡方言朗诵，在当地是一种世代相传的口述文学形式。后期制作时，让·鲁什把朗诵原声作为背景音和起势，渐渐过渡到法语配音的旁白。让·鲁什不仅声情并茂地为这段旁白配音，还采集了祷文里提及的意象，如野兽骸骨、山崖、丛林、苍鹰、清泉、农人、庄稼、谷仓、小孩等，插图式地配合旁白一一呈现。这样不仅避免了画面的单调沉闷，还有助于了解祷文的内涵，增强影片的艺术感染力。旁白中，让·鲁什俨然忘记了自己"客观"的人类学者身份，而充当了多贡民族的游吟诗人，为多贡人翻译、吟唱、赞颂着民族诗歌。

下面以祷文的首段为例，分析其中的文学性：

请原谅我嘴太小。

神关上了门，晚安。

筑坛的人们，晚安。

披荆斩棘的人们，晚安。

奠基的人们，晚安。

搭建屋梁的人们，晚安。

摆放灶石的人们，晚安。

那些不舍日夜辛勤劳作的人们，

我们得见天日，晚安。

第一个住进山洞的人，山洞已满。

我们得见天日，晚安。

神关上了门。

东方之神，晚安。

西方之神，晚安。

北方之神，晚安。

神啊，温柔的母亲，晚安。

> 神关上了门，晚安。
>
> 神让人死，神让人生。
>
> 走在大道的人，神让他去棘丛。
>
> 在荆棘里的人，神让他走大道。
>
> 哭泣的人，神使他大笑。
>
> 大笑的人，神使他哭泣。
>
> （笔者译）

　　这一段里，长老列数多贡文明初创时期的祖先们，向他们一一致敬。正是因为他们不舍昼夜地辛勤劳动，才使多贡人脱离了茹毛饮血的野蛮时代，开辟了他们独特的生活方式。长老反复咏唱"晚安"，运用了类似中国古诗里重章叠唱的形式，给观众以强烈的听觉冲击。同时，反复吟诵又将祷文串联成整体，强化了祷文的音律美和节奏感。为了歌颂神明的无所不能，长老在颂辞里运用对比手法，使用了"生"与"死"、"大道"与"荆棘"、"哭泣"与"大笑"的三组形象。三组对比形象的连续使用，合力形成一段抒情话语，凸显了神明掌管命运生死的大能，以强化听众对神明的敬畏之心，同时也使丧葬颂辞更具艺术感染力。

　　再如祷文里勾画安拿依形象的片段：

> 老者安拿依，
>
> 荆棘的拯救者，多贡农人之子。
>
> 你身体瘦削，双手如柴，
>
> 太阳在你的身上抹上油光。

你弯下腰去耕种，

你用铁扒翻动土地。

安拿依的儿孙，

是大象之子，雄狮之子。

老者安拿依，

你收获了炭黑的酸模籽，

你收获了挲叶般的菜豆，

你种的高粱装满谷仓。

芝麻分不出新旧，

稻谷在镰刀下沙沙作响，

你收获无数白茫茫的米粒。

（笔者译）

　　这段人物描述，抓住了安拿依最主要的外形特征和劳作时的典型动作，具象化的描述使一个勤劳能干的多贡农人形象跃然浮现。同时运用类比的手法，将酸模籽比作黑炭，将无数米粒比作白雾。这些朴实的比喻，是对安拿依劳动成果的歌颂，也是对像安拿依一样辛勤劳作的子孙和其他多贡人民的歌颂。此外，该段适时运用排比，将结构类似的短语和短句排列在一起，加强了整体语势，产生了形象鲜明、诗意盎然的抒情效果，增强了影片的审美意涵。

　　纵观安拿依的丧葬祷文，它的表现手法类似中国古典诗歌里的赋比兴，内容包罗万象，滔滔气势颇像赫西俄德的《神谱》和荷马史诗。然而，这朴素的诗意毕竟不是中国的，也不是西方的，而是多贡民族所独有的。史诗般的祷文，在安抚亡灵的同时，也让生者着迷。这里的"生者"，既指葬礼上安拿依的家人和当地村民，也指人类学家、记录者让·鲁什。格里奥尔和学生让·鲁什分别用文本和影像记录了多贡本土诗歌，而荧幕之外的观众通过鲁什饱含深情的朗诵，再次直观地感受到多贡诗歌的魅力。艺术无国界，这些濒临消逝的多贡文化，通过人类学纪录片这一载体而重获新生。从这层意义讲，格里奥尔和让·鲁什的功劳不仅在于"抢救性记录"了濒临消失的异文化，更是传承了多贡人的非物质文化遗产。

二　表现性蒙太奇——传递画外之境

表现性蒙太奇是形式主义导演惯用的表现手法，一般用相连的或相叠的镜头、场面、段落在形式上或内容上的相互对照、冲击，产生比喻、象征的效果，激发观众的想象力，从而表达某种心理、思想、情感和情绪，创造更为丰富的意涵。表现性蒙太奇一般分为象征式蒙太奇、隐喻式蒙太奇、抒情式蒙太奇、对比式蒙太奇四大类。[12]

影片《安拿依的葬礼》中，让·鲁什不仅使用了纪录片的写实手法，更创造性地插入了象征式蒙太奇和抒情式蒙太奇元素，传递了画面以外的深层意境，从而增强了影片的艺术感染力。

以下两处是象征式蒙太奇在片中的例证。

影片开场的前三分钟简要叙述了安拿依的生平，随后即宣布了安拿依离世的消息："1971 年 12 月 17 日，安拿依·多罗与世长辞。"而不久前安拿依还端坐在自家门厅，接受来访者的问候。突然离世的消息让人猝不及防，如何表达哀思，完成情感上的过渡呢？让·鲁什选择了悬崖上被狂风吹拂的枯草。狂风中枯草颤栗，远山隐约可见，四周寂静，只能听见疾风呼啸而过的声音。这个镜头持续近半分钟。用枯草、风声、悬崖这一组意象代替老人去世时女人、小孩的嚎哭或入土仪式的悲痛，更有利于渲染悲哀的气氛，也更富诗意。《传道书》云："静默有时，言语有时。"哀之大，莫过于无言。萧萧风声反衬出静默，无声胜有声。何况"风"这一意象在多贡文化里有特殊的含义。多贡人六十年一度的锡圭仪式，旨在纪念他们的祖先 Dyongu Serou 于六十岁时逝世。仪式期间，多贡人民齐声高唱："锡圭驾风而来，锡圭乘风而去。"[13]在多贡文化里，风本是灵魂的载体。因其罕见的高龄，安拿依生前三次见证了锡圭仪式，因此，此时的风，也象征着他远去的灵魂。这一组象征式蒙太奇，不仅可以渲染悲伤的气氛，还为老人的离去增添了隐喻色彩和凄美之境。

另外一组象征式蒙太奇是在战争舞蹈之后、丧葬祷文之前的过渡画面。战争舞蹈之后，安拿依的家人洗净衣物，女人们剃光头发，男人们将老人的遗物纷纷赠出，渐渐和死者斩断关系。从这些日常活动过渡到丧葬祷文，让·鲁什使用苍鹰盘旋的镜头作为转场。时近黄昏，天色晦暗，一只苍鹰在村庄上空盘旋，久久不愿离去，丧葬祷文仪式的响板已经敲响。苍鹰的形象，颇有诗意，让人不由得想起多贡的传说：据说每个人有八个灵魂，一个人的肉身宣告死亡，他的灵魂却不会立即离去，依然徘徊在家中或曾经生活过的土地。多贡人的丧葬习俗和仪式，正是为了将亡者之灵请出村庄，以免打扰生者的正常生活。盘旋于天际的苍鹰唤起观影者的遐思：这久久不愿离去的，莫非是安拿依老人的灵魂，在百般留恋地凝望着养育他的土地和他日夜思念的亲人？伴随着不舍的苍鹰和响板的叮当，长老们开始念诵丧葬祷文，仿佛是为了安抚即将远去的孤魂。因此，苍鹰这一组象征式蒙太奇的使用，不仅意味深远，也为葬礼平添了一份诗意。

抒情式蒙太奇的使用主要集中在片尾部分，与结束祷文配合。由于多贡人相信灵肉分离，安拿依的肉身虽已入土，他的灵魂和元神依然游荡在村庄周围，因此村民随时有被附体的危险。为保证安拿依的灵魂和元神顺利抵达祖先们所在的"冶邦之境"，村民需要指定一名献祭人（多贡语称 nani），定期为其献上饮食和水，以免其饥饿之苦，这位献祭人通常是村里的孩童。

在结束祷文中，长老向安拿依保证儿孙们会定期供奉食物，祈请他的灵魂离开，不要伤害家人，并祈祷创世主阿玛一路护佑。片中旁白念道：

> 安拿依　大道上
>
> 一位妇人会为你备好米饭
>
> 一位妇人会为你端上牛奶
>
> 在死亡之路上
>
> 一只猎犬为你守候
>
> 决不让旁人通过
>
> 安拿依
>
> 愿阿玛指引你走平坦大道
>
> 当你经过一架铜梯和一架铁梯时
>
> 愿阿玛指引你走正确的楼梯
>
> 愿他协助你　找到

曼贾之门　恩慈之油　温暖火光

挲树之油　高原上最古老的树油

愿你能吃肉时能抹上黄油

以逝者之名　我为你祈祷

老者安拿依

你的子孙将追随你　他们的祖先

所有人　无一例外

愿他们都走同一条大道

安拿依　谢谢

谢谢往昔

（笔者译）

　　为配合这段祷文，让·鲁什选取了一组小男孩的镜头。他独自一人走上大道、翻山越岭，又小心翼翼地走下陡峭悬崖。这个男孩正是安拿依的献祭人。而他翻山越岭的镜头，是安拿依之灵跋山涉水前往"冶邦之境"的具象化，象征着前路的未卜和艰辛。同时，当旁白中祈祷者的情感推向高潮时，镜头的抒情意味也渐渐凸显。这艰难跋涉的小男孩，是安拿依的子孙和无数多贡人的缩影；而镜头里的崎岖不平和悬崖峭壁，正是多贡民族所在的邦贾加拉地区险恶生态环境的反映。当年多贡人为了逃避阿拉伯人，带领部落到达此地，依靠天然的地理屏障将外部威胁挡在境外，并在这片土地上顽强奋斗、生息繁衍。所以，勤劳和顽强，是多贡人深入骨髓的民族品质。用一组小男孩翻山越岭的镜头，不仅交代了安拿依之灵献祭有人，更象

征着民族的生生不息、后继有人。因此，这组抒情式蒙太奇极
好地配合了结束祷文，且二者各有侧重，含蓄地表达了很多的
话外之音和画外之境。

三 摄影——光与影的隐喻

自古以来，光与影就极具隐喻色彩，因而也经常被艺术家所
借用。一般来说，艺术家用黑暗来象征恐惧、死亡、威胁、未知
之事，而光明则代表着安全、真理、希望和欢愉。光与影的隐喻
在古典绘画中经常被使用。画家伦勃朗（Rembrandt）、卡拉瓦乔
（Caravaggio）和德·拉图尔（Georges de la Tour）都善于用光影
营造心理气氛。在电影里，光线同样是不可忽视的视觉元素。因
为不同的光线能够塑造不同的氛围，从而带给观众以不同的观影
感受。因此，光线的风格，需要与电影的类型、主题和气氛进行
配合。

作为纪录片导演，让·鲁什反对过多使用外部光源，他认
为，滥用人造光源会有失纪录片的真实性。因此，他的电影里大
部分外景镜头都是自然光。这和电影理论家巴赞所倡导的现实主
义风格一致。不过，影片《安拿依的葬礼》中也有一处戏剧性
的隐喻性灯光。

葬礼正式举行当晚，元老要为安拿依念诵丧葬祷文。仪式在
夜晚举行，偌大的村中广场一片漆黑。为了解决照明问题，让·
鲁什让人找来一盏手电筒，并将它悬于头顶，作为唯一的光源。
景框里这一束微光，成了众人注视的焦点，起到了引导视线的作
用。顺着手电筒的指引，观影者首先看到一位老人身着长袍、挂

着拐杖，静默无语；接着光线快速掠过他身边两位同样凝神伫立的同伴，最后落在元老敲打响板的右手上。元老念念有词，熟练地用多贡方言朗诵着丧葬祷文，他的手随着响板的节拍一张一合。然而观众却只听其声，不见其人，因为手电筒光束并没有直接打在脸上，而是掠过身体，照在他一张一合的手上，成了注意力焦点。这一组镜头里，元老的身体完全隐匿在暗处，黑色是画面的主色调，占据了景框的绝大部分，而景框中央的手和四周的黑暗形成了高反差。

　　黑色是一个富含隐喻的色彩。首先，黑乃万物之始。在各族神话中，世界都是从混沌中创造的。古希腊神话中，夜神倪克斯（Nyx）是卡俄斯（Chaos，混沌）之女，乌拉诺斯（Uranus，天空）与盖亚（Gaia，大地）之母。圣经《创世记》中的描述和中国盘古开天辟地的神话故事，都是从混沌中创造了光明。多贡民族的创世神话也不例外，他们认为是阿玛在黑暗中创造了天地。其次，黑色也是死亡之色。从新石器时代起，黑色的石头便用于葬礼。古埃及时期的黑色象征着冥间，但那时的黑色是吉祥的，象征着新生，能够引领死者抵达彼岸世界。因此，与死亡有关的神祇几乎总是被画成黑色，如阿努比斯（Anubis）[14]。西方人的葬礼上，人们统一着黑色服装，中国人将人死称之为"黑白喜事"，也说明了东西方文化中黑色与死亡之间的隐喻。黑色还有其他象征含义，例如危险与邪恶，魔鬼撒旦就是"黑暗之子"；黑暗与光明是对立的，基督是世界的光，是生命的源头，象征着上帝的存在。

　　该景框中光与影的强烈对比极富戏剧性，带有强烈的隐喻色彩。首先，这大面积的黑色，让人联想到阿玛创世时的混沌之

境；其次，也象征着未知与神秘。安拿依去世，他的灵魂不正要
去往神秘的"冶邦之境"么？所以，将黑色作为主色调，用在
丧葬祷文的仪式上，是十分妥帖的。而画面中央的亮点，那一张
一合的手，在黑暗的包裹下若隐若现，仿佛创世主阿玛之手，可
以超度灵魂；又如巫师之手，在对观众施展魔法，将他们带到奇
幻无比的多贡神话世界。于是，这光与影的对比，在这念诵仪式
中便起到了震慑人心的效果，极具美感，同时，暗示着丧葬颂辞
仪式的神秘莫测和神圣庄严，让人心生敬畏。

四 言语与静默——多声部的诠释

语言是电影艺术家不可或缺的工具，在电影中主要分为对白
和独白两大类；纪录片中的旁白也是独白的一种，用于补充依附
于视觉的事实信息。

后现代主义人类学的文化撰写提倡对话和多声部文本。人类
学家、田野调查对象、合作者等一系列的参与者都可以被视为作
者，他们的言语直接被采用而形成文本（或影像）。《安拿依的
葬礼》是人类学家让·鲁什和多贡人民合作完成的一部影视人
类学作品。在言语的分配上，既有多贡当地人的主位（emic）
叙事，即当地采集的同期声，又有文化外来观察者的客位（et-
ic）叙事，即让·鲁什的旁白；同时大量的留白，使得观影者也
可以根据自己的认知来自由阐释。主客位相互对话，并邀请观影
者参与，从而缔造出多声部诠释的影视空间。

当地人的主位叙事，主要体现在安拿依子孙讲述老人生前参
加抵抗侵略军的事迹片段。叙述主体是安拿依的儿子和孙子，他

们用多贡方言讲述，旁边的翻译及时将他们的讲话内容译成法语，以方便理解。镜头中，两位多贡人对安拿依的英勇事迹娓娓道来：那是在1895年，安拿依正值青年，法国军队来犯。多贡人民组织抵抗，而安拿依是多贡部队里的号手。战事紧张激烈，年轻的安拿依先是躲进了山洞，随即又勇敢地站了出来，并爬上一棵树，吹响了冲锋的号角。然而他因此暴露了自己，并中枪倒地。夜晚法军退却，村民们开始搜寻伤员，但是却没有找到他。安拿依的兄弟大哭，以为安拿依已死。幸好最后人们在山洞里找到了他，并用担架把他抬回了家。这段叙述表明，在当地人眼中，安拿依英勇机智，在本民族被视为英雄。他的英勇事迹被口口相传，抵抗法军的战役也成了多贡人们的集体记忆，在世代的讲述中，多贡作为一个独立民族的集体意识被不断强化。在这段集体记忆里，多贡民族和法军是水火不容、互相敌对的群体。而影片的拍摄者、人类学家让·鲁什却是法国人。他并没有因为狭隘的民族主义遮掩这段历史，而是大大方方地让当地人把它讲出来。这充分表明了他对主体叙事的尊重。

影片中，让·鲁什担当起了解释旁白的任务。事实上，他的大部分纪录片都由他本人来完成。对于这项工作，他十分熟稔，片中他抑扬顿挫的语调很有代入感。然而，在旁白中，他并不以一个纯粹的外来叙述者的身份讲述，而是把当地人的讲话内容直接译成法语。所以在旁白中，也可以看到主客位的相互交融和自由切换。

例如影片之初安拿依在家中接见访客的片段。此时老人已有121岁高龄。片中旁白说道：

在多贡人眼里
人逾六十则如获新生
他胸脯上的白色毛发
有如银河系闪烁的群星
他是上天在地上的形象
是智慧的象征
（笔者译）

由于行动不便，家人便把他安置在门厅，还特意在他座位下方用木板隔出排水沟，方便他洗漱。旁白解释道：

门厅里气温恒定
老人回到了
母亲舒适的胎盘
（笔者译）

这两小节里，"在多贡人眼里""门厅气温恒定"是一个外来观察者的客位描述，然而银河、星星、胎盘这些意象，却是表达被观察者——即多贡民族的主位宇宙观和生死观。将肤色毛发比作银河与星星，将舒适的门厅比作母亲的胎盘，利用暗喻手法巧妙地将平凡的事物艺术化、诗意化。这些都是多贡民族从日常生活中升华出的艺术形象，只不过是假人类学家之口表述出来而已。这段叙述中，主客位的转换十分自如。诸如此类的例证在片中比比皆是，比如大篇幅的葬礼祷文就是完全的主位叙事。

　　《安拿依的葬礼》的语言艺术还体现在大面积的留白。让·鲁什大胆摈弃背景音乐、精简旁白，从而为观影者自主诠释提供空间。摈弃背景音乐，是他 1951 年拍摄完《长河之战》（*Bataille sur le Grand Fleuve*）后学到的一课。该电影记录了 1951 年春季尼日尔河畔，桑海族索克人（les Sorko）在族长的带领下捕猎河马的事件。后期制作中，让·鲁什在捕猎激烈时刻，配上慷慨激昂的背景音乐，意在激励勇士们的斗志。事后，他又将影片放映给族人们看。索克人立即反馈到，不应使用背景音乐。因为瞄准猎物时，切忌发出声响，否则会惊扰到河马。使用背景音乐破坏了捕猎应有的气氛，因而大大失真。让·鲁什十分重视被拍摄对象的反馈，将此称之为"创作回声"（l'écho créateur）[15]。他虚心听取了索克人的意见，自此以后，便不再添加背景音乐。

　　《安拿依的葬礼》中同样没有背景音乐，连解说词都少之又少，除了交代葬礼梗概和翻译丧葬祷文，整部电影再无过多旁白，可谓惜声如金。例如，近十二分钟的战争舞蹈镜头中，让·鲁什始终是一个安静的观察者，没有只言片语的解释。舞者们分别扮演什么角色？他们的动作有何象征意义？这些都不得而知。然而这却为观众自主阐释提供了极大空间。观众能够通过舞者的肢体语言和整部电影的前后逻辑感知到这些舞蹈的内涵。没有旁白的干扰，观众反而能够聚精会神地欣赏这些异域舞蹈，感受哀而不伤的气氛，并根据自己的认知去阐释这些片段，驰骋想象，构架起他们心中的安拿依人物形象、多贡神话体系和宇宙观。

结语

　　《安拿依的葬礼》是一部集纪实性和艺术性的影视人类学影

片，它的人类学诗学元素主要体现在以下四个方面。

第一，发掘多贡民族本土的口述文学形式——祷文，并将它翻译、解释、唱诵、传扬；第二，在镜头语言中运用象征式蒙太奇和抒情式蒙太奇的手法，为影片增添隐喻色彩，传递画外之境；第三，在光线的处理上，巧妙运用光与影的隐喻，增强影片的戏剧效果和审美意境；第四，在语言的处理上，合理使用同期声和旁白，并且大面积留白，从而使叙事的主位与客位相互交融，为观众留下自主阐释空间，缔造出多声部诠释的影视空间。

这些诗学元素的运用，无疑增强了影片的可观性和艺术性。该片拍摄于1972年，然而时至今日，它作为人类学纪录片的学术价值和电影的审美价值都具有现时的借鉴意义。当代影视人类学也处于后现代文化诠释的语境之下，如何拍摄出学术性和艺术性兼备的影片，是我们需要共同思考的课题。

注解：

1 本次纪念展映活动是2017年中国民族学人类学研究会宗教人类学年会的一个独立单元，于2017年10月底在常州举行。

2 Jean Rouch, *Cinéma et Anthropologie*, Textes réunis par Jean – Paul Colleyn, Cahiers du cinéma/essai, INA, Normandie, 2009, p. 21.

3 Marcel Griaule, *Masques Dogon*, Publications Scientifiques du Muséum, Paris, 1996, p. 38.

4 此处为笔者音译，"冶邦之境"（le monde des Yéban）存在于可见世界以外，那里聚集着所有多贡民族逝去的人，是他们的祖先所在地。那里没有痛苦、饥饿和烦恼，类似基督教的天堂乐土。见 Marcel Griaule, *Masques Dogon*, Publications Scientifiques du Muséum, Paris, 1996, pp. 47, 70.

5 ［法］爱弥尔·涂尔干：《宗教生活的基本形式》，商务印书馆2016年版，第

578—579 页。

6　Jean Rouch, *Cinéma et Anthropologie*, Textes réunis par Jean – Paul Colleyn, Cahiers du cinéma/essai, INA, Normandie, 2009, p. 55.

7　Jean Rouch, *Cinéma et Anthropologie*, Textes réunis par Jean – Paul Colleyn, Cahiers du cinéma/essai, INA, Normandie, 2009, p. 19.

8　Jean Rouch, *Cinéma et Anthropologie*, Textes réunis par Jean – Paul Colleyn, Cahiers du cinéma/essai, INA, Normandie, 2009, p. 5.

9　［匈］巴拉兹·贝拉：《电影美学》，何力译，中国电影出版社 2003 年版。

10　Marcel Griaule, *Masques Dogon*, Publications Scientifiques du Muséum, Paris, 1996, pp. 281 – 340.

11　笔者译，原文是 "Ils ont une cosmologie aussi riche que celle d'Hésiode, une métaphysique et une religion qui les met à la hauteur des peuples antiques." Marcel Griaule, *Silhouettes et Graffiti Abyssins*, préface de Marcel Mauss, Paris, Edition Larose, 1933, p. XXIX pl.

12　https：//baike. baidu. com/item/% E8% A1% A8% E7% 8E% B0% E8% 92% 99% E5% A4% AA% E5% A5% 87/863562？ fr = aladdin.

13　笔者译，原文是 "The Sigui has come on the wings of the wind, the Sigui has left on the wings of the wind. " *Ciné – Ethnography Jean Rouch*, Edited and translated by Steven Feld, University of Minnesota Press, London, 2003, p. 175。

14　［法］米歇尔·帕斯图罗：《色彩列传——黑色》，生活·读书·新知三联书店 2016 年版，第 18—20 页。

15　Jean Rouch, *Cinéma et Anthropologie*, Textes réunis par Jean – Paul Colleyn, Cahiers du cinéma/essai, INA, Normandie, 2009, p. 64.

（作者简介：张敬京，中央民族大学外语学院讲师。）

戏剧与电影的人类学诗学

庄孔韶

一 帝国宫廷戏和民间闽戏的人类学研究

《礼记·月令》是古典儒家精粹之篇，记录了月令的自然变
化规律。人事、政令、生产等，同样要受到太阳、四时、月、
神、五行的约束，为此帝王的仪典一定融合了天人合一、祭天祭
祖、酬神娱人、天子臣民普天同庆的多种意义，而宫廷戏剧早已
进入了宫廷节令的仪式之中。

演戏或许是为典礼营造气氛，而当时戏剧演出已经成为宫廷
典礼的重要组成部分。康熙以后，各种仪典演剧已经渐成定制。[1]
如宫廷冬至祭祀首先是思考天人和国民的关系，冬至时令的清帝
来到巨大的圜丘祭天，仪式地点在都城的天坛。祭祀之后，宫廷
节令戏《太仆陈仪》是表现宋天子太庙祭祖之后，上南郊祭天，
太仆卿宋绶受命为仪仗使，率众准备仪仗，百官和外藩都要参加
隆重的朝会，其仪式如元旦一般隆重。[2]那一天，冬至的北斗星柄

初昏时北指子位，古代的这一坐标还决定了宫廷推算历年和由此颁布新历，公告周知。

冬至时节有历代传承的隆重祭祖和尽孝仪式。在小孩子添岁的同时，一定要为老人延寿祝福，女人们为尊长献鞋袜。三国时，曹植就在冬至日献白纹履七双并罗袜若干于父亲曹操，以表达孝心忠心。他的《冬至献鞋袜表》有"伏见旧仪，国家冬至，献履贡袜，所以迎福践长"[3]。而唐马缟《中华古今注》载："汉有绣鸳鸯履，昭帝令冬至日上舅姑。"说明在更早的汉昭帝时就有"荐履于舅姑"的习俗。令人惊奇的是，金翼山谷的冬至节至今沉着而按部就班，在电影里，你可以看到他们认真挑选又细又长的线面（延寿面）来到祖厅敬祖先、敬长者，为金翼老人试穿新鞋袜等。要知道这习俗近乎两千年了！

笔者多年在古田县调查，不知为什么这样一个和当地民俗息息相关的冬至节令戏剧好题材被埋没多年，似乎唯一可能的原因是，以往的忠孝题材即使是跨越了等级或贫富都没有关系，但《猿母与孝子》多出了一个人与猿猴结合的伦理定位问题，并且是需要正面接纳的生活面貌而呈现。民间口传则已，登上大雅之堂或略难接受。不过时过境迁，迫于当代生态环境和森林动植物种群保护呼声，以及非物质文化遗产中的年节时令文化传续问题，进一步关注《猿母与孝子》的主题戏剧/电影创作便顺理成章了。

历史而今的地方闽剧是以福州方言区（含古田）不同凡响的"儒林""平讲""江湖"戏为基础，吸收本地盛行一时的外来昆腔、弋阳腔、徽班等多种戏曲声腔，历经发展变化而渐趋成形的。[4]那么，闽剧《猿母与孝子》舞台编剧和设计循着何种依据呢? 显然, 闽东丘陵和森林环境、人猿分野及认同表达, 以及戏剧与记录电影何以结合的探索是地方剧作者的思考所在。可以设想, 假如舞台上出现硕大的母猩猩形象并不妥当, 而母猿和向猿母转化也不适于前后出现双重形象。

于是地方戏林导演是以传统花旦的服饰加以改良, 例如长发束上了鲜艳飘逸的黄色野花, 蓝绿色戏服的下摆是尖尖的野生树叶。[5]而且她了解, 古田民间描述这一传说一概是使用拟人化的猿母称谓。因剧情的特点, 母猿/猿母想象中的做派决然不同于大家闺秀的青衣类型, 舞台上或冬至电影中的女一号演员兼顾人/猿拟态, 灵动优美, 除了戏服整体黄绿色调不同寻常, 其样态极如宋人晏殊的《木兰花》句"重头歌韵响铮琮, 入破舞腰红乱旋"。这分明是从"母猿"到"猿母"转变的聪慧设计, 展示了机警、热情、敢作敢为的闽戏花旦风格, 而表演动作间或异常的细腻, 又要雅俗兼顾, 这正好应了闽剧传统的雅俗分野与合流。

历史上闽戏的传承有案可查, 曾在洪塘普渡演出的儒林戏《女运骸》唱腔婉转动听, "用大量传统身段、眼神的程式动作, 来表现姜姬英二人在途中过溪、遇雨、迎风、越岭等场景"[6], 大受欢迎, 并成为今日闽剧新人的必修样板戏。此次林导演执导的女演员尽显闽剧式花旦的表演特征。森林生态是母猿的生存所依, 当母猿在林中发现摔倒在地的农夫, 她用舞台动作表现惊奇、拂去农夫身上的"雪"和"落叶"、唤醒和平复惊恐, 更用眼神交流和旋转表达情好日密, 以及用更为细腻的舞蹈语言, 表现林中摘果和弃果, 饮溪水, 山野行走转换步态, 发现树上黏的汤圆和拨开草根找汤圆等。

当农夫和母猿结姻缘之后, 黑幕里的不同追光已经发生改变，即闽剧猿母脸上也改为暖光，显示同一个生态圈里人猿两界融合之象征，以及凸显儒家文化意象的强大涵摄力。这不仅使戏剧观众能理会其象征意义，也为电影艺术与戏剧的成功结合找到了合理的诗学协商空间。

金翼山谷乡土戏台本来背景和舞台顶部都直接面对空旷的黑色天幕和村背后天然的稀疏树林。黄蜀芹导演的《人鬼情》电影运用的黑屏方法，把主人公母女二人的崎岖戏剧生活之路，不时地利用黑色做舞台切换。黑色可以把人/鬼、过去/现在自然地衔接，剧中人物也是经常在这黑幕背景中投射的不同光柱得以展现人物性格与情感。于是笔者的戏剧与电影合璧的导演思路便逐步具体化了。笔者和闽剧导演、演员协商，在林中相遇、中状元的戏中，仍然使用传统戏剧表演，中状元后，寻找猿母的搓圆、抛圆用传统舞台做派。然而从抛撒汤圆动作开始后，出现了从未有过的实体抛撒和采撷汤圆动作。

二　冬至闽剧和电影合璧的思路与实践

这里涉及较为重要的戏剧和电影的衔接问题。电影的直观写实需要我们寻找戏剧里的特定做派和电影实景的自然切换，这在仔细分析之后认为是可以做到的。上述舞台的意象汤圆（做派）和食物汤圆（实物）衔接的转换设计借助了上述戏剧专家的黑屏方法提示，在纪录片拍摄时通过舞台天然背景黑屏将戏剧同生活连接、舞台做派同实景森林穿行连接。具体表现的戏剧创新和影视专业跨界：借助夜幕黑屏，猿母的戏份转入真实的闽东丘陵地带，它的戏剧做派混合着常人森林行走动作。它忍住湿冷饥渴、溪边饮水、发现和取下树上黏的汤圆，它顺着汤圆指引的路径，穿黑夜、森林、铁路、公路（数字时空穿越），最终找到黏着汤圆的大宅门，实现了家族、邻里大团圆。其间，舞台和实景转换、抛撒汤圆的做派和实物转换，使戏剧和电影的跨学科设计找到了自然而然的过渡；而林中母猿饮水的舞台动作则巧妙地转换成溪水边的电影实景。而这一切都是在乡村舞台与森林的天然黑幕前实现的，正规剧场里绚丽的声光电背景幕似乎并不需要。

我们借助闽戏表现闽东的冬至传说，从天人关系、母猿/猿母转换（冷暖光）和祭祖孝行越界"过化"，均归于地方人民宇宙观和世界观的诗学表达，实现了戏剧和电影的合璧设计与实践。这样产生了一种结果：即这部纪录片中的农人冬至的生活进程反而成了戏剧及所彰显的孝道理念的（扩充性）投射。因此，大比重的戏剧表演内容构成了整个纪录片进程的重心，何况剧团成员、冬至电影团队和山谷农民本来就是互动一体的。这里实现的戏剧革新和电影新手法属于跨学科尝试，而现代数字影视技术则有利于戏剧与电影的合璧与融合实验。

这一点很明确，我们起初思考冬至人类学电影如何拍摄神话传说的苦衷是以一出《猿母与孝子》的闽戏化解。余下我们就需要讨论这个神话传说何以借戏剧和电影的跨类衔接"运动"演绎。德勒兹对电影非时序性的"梦幻—影像"与歌舞剧（大多展现梦幻世界）的研究论道："音乐喜剧本身就是一个神奇梦幻，但它是一个梦中梦，它本身包含假定真实性转化为梦境的过程。"[7]而我们的冬至闽剧舞台的舞蹈、做派与数字电影实景转换，"人物直接由叙述性走入戏剧性、由感知—运动转化为舞蹈表演、由现实情境变为纯视听情境，也就是由现实影像走入梦幻影像，两者处于不断地渐变与转化中，真实和想象的循环让它们变得不可辨识。"[8]

电影里的猿母跨越西路（《金翼》里连接外在世界最重要的商路）发现大宅门上黏的汤圆，当它走进推开门时，表明这出戏已从乡村舞台（地方戏、本地人戏班和金翼村民互动）转场到丘陵林地（如同梦幻），又最后转移（穿越）到大宅门厅堂院内（回归戏剧村民融合实景）。顺便说，戏剧的结局大舞台的最终选择还刚好利用了林耀华金翼之家的大宅院。那里有供奉着祖宗牌位的厅堂，以及古田民居建筑文化中常见的、带有两排花盆的天井，好似我们又借此重现了明清时期深宅大院演出儒林戏的场景。这里有大段的表现猿母和农夫/公子相会的戏份。父子两人迎到天井处，和猿母一同走上祖先厅堂，象征了历尽千辛，终获团圆，如愿以偿。这个宅院最大的空间成了这出闽剧《猿母与孝子》的大团圆舞台，而观众就是金翼之家的后辈主人公（《银翅》里的银耳生计创新的英雄主人公们）和山谷邻里的男人和女人们。他们和乡里伴奏者分别坐在大厅两侧观赏和演奏，而这出盛大的家族团圆戏最后是以演员和村民互邀大联欢告终。

这一团圆的结局表达了民间戏剧导演对闽剧的娴熟把握，使笔者明白了闽剧历史发展的不同来源何以合流，以及完成了地方冬至神话闽剧的"梦境"、当下农人节令生活与戏剧互构，并均被人类学纪录片收拢的综合艺术思想，又不失为跨时空的天人、仁爱理念及其民俗长久分享与共享的生活实践。德勒兹作为哲学家偏爱电影，使之电影论也成为其哲学思考的转换表达。显然我们可以在哲学中思考电影，也能"在影像的运动中发现思维的创造"。[9]然而，如今人类学家是直接加入了田野中的电影与戏剧实践，哲学以外又增加了同人类学田野视角关联的通道，于是不只是思维因电影（还有戏剧）获得了创作的形式，而且戏剧和电影还因哲学和人类学双重视角而卷入实验。于是从哲学普世与人类学多样的、故事的与叙事的"表现时间上的不同特点，为改变时间顺序达到某种美学目的开创了多种可能"[10]，尤其我们今日又添加了"无所不能"的数字和新媒体技术，显然是获得了戏剧与电影艺术、哲学、人类学与技术整合观察的新实践。

我们可以直接看到和感受到，宅院园林式的儒林戏舞台，观众和演员近在咫尺，因此唱念做打要求细致入微，优雅的唱段和优美的舞姿出神入化。而乡野舞台上的平讲戏，演的是福寿喜庆、悲欢离合，台上台下融为一体，特别是洋歌源于闽东北民间歌谣，是平讲戏的主体唱腔，又吸收了"弋阳腔"一人唱、众人和的演唱形式，旋律与方言结合，村民和演员（也是农民或邻里）打成一片。此次母猿／猿母在整个闽剧树林中和祖厅的不同场景的出色演技值得提及，以此体验了闽剧特定的花旦的儒林之文雅、江湖之豪放，平讲之亲和之特征，以及其身体美学气质，"媚而不冶，艳而不妖，泼而不露，平民化甚至有时市井气却又不失其美丽（可惜我们还有一些优美镜头因片长的关系难以收入）"[11]。细心的观众还可以在《金翼山谷的冬至》结尾的厅堂闽戏中领略到"一唱众和"的乡村闽剧唱腔特色，滚唱和帮腔的艺术结合，增强了声腔音乐的戏剧性、亲和力和表现力。这里完全可以感受到闽剧质朴、动人、激情和直白的戏剧与民风特色。于是我们已经把地方闽剧的源流、形成和新的实验梳理清楚，其中地方文化的儒学与人类学体验的田野诗学已经呈现。

说到地方性的合作特点，其戏剧导演、演员都是本地人，而且戏剧演出得到了县镇村民、金翼之家和山谷的邻居们的积极参与，我们的摄制组则用现代数字技术无缝地展现了村民戏里戏外的冬至节日生活，展现了演员和村民如何参与演戏和拍片的积极互动，以及外在戏剧、电影理论家和人类学家之间的知识与情感参与。汤圆和猿母的统摄文化意象，以及闽剧对神话传说的艺术美学表达，重拟了家族主义和守望相助的中国文化基本原理。金翼山谷的历史演绎了这里民俗之稳定性（以"不变"应万变）与百年社会巨变（政治、经济、通信、交通等）之并置的意义，多学科联手也在共同学术实验中理解了互补与并置的意义，而且这也是冬至戏剧展演与电影拍摄之前，哲学（国学）与人类学先行的重要性所在。

三　冬至戏剧、电影关联的人类学诗学

人类学纪录片《金翼山谷的冬至》并不是孤立的作品，《金翼》《银翅》中金翼之家后辈家长荣昌及以下三房、邻居老吴都出现在这部电影里。我们不在电影里再次展现20世纪80年代银耳业英雄们的创业艰辛故事，而是介绍他们在平静的年节的生活意义，也不再侧重人类学家文本著作热衷的权力与结构论述，而是展示他们参与民俗生活、戏剧与电影摄制的静静的喜悦，以及寻获我们参与其间的人类学诗学呈现。"在人类学中，电影永远无法取代文字，但人类学家了解到文字表达田野经验的限制，而我们已经开始挖掘影片如何弥补这个盲点。"[12]因此，可以说电影和文字专著的互补性是毫无疑义的，问题在于如何恰当地搭配和

互释，也不一定就是同类主题的对应性考虑。

千百年来，面对周而复始的相似的而执着的冬至节令民俗活动，究竟其群体与个体的共同感知来源于何处？人类学和诗学共同面对其主体性感知的问题时，这一学科并置获得了沟通的机会，于是我们可以将主体性自我和内在感知问题，引向大的天人、中层区位/地域和小的心灵的关联上去，那是一个人类感应的基础。冬至迎接太阳回归，所以这也是宇宙、季节与生态变换的重要节气。金翼山谷每年一度的冬至节令大体重现的信仰、民俗和娱乐活动，均是基于天人关系的地理、生态与文化。

冬至北斗祭是最重要的天人贯通仪式，古今宫廷民间如一。这里有闽东雄伟的千年临水宫，冬至时间山派道教慈祥的陈靖姑女神坐轿隆重巡游。那一天晚上，方德道士指点弟子们在山谷平地上搭起高高的祭坛，电影完整地记录了仪式开始后，身着红头师公装束的方德在北斗星照之时，完成建坛和随后的存身拜斗仪式，而这个仪式的米斗（内嵌长寿灯）上下交接（电影中金翼之家兄弟代表接受），展示了转达天神降福的伟大中转，此时四围多位黑头道士手擎火炬，冒雨绕坛游行，整个向天神祈福的仪式都是以古老的道教科仪的动感美学实现的。

中国人的风水观聚焦阴阳宅内外"得水藏风"的堪舆实践，而这里现代意义上的地理选择也伴随着文化诠释。我们借助航拍展现了以往很少能俯瞰的机会，一展古老金翼之家聚落的风水格局与民居在丘陵山谷中的镶嵌艺术，然而这不寻常的民居不仅留下了社会动荡与事业成功的痕迹，好似那既圆润又巨大起伏的防火墙，携带着家族几度沉浮的人类学诗学意象。

古田丘陵林地造就了地方人和猿猴种群古今共居的历史与传奇。"猿母与孝子"的故事与戏剧正是植根于这里人猿奇遇与交集的可能性。这一传奇没有发生古诗中的借助于猿啼表达外在旅人的伤感情绪，而是人猿拥抱实现超越的仁爱结局。这是一个和人猿共居的生态环境相关的传奇佳话，因闽东湿寒的冬至节气，这里从冬至汤圆的统摄意象（孝子圆、送米粿/孝道回报、《搓圆》歌谣等）和历尽千辛寻猿母的模拟孝行的戏剧艺术（花旦的黄花头饰和青草下摆，拟态舞姿），一方面延续了"脚动手动、手动身动"的闽剧身段美学的传统，另一方面则超越了天地人联系的一般表达，以"一人唱、众人和"的帮腔来显示家族和邻里的积极认同，将儒学仁爱与孝道的宽厚承载与涵摄力量扩大到灵长类，从而透过戏剧培育人民仁爱的内心世界。

我们的实验是《猿母与孝子》的戏剧叙事生成包含在人类学纪录片《金翼山谷的冬至》中，因此戏剧和电影的思维生成在时间与空间上是一致的。当这出传奇闽剧被无缝衔接的数字电影技术"引诱"出舞台到森林、溪水、道路和庭院，延长和扩大了戏剧生成的时间与空间，并使我们的冬至神话能以戏剧的形式作为整个纪录片的重心，而人民的冬至活动反倒成了戏剧所携带的礼仪、孝道与仁爱的社会文化实践。

当电影聚焦于金翼之家冬至节日生活的时候，他们一代代人静静地参与冬至的每一个仪式与活动环节，尽管不像《银翅》里他们经历过轰轰烈烈的生产与销售闯荡。金翼家族从始至终虔诚地参与地方民俗活动的每一个环节，体现了金翼之家家风（无言）和家训（朱熹家礼）"以善为美"，代代如一，以及冬至礼仪程序中"内化于心，外化于行"的电影实况。

《金翼山谷的冬至》以戏剧的形式演绎神话传说，运用了数字与新媒体技术，使得传统戏剧的生成过程交叉着电影思维，戏剧从乡间舞台走下来，到树林中去，到农家民居里去。于是，戏剧和电影的学科并置分别改变了彼此，如乡村露天戏剧"抛撒汤圆"的做派和电影实景抛撒紧紧结合起来。特别为族类认同使用的数字戏剧灯光和电影灯光混生并置，而且以戏剧和电影的共同黑屏手法完成了戏剧向电影的无缝转移。金翼家人和《银翅》作者都因三十年的交情而深入地卷入节令协商与研究实验，于是整个戏班、电影摄制组、人类学家和三十年来熟识的金翼村人、邻里共同参与了戏剧与社会戏剧、电影摄制的协商与深度互动。

注解：

1 丁汝芹：《清宫戏事》，中国国际广播出版社 2013 年版，第 3—4 页。

2 见《太仆陈仪金吾堪箭》（总本），清昇平署朱墨抄本。转引自薛晓金、丁汝琴《清宫节令戏》，新华出版社 2015 年版，第 610 页。

3 周博琪主编：《古今图书集成》，中国戏剧出版社 2008 年版，第 2605 页。

4 王耀华：《闽剧唱腔风格的形成》，《福建师范大学学报》1983 年第 2 期。

5 见庄孔韶导演人类学纪录片《金翼山谷的冬至》中新媒体插播片断。

6 王晓珊：《再论闽剧儒林戏的文人戏曲特征》，《福建艺术》2015 年第 2 期。

7 ［法］吉尔·德勒兹：《电影 2：时间—影像》，谢强等译，湖南美术出版社 2004 年版，第 95 页。

8 周冬莹：《影像与时间：德勒兹的影像理论与柏格森、尼采的时间哲学》，中国电影出版社 2012 年版，第 149 页。

9 周冬莹：《影像与时间：德勒兹的影像理论与柏格森、尼采的时间哲学》，第 4 页。

10 ［法］热拉尔·热奈特：《叙事话语、新叙事话语》，王文融译，中国社会科学出版社 1991 年版，第 5 页。

11　马俊强:《〈香扇春情〉与闽剧素材舞蹈的创作》,《北京舞蹈学院学报》2016 年第 6 期。

12　［澳］大卫·马杜格:《迈向跨文化电影》,李惠芳、黄燕祺译,麦田出版社 2006 年版,第 260 页。

从《金翼》到《冬至》

——技术与视觉人类学诗学的创新谱系

［法］纳丁·瓦努努（张敬京译）

本文在简述 2017 年"宗教生活与人类学视角"学术研讨会的同时，试图分析庄孔韶的影片《金翼山谷的冬至》中的革新元素。该片的创新性师承导师林耀华先生于 1947 年发表的《金翼：一个中国家族的史记》。此外，庄孔韶在新片中把技术提到了作为场景调度元素的重要高度。

初识庄孔韶先生是在 2009 年的昆明。那年恰逢国际人类学与民族学联合会第十六届世界大会，主题为"人类、发展与文化多样性"（Humanity, Development and Cultural Diversity）[1]。会议期间，庄教授忙于和莱顿大学社会学系教授 Metje Postman[2] 一起商讨影视人类学回顾展。自此，我了解到，庄教授一直致力于推广和传播人类学影像资料和多媒体作品。

2017 年，庄孔韶参与组织了宗教人类学年会。[3] 此次会议围绕"宗教生活与人类学视角"的主题展开研讨[4]，与会学者展示了中国及海外华人社区，甚至新西兰和非洲等不同社会经济背景下宗教表达的不同形式。同时，作为让·鲁什诞辰一百周年纪念活动的延续，庄教授邀请我向与会者介绍让·鲁什的电影《安拿依的葬礼》，以便探讨田野调查的重要性以及中外研究的互通等理念。[5]这些理念随着时代的变迁，大大超越了科学研究的范畴以及宗教在当代多贡所扮演的角色。

简述此次研讨会之余，我更希望梳理庄孔韶先生作品中的创新元素。他的作品直接秉承了其导师林耀华先生于1947年发表的《金翼：一个中国家族的史记》，后者在当时的人类学和社会学界引起了强烈反响。

一　《金翼山谷的冬至》

2017年宗教人类学年会上，庄孔韶先生放映了他的新片《金翼山谷的冬至》，这也是他在福建古田30多年田野调查的结晶。

片中人物要追溯到林耀华先生的早期研究。林先生在哈佛学习期间发表了《金翼之家》，1947年正式发表时更名为"金翼：一个中国家族的史记"。

渠敬东、李培林在《社会学"中国学派"的形成》一文中对林耀华先生的著作进行了综述："该书讲述了从20世纪初到30年代福建省黄村下游闽江的故事。该书展示了中国南方的地方传统，并生动描绘了黄村的农业、工业、地方政治、民间组织、人与生态的关系、家神祭祀、祖先崇拜、婚丧习俗、节假日和娱乐生活等。这里所有人都拥有相同的姓氏，规模大的家族往往四世同堂。可以说，该书见证了当地村民之间的紧密联系、他们的习俗和内部争斗。"

文中还指出，《金翼》开创了崭新的文化书写范式。林耀华用文学语言书写科学作品，他把田野调查原始文献中的琐碎、分散和碎片化元素融入一个完整的人类学叙事中，可谓一大创举。国际知名生态人类学家雷蒙德·弗斯（Raymond Firth）亲自撰写《金翼》序言，并为它做了一次充满溢美之词的宣讲。尽管如此，几十年来，林耀华作品中的文学手法还是不得不面对同行的反复质疑：它到底是一部小说，还是科研成果？林耀华本人多次重申，书中讲述的故事都是真实的，它们是东南部乡村社会和家族关系的范例，是基于社会人类学调查的结果。林耀华先生的文学叙事手法如此原创，以至于一直被视为另类。

因此，庄孔韶作品的定位和原创性，可以部分地从他的知名人类学导师那里瞥见端倪。事实上，早在 1995 年，庄教授就提出了"不浪费的人类学"的概念，并用行动践行这一理念。迄今为止，他的人类学团队的作品覆盖纪录片、摄影、小说、绘画、戏剧和新媒体尝试。[6] 我们可以将"不浪费的人类学"理解为"无次要材料"的人类学或"人类学资源不分主次"。

为了学习庄孔韶先生的经验，我们曾邀请他参加了 2014 年法国特鲁瓦市的魔方（Le Cube）会展中心举办的数字人类学大会。此次大会上，庄教授引介了一组题为"冬至——人类学诗学"的诗歌作品，向与会者展示了他的人类学团队的另一个面向，那就是他们极为感性和坦率的叙事风格。这些作品都是"不浪费的人类学"的成果，因为庄孔韶教授一直鼓励人类学者将其田野成果谱成诗歌。

　　尽管庄教授涉足的领域已经非常丰富，他在中国常州放映的电影——不论其风格原创性，还是其在影视人类学学科内部所引发的认识论反思上——都令人惊喜万分。事实上，这部电影不仅将自我呈现运用到极致，还对跨学科的相关问题作出了庄严的回应。

　　影片中，庄教授回到了他自1986年起结识的福建古田家庭，讲述他们的生活变迁、冬至节日习俗以及和围绕节日习俗的母猿神话。

　　当他进入不同拍摄空间时，他将画面投影在一个自拍相机上，仿佛只是为了自拍；然而实际上这个自拍相机充当了一个有互动功能的多媒体平台，可以实时解答平台观众就电影图像、声音等提出的相关问题。作为旁观者，我们看到，导演正是通过这款自拍相机，进入与公众对接的电影空间。

　　片中的数字技术和复杂的时空舞台，将我们带入"戏中戏"的空间。

　　从电影时间的维度来看，自拍方法有趣的是，观众既可以欣赏和片中家庭有关的珍贵旧照，也可以看到一群与电影现实完全剥离的互联网用户，正试图理解片中的要素。人们很快意识到，这些互联网用户，与其他欧洲观影者一样，也是初次接触和古田地区有关的冬至仪式和日常生活场景。

　　片中网友互动的即时性，也揭示了我们目前所面临的时间加速问题。事实上，在互动平台的管理层面，必须对问题进行筛选。因为该平台直接将收集到的所有问题传送到导演的自拍屏幕上，而传导的即时性会导致部分不恰当或不合时宜的问题也出现在屏幕上。

导演在片中还突出了田野时间及阐释的双重性。除了介绍当前生活方式和冬至组织事宜以外，片中人物还展示了几十年前的家族影像档案。因此，即使电影本身没有正面强调，观众还是可以通过不同时代的人事变迁，感知影片所寄托的怀旧情怀。因此，该片的魅力还在于长时段人文传统和短时间机械投影的并置。

除了自我呈现和双重时间维度等电影手法之外，庄教授还通过在叙事中引入戏剧元素来展现另一种动态，从而促成电影、人类学和戏剧之间的跨学科融合。此外，可将古田学生对于母猿神话的温习看作"戏中戏"。在福建古田神话中，母猿救出了森林里意外病倒的农民，并为他产下人子，这一神话又与当地冬至习俗息息相关。

影片中，古田剧团积极排练冬至节目，并欣然同意与祭祀活动一道庆祝这一传统节日。此外，国学老师通过介绍汤圆、长寿面的传统以及教授汉字等方式，来教育孩童"冬至"这一传统佳节的意涵。

这个场景既展现了当地冬至传统的丰富内涵，也反映了片中人物的自我凸显意识。观影者既可以了解道教在中国东南地区的重要影响力，也可以发现孩子们的自我凸显意识——因为当他们出现在镜头前时，个个都衣着光鲜、打扮精致。

二　从对技术手段的精通到作为弹性场景调度的自拍技术

本片建立在一系列技巧交织的基础之上，同时将神话叙事和戏剧表演相结合，因此可以进行多层次的解读。

　　庄教授巧妙运用各种素材，以生动展示仪式功能和金翼家族在古田地区的重要地位。

　　影片所使用的技术手段——如借助自拍工具实现导演自我呈现和两个媒体源的并置（导演实地考察的同时，屏幕右侧弹出互联网用户的即时问题）——将我们带入数字技术作为电影语言设计元素的探讨。影片中，数字技术与电影的结合，为我们开启了一个新的反思空间。

　　本片中，观影者可以接触不同形式的影音，也可以选择自己感兴趣的叙事线索。这可以看作是对传统叙事框架的解构，同时也给予观众自由编织叙事逻辑的自由。

　　凭借这些高超的技术手段，庄孔韶在影视人类学内部拓展了创新的可能性，同时强化了创新的重要性。他的方法独创性师承林耀华先生，后者在文化书写中创造性地使用了不同于学术文本的文学性语言。

　　在电影《金翼山谷的冬至》中，庄孔韶教授不仅表现了摄像机的叙述和论证功能，更隐含地借鉴了游客的惯用手法和自媒体时代热衷于记录个人生活的年轻人，突出了自拍相机的专长。这些都有别于传统意义上的纪录片创作。

　　在金翼家族的冬至仪式期间，庄孔韶交错使用戏剧框架，演员们在戏剧演出的过程中将舞台延伸，进而在情节的延续中介入村庄空间。传统的戏台边界渐渐淡出，让位于一个巩固当地文化传统的想象空间；年轻学子通过参与演出，将当地冬至传统濡化于心。

　　谈到舞台边界的消失，不由得想起让·鲁什的电影《咯咯咯鸡先生》（Cocorico! Monsieur Poulet）。让·鲁什的电影中，女巫走出森林、踏上马路，和三位开着雪铁龙2CV进行冒险之旅的主人公，Lam、Tallou和Damouré不期而遇。在庄教授的电影中，戏剧中的女主角穿过森林边界进入乡村小路，从而邀请观众进入想象的戏剧空间。这种对于野生世界和人类文明活动空间界限的跨越，尤其引人注目——因为两部影片的女性角色都代表着动物世界与人类生活的联系。在鲁什的电影中，她先是被鬼神附体，追捕大象和河马，而后变成了女祭司。而在庄教授的影片中，母猿诞下人子，如今游荡在村庄边缘觅食。

上述对电影场面调度产生直接影响的技术选择，使我可以断言：如果说摄像机是用于生产"科学"知识的技术媒介，那么媒介与知识的联系尤其耐人深思。因为，围绕纪录片和民族志电影的绝大多数研究，往往割裂了他们的知识生产工具和影音之间的联系。长久以来，支撑某项活动的技术因素往往被人轻视。不过，正如菲利普·布鲁诺（Philippe Bruneau）所指出的那样："……如果想要建立一个完整而连贯的人类科学，那么对技术和技术史的分析，与对思想制度的分析一样合理且有必要。"

正如我在上文中指出的一样，摄影机将形塑我们对现实的认知，赋予现实同质化的格式和可再造的框架。而摄影机对于人们认知的影响正是模塑现实的一种形式。

因此，我认为，庄孔韶的电影《金翼山谷的冬至》中，最突出的部分就是技术的主导作用。这使他能够在时空维度上铭刻下他的独特叙事方法：电影始于一个博物馆，随着民间音乐人吹响的号角，一幅《祈男》油画浮现在镜头前；早年的档案图片和部分电影场景接受网民的评论或提问。这些框架揭示了知识的时间结构与其不断叠加的解释。我们就这样被安排在"戏中戏"

里，层层深入当地习俗的价值与活力，以及传统习俗对都市年轻群体的效力递减。

这种自我讲述式的民族志电影方法，既是基于他三十多年来扎实的田野材料，也是继承了林耀华先生民族志书写的独创性。

总之，我认为，庄孔韶的新片《金翼山谷的冬至》对技术的拿捏十分耐人寻味，它既塑造技术，又把技术作为场景调度的一个弹性元素。技术在本片中并不趋于隐退，而恰恰相反，它凸显了自己，并起到分析影片叙事结构的作用。

注解：

1 此次大会上，我们还参加了主题为"宗教与媒体：人类学的贡献"的小组讨论，交流中国宗教的不同表现形式。该小组由纽约大学媒体与宗教项目联合主席 Angela Zito 和中国人民大学黄剑波教授共同主持，这让我们了解到当时的政党与不同宗教表达形式之间的复杂关系。

2 莱顿大学社会学系教授，参与该研究所的视觉民族志计划，同时兼视觉人类学委员会主席。

3 本届宗教人类学年会由常州宝林禅寺、常州宝林慈善基金会和常州武进区佛教文化研究会承办。与会期间，我们有幸出席了宝林寺的观音文化节，并受邀参观了宝林禅寺的观音塔、周边寺庙及大慈安养院。本次会议议题涉及佛教与民间信仰、观音研究、寺院养老与养老院设计等。借此机会，我们了解到，在中国改革开放的大背景下，民间的佛教团体日益兴起，并且越来越多地介入社会、经济、文化及公益等事业。正如清华大学景军教授在报告中所介绍的一样，中国大陆佛教界已经开始面向社会，兴办安养院。鉴于中国目前人口老龄化的问题日益突出，佛教界涉足养老事业无疑有助于缓解社会老龄化压力，同时借助人间佛教思想、运用灵性资本，提高老年人临终前的幸福感。

4 请参阅 Laurent Bazin 关于此次会议的报道：https：//journals. openedition. org/jda/4154.

5 由衷感谢年轻学者张敬京女士会议期间的陪同翻译及写作本文时给予的帮助。

6 庄孔韶教授的团队已出版众多作品,如1994年在西雅图举行的人类学摄影展,入选1992年米德电影节的《端午节》纪录片,1992年在华盛顿大学出版的人类学诗集,2000—2001年,庄教授在中国出版了人类学小说、绘画(1999,2012,2017,中国)、展览策划(2005,2012,2017,中国)、戏剧(2017,中国)和新媒体散文(2016—2017,中国,波兰,新西兰)。

[作者简介:瓦努努(Wanono Nadine),法国国家科研中心高等研究员,*Anthro Vision* 杂志主编,人类学家,纪录片导演。]

秀山花灯的乐舞诗学生成

崔鸿飞

音乐与诗从古至今一直相生相伴。《尚书·尧典》载:"诗言志,歌永言,声依永,律和声",意思是"诗表达志意,歌把语言咏唱出来,声调随着咏唱而抑扬顿挫,韵律使声调和谐统一"[1]。《诗经》亦是一本歌集,其中的"风"就包括当时15国的民歌160首,这些作品用朴素语言记述了当时人民生活面貌和思想情感。杨荫浏先生对《诗经》中的"风""雅"进行歌词结构分析,"归纳出10种不同的曲式,除了那种一个曲调的简单反复或反复时做局部变化的'分节歌'之外,还能通过叠句、引子、换头、尾声等手法,使音乐的发展变化更为丰富多样"[2]。孔子曰:"《诗》可以兴,可以观,可以群,可以怨。迩之事父,远之事君,多识于鸟兽草木之名。""兴""观""群""怨"的观点是孔子对《诗》的社会功能的解读,人们可以通过《诗》观察社会、传递情感、学习知识,这也是艺术所具有的功能和特征。诗所表现的主题、声调、韵律和意境也与音乐的体裁、旋律、节奏和审美相对应。

以往人类学的音乐研究，更多着眼于透过音乐去看表现内容隐含的意义、音乐的功用、艺术家的行为和"人"对艺术流变影响因素等。音乐学的研究则更关注音乐本体的描述，虽对音乐的社会功能和审美特征有涉及，也多停留在文本的解读上。两个视角的研究或多或少地忽略了音乐本身所具有的"诗性"表达特征，即受语言影响的诗的声调对音乐旋律的作用；诗体结构对音乐节奏、节拍的影响；诗所体现的意境美反映在音乐中，是如何通过音乐这个媒介传递给大众，并不断被强化的。

正如梅利亚姆所说："要了解为什么一种音乐构造以它现有的方式存在，我们必须了解产生它的那种人类行为的形成过程及原因，还有为了产生所需要的特定声音组织形式，作为这种行为基础的那些观念是如何被组织的，又是为什么这样被组织的。"[3]只有这样，我们才能理解音乐所要表达的真正含义。秀山花灯音乐始终伴随仪式进行，属于仪式行为中"音声"（soundscape）[4]的一种表现，由花灯歌曲演唱、道白和乐器伴奏构成，最大特点在于其群体性，围观的群众常常会参与到跳灯的表演中，附和着伴唱。每当这个时候，舞蹈、伴唱、打击乐相互应和，并伴随群众的应和与"帮腔"把表演推向一个又一个高潮。这种由众多人意志所构建的文化结构，把人们带进了一个共享的体验情境之中，这时的"音声"被群体成员认知为一种具有象征性的、可以把更多人的意识相联系，并可以交流的意义空间。个体意识和行为被遮蔽，集体意识被统一起来，外化的音乐行为是人们共性观念的体现，这种音乐更多的表现是从众性和从属性。

从秀山花灯音乐的表现来看，一方面，它具有从众性。民间花灯班演出的内容相对固定，年复一年，周期性地重复，这样的演出早已印入百姓的记忆。可以说，老百姓对演唱的内容可以做到有上句就能接下句，看到动作、亮相就知道表演的内容。另一方面，从秀山花灯音乐的结构与形式来看，它具有从属性。通过对几个民间花灯班的现场表演及音乐作品分析，秀山花灯音乐呈现出的特征是：在音乐上少装饰性音，旋律性不强而多"语言化"音调；音域较窄，惯用二度、三度音程，旋律起伏不大，相较南方其他民歌的秀丽，其强烈的节奏性更适合舞蹈。

一 "语言化"的旋律线

旋律是音乐的走向，是人们情感的一种体现，因此旋律常常被看作是"音乐的灵魂"。从秀山花灯音调结构看，呈现"四度三音列"[5]结构，属于南方音乐色彩区。其传统灯调主要围绕"羽"音（LA）和"徵"音（SOL）来进行，多为"LA—DO—RE"或"RE—MI—SOL"结构。每首歌曲的"终止式"也多是"羽"音下行大二度的结束，形成了秀山花灯音乐独特的旋律走向。乔建中先生认为："音调结构是一个民族或地区丰富多样的音调现象的抽象和概括，并从更本质的方面反映出各民族各地区人民不同的音乐思维逻辑，突出地体现了不同的自然环境、风俗民情、审美习惯，特别是方言音调对民歌的直接影响。"[6]秀山花灯音乐中的这种旋律走向是如何形成的呢？正如柯达伊所说："每一种语言都有它自己固有的音色、速度、节奏和旋律，总之，有它自己的音乐。"[7]仔细品读花灯音乐与唱词的关系，再把它与秀山人的说话发音结合起来分析，发现秀山花灯音乐的旋律走向与当地人说话极其相似，"直观感觉"应该是受语言影响的结果。秀山地方话属北方方言西南官话，当地语言音调不具有南方方言的轻柔，而表现出咬字重、音调起伏不大的特点。这样的说话特征就形成了二三度兼四度音程"语言化"旋律音调，感觉更像是反复说唱。

迎灯之一

流行地区：石　　堤

演　唱：白玉昌等

记　谱：曾庆铣

歌曲为五声徵调式，二句式单段体结构，后两小节为附加的尾声部分。乐曲的旋律线起伏不大，一直是在二三度音程之间进行，结束在羽音下行大二度的徵音上。全曲在演唱时都是使用秀山人日常说话的音高，把迎请灯神的过程自然地陈述出来。歌曲有五段歌词，（迎请/灯来/叩/请灯，迎请/花灯/降/来临……）每句七字，三个顿歇，四个音节，抑扬的音调，配以当地方言，形成一字一音地特征，乐句中加入的衬字并没有改变音调的走向，更像是为了完成音节旋律的平衡与韵辙的和谐。每段歌词末尾两小节的重复（降来临、跳花灯、听端详……），使得"正句"没有来得及收尾的节拍，得以进行下去，维持了旋律的稳定与和谐，同时也强化了"降、跳、听、摆、保"所对应的对象，便于理解与记忆。这样的音乐旋律明显受到当地方言和发音习惯的影响，又受七言体歌词韵律的限制，呈现了秀山花灯音乐"说唱一体"的语言化特征。

十把花扇

流行地区：溶　溪

演　　唱：严思和

记　　谱：朱忠庆

唱词整理：喻再华

中速

歌曲为商调式。全曲在八度音程之内进行，开头的起音（2̣7）小三度下行，对应歌词"一把""花扇"。这四个字在秀山当地的方言发音分别是，"一"发"yǐ"音，"把"发"bà"音，"花"发"huā"音，"扇"发"sán"音，发音特点是高、低、高、低升的声调。这些字的发音走向与当地人说话第二字重音的习惯一致，演唱时再配以八分（XX）和十六分（XXXX）节奏音型，使歌曲旋律性不强。第3、4小节（情呀郎的歌）和7、8小节（小哇情妹呀）是衬句形成的衬腔。乔建中先生认为，"为了充分表达感情，在'正词'中加'衬词'的现象，古来已有。《诗经》等先秦民歌就有一些'语助词''称谓词''感叹词'在诗中出现"[8]。这种方法在我国南方和北方的民歌中都很常见，但根据其在乐曲中的位置、长短和作用不同又分为"衬腔""衬句""衬段"三种。在秀山花灯音乐结构中，衬腔和衬句很多见，衬段的数量并不多。其衬字多用"嘛、那、哟、呃、哇、吔、呀、依、嗬、呵、嘿、哎"等；衬词有"哎嗨哟，好哟乖乖""叮叮当当""情郎奴的哥""溜溜闪悠悠呵""呀儿呀子喂""月呀落岩呀"；衬句有"红嗬罗哟帐呵，内哟嗨呀""啰沙嘛，沙啰里啰嗨""哟依哟依，呀呀子哟""奴情哥哥，哟依哟哇""当当次呵，次当次当次呵""西西沙，红红代哎吔""朵朵梅花开哟依"等。有时在音乐结构需要时，也有几个衬词或几个衬句叠加成一个长的衬段的情况。这种加衬的旋律手法，与秀山花灯"正词"的"语言化"旋律相对应，既突出了花灯音乐的表现力，又拓展了秀山花灯曲体形态。

二　富有动感的节奏

　　"诗歌语言的节奏不同于音乐，音乐可以有节奏而无意义，
但诗歌语言的节奏必然伴随意义，因此诗歌必须与情趣和意象
契合，必须诉诸人的想象，形成美的形象，即具有一种画面
感。所谓的'诗中有画'的境界在诗歌里俯拾即是。诗歌的绘
画效果并不看重真山水、真人物，而是营造一种境界、一股气
韵。"[9]在秀山花灯仪式中，音乐旋律本身的地位并不突出，它
是附属于歌词内容之下的，其更多的表现是为舞蹈服务。所
以，相对于旋律，节奏显得更为重要，且在演出的各个环节被
加强。总体上看，秀山花灯音乐的节拍、节奏比较规整，为了
配合现场的舞蹈表演，多以二拍子、三拍子为主，节奏上则以
切分式节奏型（XXX）或前十六（XXX）、后十六（XXX）的
节奏型为主要表现手法，从而使音乐充满活力和律动感。处于
"中心"位置的舞者是展演的主导，而音乐则是为舞蹈形象
"配音"的，这就形成了秀山花灯"以舞为主、以歌为辅"的
艺术结构。

拜 年

流行地区：龙 凤

演 唱：任庭福

中速 记 谱：沙子铨

正月贺喜 正月那子年嘛 哥呀 衣哟 妹呀 嗬咿哟 姊呵妹双双那

去呀去拜年 哟 喂， 上拜公婆 十呀八尼拜呀 哥呀呀咿哟 妹呀 嗬咿哟

下呀拜哥嫂 去呀去团圆 哟 喂， 哥青菜萝卜白菜油菜花， 红花又红花，

丝线锁口棉线挑， 要穗荷包奴的娇， 小情 哥 呀呀呀，

要呵闲 哥 哥嘛 和谐又和谐 哟 呃 哥 妹呀嗬 咿哟 和谐又和谐 哟 呃。

歌词是七言体结构（正月/贺喜/正月/年，姊妹/双双/去/拜年。上拜/公婆/十八/拜，下拜/哥嫂/去/团圆。青菜/萝卜/白菜/油菜花，红花/又/红花。丝线/锁口/棉线/挑，和谐/又/和谐）。全曲21个小节，有8个小节（第3、4、9、10、16、17、18、20小节）的衬句，结合复合拍子（2/4、3/4、3/8、4/8、5/8、7/8）和不同的节奏型（XX、XXXX、X·X、XXX、XXX、XXX、XX），使得波浪式的旋律线条呈现出短小、细碎、跳跃之感，颇具当地土家族摆手舞的韵律特征。而秀山龙凤一带的花灯，多是在堂屋或院坝表演，赖花子与幺妹子的动作幅度比较

大，这样的节奏音型不但适合赖花子和幺妹子二人配合做快速舞动扇花的动作，也适合做大幅度的动作，如"线扒子"或同方向扑蝴蝶等动作。正如苏珊·格朗所述："现实生活中，姿势是表达我们各种愿望、意图、期待、要求和情感的信号和征兆。由于他们可以被有意地控制，因此可以像声音那样被精心编入一套确定的和紧密相连的符号体系中，这是一种真正的推论式语言。"[10] "人们用身体和口头的言辞表达某些强烈而有节制的感情，而当语言具备一定感情的时候，也就形成一定的形体动作。"[11]秀山花灯正是由这些平时看似无意义的动作，被舞者意向化地延伸并连贯起来，通过不断地变换，组合成一个又一个舞蹈，来表达不同的情感和喻义。

采 花

　　　　　　　　　　　　　　　　流行地区：龙　池
　　　　　　　　　　　　　　　　演　　唱：周贤向
　中速　　　　　　　　　　　　　记　　谱：游凤鸣
　　　　　　　　　　　　　　　　唱词整理：喻再华

正月采花　无花采呀　情郎干妹　　拜上奴情　哥哎哥，
三月采花　乐开怀呀　情郎干妹　　拜上奴情　哥哎哥，
四月采花　香满园呀　情郎干妹　　拜上奴情　哥哎哥，

二　月　采花　是哟　儿哟　花　正　开地　奴情　哥　　哥。
幺妹子　盼着　是哟　儿哟　情哥　来地　奴情　哥　　哥。
哥妹妹　情爱　是哟　儿哟　如花　开地　奴情　哥　　哥。

　　《采花》是秀山花灯表演中比较经典的曲目，表现的是一个男子与一群女子嬉戏打闹的场景。花灯表演时，赖花子随着音乐边舞、边刷白挑逗姑娘，渲染整个跳灯场景。这个表演的特色就是花子的头上要戴一个小花灯，这个灯随着赖花子的舞动不停地旋转，使得表演具有很强的戏剧性和艺术表现力。乐曲开头连续用了四个小三度音程，伴以八分音符的节奏音型，即 ♪♪♪♪♪♪♪♪，把赖花子具有挑逗意味的语气节奏化，使情感、音乐和舞蹈融为一体。一个节奏对应一个动作，一个动作传达一份情感，这样的表现精确传达了《采花》的意义指涉。

朱光潜认为，"节奏是主观与客观的统一，也是心理与生理的统一，它是内心生活（思想和情趣）的传达媒介。听着就从这音调节奏中体验或感染到那种思想和情趣，从而起同情共鸣。"[12]秀山花灯的音乐节奏，从本体上看，速度和力度的变化构成了秀山花灯音乐的极富动感的典型特征。这种特征恰好印证了短小的音乐结构、反复演唱多段歌词是为了迎合舞蹈的需要。秀山花灯富有动感节奏的形成，除了与区域民族文化特点相关之外，还应与秀山花灯以歌舞为主，擅长表现欢乐喜庆、幽默风趣的内容有关系。从实践经验来讲，二拍子和三拍子的节奏型更适合舞蹈。秀山花灯的舞蹈一般都是男女对舞，由于场地的限制，动作幅度不大，缺少连贯性、艺术感强的舞蹈形式。从几个花灯班的表演风格看，舞蹈中的幺妹子动作不多，主要是走前后的十字步、小碎步加亮相，而赖花子的颤颤步与幺妹子的亮相动作都遵循二拍子和三拍子的原则进行，形成了秀山花灯固定的舞蹈模式。另外，秀山花灯音乐中不规则的节拍与节奏类型，应是与其他艺术形式交融的产物，不具有典型性，但这些节奏音型的出现是音乐复杂化、艺术化的必经过程。节奏音型、节拍、速度的变

化意味着旋律线条的改变，这种改变既与人们的情感变化相一
致，也可以透过这些节奏和旋律所表达的含义更清晰地感知到艺
术持有者的情感变化过程。在审美感知中，这样的节奏韵律配以
赖花子和幺妹子的舞姿，高低、快慢、转折，形成当地特有的动
感节奏线条，把观众与跳灯人"异质同构"其中，形成主客体
心理和生理上的完美统一。

三　"音乐诗性"的生成

　　民间艺术伴随历史流变到今天，它是历史文化的积淀，是族
群社会经验的总结与延续。它把众多人的人生体验与情感追求熔
铸于艺术之中，泛化成语言、文字、音乐、舞蹈、仪式等，形成
族群特有的文化叙事表达，让人们在共享的体验中完成族群内部
的信息传递、情感认同和心理感知的统一。在秀山花灯的展演过
程中，仪式和歌舞集中反映了秀山人的思想观念、集体认知和精
神追求，这是人们在长期的生产劳动中形成的，被集体认同的艺
术表现。花灯中塑造一丑一美两个角色，丑角赖花子和旦角幺妹
子，表演中以直白的话语和挑逗性的舞姿贯穿仪式整个过程，成
为人们诉求的引领者。直观的艺术形式使人们获得艺术享受，也
让人们体会到隐喻于其中的"意味"。我国很多"民歌都富于
'谐趣'，即所谓'幽默感'，谐的对象总有某种令人鄙视而不至
遭人痛恨的丑陋和乖讹。"[13] 花灯的丑角赖花子即是这样一个形
象，赖花子通过三脚猫、矮桩步等"丑态"反衬出女性的美，
暗示对女性的讨好等。花灯表演中的一招一式仿佛暗喻人们的精
神追求，有针对性，有主张。不同的道具隐含不同的喻义，表达

不同的意义所指，让不同的人产生不同的联想，获得不同的满足。把人们真实的诉求"隐"于角色和花灯音乐之中。"他们的'情''心''性灵'，即个体私心、与情欲、与感性的生理存在、本能欲求"[14]自觉地融入花灯表演中，塑造了秀山人独特的"诗性"音乐表达。

跳　灯

流行地区：龙　池

演　唱：周贤向

记　谱：曾庆铣

唱词整理：姚祖恩

稍快

1. 一呀进老爷　一呀幢的门哪，一对的桷杆　把在头哇门，哄呃哄呃　一对的桷杆　把在头哇门，哄呃哄呃　我爱的情哪妹呀　梳个好盘龙，哟儿哟哇　梳个好盘龙。
2. 二呀进老爷　二呀幢的门哪，一对的狮子　把在二哇门，哄呃哄呃　一对的狮子　把在二哇门，哄呃哄呃　我爱的情那妹呀　好个人品，哟儿哟哇　好个人品。
3. 三呀进老爷　三呀幢的门哪，一对的灯笼　挂在三哇门，哄呃哄呃　一对的灯笼　挂在三哇门，哄呃哄呃　我爱的情妹那呀　跳花灯，哟儿哟哇　跳花灯。

此曲又叫《一进老爷一幢门》。从歌名就不难看出，歌曲描绘了两个场景，一个是跳灯，另一个则是有钱人家的"三幢大门"。很显然，这两个场景是在表达同一个内容，即情哥哥与情妹妹的爱情。首先，歌词通过有钱人家的"大门"的层次关系，展现了跳灯的场景与过程，描绘了一个去大户人家跳灯的情景。以前，当地的富裕人家都建有"龙门"，这种龙门与北方的院门相似。支撑"龙门"的是两侧的木制柱子，当地称柱头。大门前两侧放置石狮子，两旁的柱头上挂着大红灯笼。其次，每段歌词的最后把情妹妹的"盘龙髻"、人品好和跳花灯作为收尾，其目的是建立与"三幢大门"形成对应的三层关系，表达了贫富差异在情哥哥心理构筑的层层"等级"阻碍。最后，通过跳灯，情哥哥终于来到最后一幢门，实现了与情妹妹一起"跳花灯"的愿望。

歌曲采用三段歌词把跳花灯与见情妹妹的场景结合在一起，是作者情感生活化的体现，朴素而意味深长。同时，作者也把情哥哥的情感融入歌曲的音乐结构之中。歌曲为四句体结构、徵调式。旋律围绕着"四度三音列"的"RE—DO—LA"（二—三度）音程结构进行，曲中共出现八次，都在每个乐句的主要唱词部分，把秀山人的爽朗、豁达的性格展现了出来。而谱例中9、10和15、16小节的装饰性音型为平铺直叙的音乐增加了乐趣，也表现出花灯艺人的风趣与幽默。音乐结束在羽音下行大二度的主音上，似说话的收音，为歌曲讲述的内容画上了完美的句号。这样的音乐表现、跳灯场景和情感表述完成了秀山花灯音乐的"理性内构和理性融化"[15]的交汇。

歌曲中的"情郎"和"情妹"也多见于花灯音乐中，对应花灯表演中的赖花子和么妹子形象。李泽厚说："音乐奇妙之处，是既可以表示最原始的意绪情欲，也可以表达最深沉的哲理情感。……音乐以其音响、节奏、旋律、复调等，人为地创造着一个多么丰富复杂而又不断复杂变化的秩序世界，强烈地影响和塑造着人的心灵。"[16]可以说，赖花子和幺妹子的形象塑造成为秀山花灯最具趋迎性的艺术符号。首先是以这对人物为中心的表演贯穿整个秀山花灯的展演过程，所有生活化制作的内容将与之达成一致，即以现实中的"男"和"女"来反映人们的生活，把世俗中的男女情爱，自觉或不自觉地与花灯音乐结合，这种背离传统的近代美学观，体现的是秀山人感性的生理和心理欲求，实现与生活场景一一对应。其次，赖花子与幺妹子建立了人们与艺术之间的桥梁，让人们有"参与其中"的现实生活感受，好像是自己在跳，并形成"人人在跳"的群体认同。人们希望在这个认同过程中表达情感，实现自己的祈愿。

秀山花灯仪式贯穿整个跳花灯的过程，它最大的特点在于其隐喻在歌舞中的象征意义。这个意义是人们赋予跳花灯的精神动力，通过跳花灯的形式表现出来，也在春节特定的环境中，在"闹"新春中得到表达。仪式舞蹈中的扇子、特定的步法和身法都被赋予了某种意义，成为巫觋具有神秘力量的一种表现。仪式就是在这种强烈的"音声"环绕下，表现出征服自然和战胜自然的力量和勇气。这些具有自然物属性的舞蹈动作把人们带入了一个与现实相隔离的幻想的空间，在这个空间里，体验者摒弃了现实中无用的一些东西，共同享有那一刻空间所赋予他们的新的体验。那些被意义化的动作仿佛具有的某种魔力，并被作为一种象征符号深刻于体验者的脑海之中。这样的意识体验周而复始地进行，共同生成了秀山花灯音乐诗性特征，成为秀山花灯仪式中最具活力与效力的部分。

注解：

1　夏传才：《十三经概论》，天津人民出版社 1998 年版，第 112 页。

2　靳学东：《中国音乐导览》，人民音乐出版社 2001 年版，第 30 页。

3　［美］艾伦·帕·梅利亚姆：《音乐人类学》，穆谦译，人民音乐出版社 2010 年版，第 7 页。

4　"音声"，指的是一切仪式行为中听得到和听不到的声音，其中包括一般意义上的"音乐"。见曹本冶《思想—行为：仪式中音声的研究》，上海音乐学院出版社 2008 年版，第 27 页。

5　四度音程内存在着"三一二度"或"二一三度"关系的三音列性，是南方山歌的旋律基础之一。见乔建中《土地与歌——传统音乐文化及其地理历史背景研究》，山东文艺出版社 1998 年版，第 25 页。

6　乔建中：《论汉族山歌的音调结构特征》，见赵宋光主编《旋律研究论集》，文化艺术出版社 2000 年版，第 106 页。

7　［匈牙利］萨波奇·本采：《旋律史》，司徒幼译，人民音乐出版社 1983 年版，第 221 页。

8　乔建中：《土地与歌——传统音乐文化及其地理历史背景研究》，山东文艺出版社 1998 年版，第 50 页。

9　吴廷玉：《中国诗学精要》，四川大学出版社 2012 年版，第 202 页。

10　［美］苏珊·朗格：《情感与形式》，刘大基、傅志强、周发祥译，中国社会科学出版社 1986 年版，第 199 页。

11　［美］弗朗兹·博厄斯：《原始艺术》，王炜等译，华夏出版社 2001 年版，第 284 页。

12　朱光潜：《谈美书简》，华东师范大学出版社 2016 年版，第 56 页。

13　朱光潜：《谈美书简》，第 122 页。

14　李泽厚：《华夏美学·美学四讲》，生活·读书·新知三联书店 2008 年版，第 205 页。

15　李泽厚：《华夏美学·美学四讲》，第 205 页。

16　邓德隆、杨斌（编选）：《李泽厚话语》，华东师范大学出版社 2014 年版，第 212—213 页。

（作者简介：崔鸿飞，人类学博士，中央民族大学副教授，硕士生导师。）

格伦迪人的即兴社会诗学[1]

[美] 赫兹菲尔德 （赵德义节译）

格伦迪人似乎非常赞同布迪厄（见 Bourdieu，1977：8）所说的"必要的即兴表演意味着优秀"。无论在舞会或诗赛中，他们都鄙视平庸之辈。他们欣赏的是即兴发挥能力，最显著的特点是话语或行为与背景浑然一体，而且随时可能改变原有态度，同时试图暗示他的对手缺乏挑战传统所需的人格力量。在格伦迪这样一个视自尊为积极意义的社会里，平庸之辈只能自取其辱。唯我独尊的社会性格，尤其是被称为"胡伊"的极端与众不同，在一个对特质表现行为有接受度的社会就不足为奇。

在格伦迪人的社会审美中，有几个反复出现的关键词，其核心概念是 simasia，可以粗略地注释为"意义"。如果事件之间没有某种程度的明显关联性（sinekhia），就不可能有意义。这种关联性在诗歌竞赛的你应我答中表现得最为明显。当然只有关联性还不够，事件本身还必须"适合"（teriazoun）彼此所处的背景，表演者绝不可以看似迟疑不决，相反，他应该像"碰巧"（etikhene）遇见了羊群而顺手牵走，碰巧脑海中蹦出诗句，碰巧有了招待不速之客的食物。一首突发灵感的戏谑打油诗，必须是"信手拈来"（*tikheos evyicene*），否则对手可能也用简单的模仿句回应并予以嘲笑。

这种与生俱来的天赋，让每一次遭遇都成为一次冒险。生命无常，转瞬即逝：世界乃骗子也（*kosmos pseftis*）。在希腊的象征主义中，死神就是一个天才偷盗者，格伦迪人对此心照不宣。他们当然有相应的回答："我们要偷取死神最难熬的一小时！"〔就是死神反而希望从我们的生命中偷走的一个小时（*tha klepsoume mia ora tou Kharou kaci!*）〕格伦迪人对死神的嘲弄，并非对死神不敬。相反，赋予人性的死神才是一个真正有价值的对手。

格伦迪人如此关注"意义"，表明一种潜在意识的诗学品质存在于他们的所有话语中，存在于他们的行为中。如果说话是一种行为，那么行为也是说话。格伦迪人对此十分明确，比如当他们否认某些行为的价值或重要性时，经常把它什么也没"说"（*dhe lei prama*）挂在嘴上。这就是意义的基本成分，没有意义则生命本身毫无价值。美好生活是偷来的美好瞬间，每一个瞬间都是独一无二的。

这并不等于说格伦迪人的话语中缺少重复。事实上，我们常常感叹村民从没完没了的重复中找到乐趣，比如他们一再邀请我讲丘吉尔的政治机敏和奇闻逸事，然而恰恰这是要害：故事中的敏捷思维模式，正是格伦迪人识别事物的方式，和他们百听不厌的偷袭羊群的故事一样，故事讲述的内容也正是他们自己做事的方式：他们对故事里主人公的即兴技巧表示心悦诚服。

在讲述这些成功的偷袭案例时，一句睿智的评论必然隐含着一桩独特的私密事件。然而在舞会等公开透明的表演中，任何花絮都是昙花一现。一个杂耍般的新颖舞步（*fighoura*）会被多人模仿，没过多会儿就从人们的记忆中淡化。一个年轻舞者以优美舞姿弯下腰并拾起一支香烟，不经意当中展现了一个高难度的动作，同样容易被多次模仿。相比之下，一句睿智的妙语，比如把偷的羊肉送给警官品尝，或是将不逊之词优雅地融入诗句中刺激别人，里面都有特定主人公的影子。反复重复的故事总是蕴含着大量的未知细节。故事本身就是公认的智慧宝库。

在这些情形下，往往有意料不到的新词短语纳入格伦迪人的习语库。第二次世界大战期间，德军杀害了几个格伦迪人，灾难发生几天后，人们带着格拉巴酒来到罹难地点，哀悼遇难者并祈祷上帝宽恕他们。突然有个酩酊大醉的格伦迪人喊道，"永远如此！"（*Panda se tetia*）此时此刻他没有任何言外之意，一句普通的干杯词而已，然而村民都被震惊并为之愤恨，谁能料想醉汉居然开了一个绝妙玩笑，如今的格伦迪人在开始狂饮之前都要叫喊着"永远如此！"然后还要四下张望，以确认每个在场的人都心领神会。就这样，一句曾经造成伤害的话语，经过不长的时间跨度，融入格伦迪人对抗死亡的幽默中。

无论以口述形式或其他形式，只要某些事件被频繁提及，都应该存在意义。尤其是押韵两行诗，更是格伦迪人情有独钟的诗歌或诗句形式，至于哪些文本具有重要的意义，最好的证据要看被人们铭记的程度。

诗句来源并不仅仅基于文本，恰当使用小说语境中熟悉的诗句也可以视为原创，同样可以被人铭记。此外，除了一些熟为人知的谚语和对联，格伦迪人认为，如果没有对表演环境进行一定的描述，那么不管朗诵什么诗句都如同嚼蜡，其闪光点是歌手的

"脱口而出"（*etimoloyia*）。注意，这里强调的是语言层面。虽然音乐形式可以给表演带来一定的兴奋感，然而曲调的细微变化，通过强调精心排列的声音结构（在此声音结构中，歌手可以进行操控），似乎更多是为了突出歌手的语言天赋而设计的。在严格的形式和大胆的内容之间可以形成强烈对比的其他手段，包括短语的重复、句型的模仿以及韵律和排比，以强调语义的不对称。每首备受好评的诗歌，都以"图解法"的方式将人们的注意力集中在其形式上，本身就是表演的重要元素（Jakobson，1960），因为它既考虑到纯粹的文本内容，同时也顾及表演的语境，这就是"意义"的本土概念所要求的。对仗工整或者符合语境的诗句，格伦迪人称之为"搭配"（*teriazoun*），该术语有性爱和浪漫的含义，有时也表示"具有亲属关系"（*singenevi*）。总之，音乐结构和高度约定俗成的装饰性短语，都可用以强调这些文本和语境特征。然而人们并没有特意关注这些东西，也完全没有必要成为一次优秀表演的必要条件。事实上，一首令人印象深刻的两行诗，或许就是一个人的普通声音演绎的。

下面这个例子，很好地说明了押韵两行诗应该遵循的大部分原则。有个格伦迪年轻人来到低地村庄沃里萨（Voriza），他们历来瞧不起这个务农的小村庄，来这里偷盗都不必担心遭致报复。当地人开始挑逗他，说他应该来这里找个女人结婚。年轻人被激怒：

Kali' kho na me thapsoune stsi asfendias ti riza
情愿把我埋葬在水仙花根下

para na paro kopelia na'ne'pou ti Voriza！
也不娶一个女孩儿来自沃里萨

不远处有一个来自沃里萨老妇人，听到后接上说：

Kali'kho na me thapsoune se mia khiroskatoula
情愿把我埋葬在一堆猪粪下
para na paris kopelia na'ne Vorizopoula et！
也不娶一个女孩儿她来自沃里萨

多年之后，每当格伦迪人回忆此事，依然感到回味无穷，它证明一次绝佳表演，虽然让一个村民短时的蒙羞，却可以被认可并牢记。它巧妙在什么地方呢？

首先，老妇人对年轻人的实际表演予以讽刺，她借鉴小伙子的浪漫格式，把"水仙花根"这一经常出现在爱情诗歌中的主题，变成更为滑稽的东西，而且和年轻人的诗句结构相仿。讽刺对手墨守成规是一种有效手段，格伦迪人常说要"从自己的肚子（口袋）里"掏出新诗句。在诗句中连续使用相同的韵文是被允许的，然而用"一个女孩来自沃里萨"代替"一个女孩她来自沃里萨"，则进一步突出了老妇人的语言技巧。格伦迪人通过这种虚拟再现，赋予诗句完全不同的意义，这是格伦迪人诗学技巧的标志。

两个表演者——一个年轻男子和一位老妇人之间的社会关系在其结构上是完全对立的，因此强化了诗歌形式的表演：一对矛盾产生了另一对矛盾。正是因为这种大胆的对诗通常属于男性（但也不完全是），因此女人的成功则更加不同凡响。老妇人的表演呈现了一种极端方式，和那个用所剩无几的一点东西招待客人的寡妇一样：男人被女人公开挫败是非常丢脸的事，然而沃里萨老妇人的年龄给了她说话的勇气，换个年轻女人或许另当别论了。在个人特殊性和社会接受度的天平上，把握分寸才是成功的关键。

一首睿智巧妙的诗可以遏制肢体暴力，拳脚相加甚至大动干戈只能贬低攻击者的身份，意味着他没有反唇相讥的能力。下面这个例子是一个热恋中的年轻人发出的感叹：

> *Akhi ke na iksera ekini pou mou meli*
> 啊！谁是我的未来人，假如我认识你，
> *na tin daizo zakhari, karidhia me to meli..*
> 我会把糖果送给你，还有核桃和蜂蜜。

年轻人的感叹当即招来无情的讥讽：

> *Ma to Theo kateho tine, ekini pou sou meli*
> 我认识你的未来人，上帝会告诉你，
> *stou Skoufadhonikou tin avli tin ekhoune dhemeni!*
> 她就绑在思科法多尼克的院子里！

凡是格伦迪人都了然于心，年轻人想象中的新娘是一头驴！如果说得太露骨，暴力自然不可避免：把人称作驴是严重的侮辱，因为驴是没有任何社会价值的象征。然而这种巧妙诗句却让年轻人无以应对，只能保持沉默。暗示的效果就在这里，它既不得罪人，又能明哲保身。它不仅在个人层面上打击了对手的人格，而且通过对年轻人的公式化措辞"我会把糖果送给你，还有核桃和蜂蜜"加以嘲讽，让人对年轻人的男子气度产生怀疑。在一个需要不断展示表演技巧和男人阳刚的社区，巧妙的两行诗可以象征性地减少其对手在其他领域做出回应的机会。

有些两行诗的侮辱性非常直白。我记录的一些两行诗就直接称对手为"驴"，甚至跨越性别界限，这需要极大的勇气。女人偶尔也用这种方式与男人交锋，而且如果把握得当也会赢得男人的赞赏。西菲思·斯格法斯曾于1960年遇见一个女孩，据他说那个女孩的"唯我独尊"居然到了敢与男人比拼两行诗的程度。他傲慢地告诉女孩自己来自迈诺普塔姆斯（Mylopotamos）地区，女子不甘示弱，同样高傲地回答说她来自伊拉克利翁。随即，两人开始了博弈。

Ame more sto dhiaolo, sardhella vromesmeni
见鬼去吧，可怜的人，发臭的鳀鱼就是你
ki apopata tou vareliou, pios dhiaolos se theli?
桶里的渣滓肮脏的人，哪个鬼会稀罕你？

男人回应：

Etoutana t'apotata ta kanoun stin Evropi
渣滓也是欧洲造，欧洲造的高品质
ma si 'se apo cienapou kanoun i anthropi!
而你却是人类造，人类排出的一堆屎！

　　"渣滓"（apotata）和"排出的屎"的巧妙运用，加上动词"制造"（kanoun）的重复使用，强化了诗句效果。同时他引用了"欧洲"，暗示对方还不够"文明"标准：男歌手显然把文化优越感与自己的价值观等同起来。

　　据西菲思·斯格法斯说，那个女人至少迟疑了片刻，她害怕男人继续说下去，然而他并没有就此罢手：

> Apo inda pervoli ta'vghales, skila, ita kremmidha?
> 你是哪来洋葱头？就是一个臭婊子，
> T'aghrofilaku tha to po pos ise 'si'pitidhia!
> 我要告诉看园人，你是高超的女贼子！

　　女人偶尔偷点蔬菜之类的东西，但洋葱令人讨厌，因为很臭。格伦迪男人习惯把洋葱与女人的性特征和男性缺乏阳刚联系在一起。这种行为使得本来不可思议的诉诸权威也显得合情合理了。男人将"高超"一词用在女人身上，讽刺意味不可谓不重，他暗示这个女人与"洋葱"的臭味相辅相成，然而为了让对方充分理解含义，他以不屑的态度抨击了她作诗的"男性"技巧。

> Gabadhokaftis tha yeno na keo tsi gabadhes
> 我将点燃大斗篷，我是斗篷的点燃者，
> Maimouni, pios s'armenikse na vghanis mandinahs?
> 猴子猴子小猴子，是谁教你写诗的（炮制的）?

如果说最后两行似乎有点不合逻辑，那么正是它的意义所在。第一行模仿了公式化格式的爱情诗句（如：我将变成一只小燕子，我将飞到你的枕边……）。对他来说，变成一个斗篷的点燃者是愚蠢的，和一个女人想创造好的两行诗一样愚蠢。此外，使用模仿句的嘲弄意味加倍，因为女人的诗句不过是粗制滥造，然而男人可以游刃有余。女人并没有就此罢休：

> *Sapia sanidhia dhe pato，yati' kho meghalia*
> 我不会踩在牛粪上，因为我自尊，
> *se tethia ipokimena dhe dhido simasia.*
> 我不会瞟一眼小瘪三，因为你太混。

女人对男人的"意义"毫无兴趣，实在让男人无法接受。他抛出了终极辱骂，暗示她唯一感兴趣的是嫁给他的父系家族：

> *Me tsi tomatas to zoumi kam' alousa ke lousou.*
> 快用番茄汁洗个澡，先把自己弄干净。
> *Dhe nenis is to soi mas，vghale t' apo to nou sou.*
> 别想嫁入我家族，千万别做白日梦。

这句话的分量在于，除非结婚，否则她本人都没有"意义"，况且女人家族的身份与男方家族的名望也不匹配。

一连串诗句博弈，阐明了两行诗竞赛的几个关键特征。熟悉公式的应用、短语结构的灵活重复、注重押韵的对仗诗句，都是有助于演员表演品质更加上乘的手段。即便表演者是女性，同样的表演品质也会赢得赞赏。在这场特殊博弈中，男人似乎并没有对女孩心怀怨恨，反而流露出些许赞赏，但在实际竞赛中，他没有顾及对方的性别，而是毫不客气地为自己赢得胜利的筹码。他的赞许归因于女孩身上的男子阳刚之气质，女人当然可以展示男子气概，但通常被视为反常，尽管表现得令人印象深刻。

两行诗的幽默多数与性有关，使男女之间的公开竞赛很难避免冒犯。这种猥亵性的，或多或少与男性独有的"起哄"（*kantadha*）相似，比如一群年轻人挨家挨户敲门，边走边唱即兴创作的淫秽两行诗。在一个积雪尚未融化的冬日，我们跟随这样一帮年轻人行走在寒冷的道路上，他们搂腰搭臂，乱哄哄地唱着歌，既有自创的两行诗，也有著名的克里特西部音乐歌曲"瑞滋提卡"（*rizitika*）。每到一户人家，他们都跳起圆圈舞，女主人则匆忙准备食物和饮品。一个醉醺醺的年轻人在一所房子的门口停下来，他看到一根诱人的香肠，遂脱口唱道：

> *Tetia andera omorfi dhen idha sti zoi mou*
> 一生从未见过的，这根香肠真是好，
> *na'ne etsaparomia osan tin edhici mou*!
> 又是似曾相识的，像是我自己的了！

如果把人比喻为驴是一种侮辱，那么也构成了两行诗的一种特殊类别。下面几个诗句，描述了不同村民对家畜死亡的反应，但多数情况下并非人吃的家畜，而是驴或骡子之类的驮重家畜。这些诗句经常用于讽刺街坊邻居的个性，比如劝一个嗜酒如命的年长者，"坐下来，想一想！我们需要酒，赶紧去找吧！"再比如讽刺多子多孙的男人，"赶快去，剥驴皮，制成皮褥子，孩儿们好睡觉"。有一次人们嘲笑一个矬子，"他在那，提不动（肉），只能提起羊鞭子"，矬子威胁说，再不拿他当人看就扔掉鞭子不干了。然而人们继续取笑他，还有人对他说，如果是这样，不如撕掉记事本（记录牧羊人份额的本子）。所有这些讽刺性诗句，落脚点都在人们爱吃肉，恨不得腐肉都敢吃，为了多分一点肉随时准备大打出手。在上次战争最艰难的时刻，人们的确吃过驴肉，但通常不吃腐肉，太恶心！因此这些诗歌都被称为"笑料"（*kalambouri*），但要注意的是，该习语也用在某些令人难堪的消费上，比如生吃羊脂肪。男人通过吃肉宣泄其"唯我独尊"的意识，甚至有人制成漫画，让世人都知晓肉对他们究竟意味着什么。

通过对女性描述的强烈对比，诗歌也展现其严肃性的一面。女性普遍被视为和平使者，她们往往试图平息丈夫的过度贪婪。有个男人在分赃时抱怨分配不公，一个女人喊道："（东西）分的公不公平，上帝作证！"另一个女人说，"必须公平，因为这是罪（*amatia*）"，意思是说为了分配战利品而争吵就是罪。这种带有宗教戒律的心态被认为是女性行为的特征。虽然诗人都是男人，但相比之下，贪得无厌的也是男人。

有的诗人对自己的诗歌可能产生的影响感到惴惴不安。其中有一位就曾犹豫是否把新写的诗句拿给我看，他担心被他嘲笑过的人耿耿于怀。在朗诵自创诗句前他征求了我的意见，以确保不会因冒犯他人的尊严而受到指责，这种担心至少反映在他的一首诗里：

康多卡基斯的红骡子好

不幸近日没命了，

何人为之写歌好，

（诗人）艾弗迪克斯就来了，

咖啡屋（*doucani*）里都坐好

催他把骡子的歌写了，

"我是很想写骡子，但是你们要想好，

如果有人唱反调，不能让他好受了！"

这位不幸的诗人在取笑别人的同时能够显示自己的男子气度，已经难能可贵。他不想受到伤害，尤其是当他试图挖苦男性暴力的时候。他的讽刺作品既包含对女性态度的同情，也抨击了男人的人格缺陷，特别是吃驴肉的念头，尤其吃腐肉，本身就荒唐到足以借此取笑男性的价值观。现今居住在格伦迪的两位"写驴诗人"都是温文尔雅的老人，以前都是牧羊人，他们的年龄和身体的虚弱是他们敢于放手创作的许可证。

格伦迪人对自己的价值体系也开玩笑，并视为男子汉的标志。他们不但揶揄男子汉本身的装腔作势，也调侃男子汉在正式场合假装正经。有个男人邀请另一个男人当婚礼赞助人（*koumbars*），当赞助人帮他母亲和祖母装饰婚礼面包时（*ploumista*）突然失手掉到地上，另一个随口说道："嘿，轻点，老哥（*re koumbare*），轻点，老不死的赞助人（*re paliokumbare*）！"如此粗鲁话在这种庄重场合简直不可想象，然而他解释说："这是个'重口味'的习语！"说完对着我傻笑一气。另一个则说他们之间的关系没必要太正经，毕竟婚礼还没有开始。但是，这种过火的玩笑当然不是希腊人的常态。

格伦迪人显然很喜欢文字游戏。无论多么严肃和庄重的事情，他们都能创造出双关语予以调侃。因此，男性的玩笑在对当地人的无助产生象征性逆转的同时（Brandes，1980：133），还暗藏着男性对建立同盟的渴望，并为了谋求优势而对其他男性埋下伏笔。上面提到的婚礼赞助人，很可能成为邀请人的未来牧羊盟友，然而在评价一旦成为真正的仪式性亲属后会怎样时，他没说会"变得严肃认真"（*tha sovarpithoumen*）的，而是大笑着说，"我们会变成一对大裤衩！"（*tha sovrakpithoumen*）（即关系会很亲密）。口头玩笑中永远存在着的竞争因素，但它的自反性也可与其自身的潜在严肃性开个玩笑。

文字游戏和侮辱诗句、家畜偷盗、男性恶作剧（比如请朋友帮着推车，然后突然加速）共享一个特点，即不放过任何可乘之机。虽然对这类事情的时间上和精力上投入程度不同，然而都是供男人展示天赋的机会，并证明男人不愧是男人。一个双关语或一次恶作剧，效果绝不亚于一首押韵诗，均和地点与情景水乳交融，这就是"意义"的产生。所有这些领域都允许男人"从死神那里偷取最难熬的一小时"，即用世界的谎言来对抗世界本身，从而证明真正的男人能够从恐惧中攫取幽默。在谈论偷盗事件时，格伦迪人并不否认内心的恐惧，然而他们认为，恐惧反倒增强了他们的勇气和冒险意识。但是，一个人能把别人的嘲笑变成自己的武器，至少正走在征服内心的终极敌人的道路上。

注解：

1   此文引自赫兹菲尔德著《男子汉的诗学》第四章"竞争的习语"中"即兴表演和机会"一节。该著作中文译本由赵德义译、徐鲁亚审校，即将由商务印书馆出版，承蒙作者和出版社的好意，这一片断得以先印，深致谢意。

博物馆诗学

尹　凯

虽然诗歌可能还局限于文学范畴，但是诗学却早已在诸多学科和领域中弥漫开来，博物馆研究领域自然也不例外，诗学、政治学、体验与情感等也是一些非常热门的讨论话题。思前想后，我决定采取一种相对大胆的写法，那就是将自己作为研究对象，经由回溯我与诗学结缘的现实经验来召唤出我对博物馆诗学的理解。实际上，这个追忆的过程和写作的思路本身似乎就是一种"践行诗学"的尝试：一方面，我将这些通常是居于"幕后"的体验、感悟和情感完全呈现在文本写作中；另一方面，这些琐碎的生活细节又与关于博物馆诗学的探讨构成互文性的关系。正是如此，我才能够将长期隐匿在文本之后的生活置于"前台"，组成一种"生活化"与"文本化"相互交融、彼此穿梭的并置状态。换句话说，这同时也是一次以诗学的方式来书写博物馆诗学的实验。

一　反观自我：生活化与文本化的交融

　　我与诗学的首次邂逅大概要追溯到 2013 年。在导师潘守永教授组织的"博物馆人类学工作坊"上，我接触到《展览文化：博物馆展示的诗学与政治学》[1]（*Exhibiting Cultures：The Poetics and Politics of Museum Display*）一书。整本论文集从"文化与表征""艺术博物馆、国家认同和少数族群文化地位""博物馆实践""节庆""博物馆视野中的他者文化"等方面讨论了当代博物馆是如何表征他者文化的，其中涉及不少现在看来依然具有冲击性和革命性的观点。这本论文集源自史密森机构在 1988 年召开的名为"表征的诗学与政治学"的国际会议，会议集中讨论了如何在博物馆情境中展示与表征他者文化。对于当时的我来说，要想完全理解这本英文论文集还是一个不小的挑战。不过，我还是从中获益不少，尤其是博物馆及其展览作为"斗争之地"（contested terrain）[2]的观点更是发人深思。基于上述认识的博物馆理论与实践始终保持着对既有文化假设和机构制度化的怀疑与挑战，从而将博物馆变成接触、实验与辩论的公共场所。整本书没有就诗学、政治学进行过界定和描述，因为，这本身就是多余的。实际上，这本论文集本身就是一个诗学的产物，角角落落都是强调体验、混响、原始艺术、原住民宇宙观、节庆的狂欢、展览叙事、真实性的诗学。其中，关于博物馆与文化节庆的相关讨论尤为精彩，即对于那些在日常生活中导向混乱、失序与争论的特殊节庆活动，博物馆如果基于秩序的想象而对其进行打包与简化，那么博物馆的合法性究竟何在？然而，对于那时的我来说，没有诗学的确切定义，只靠去感悟这些无处不在但又虚无缥缈的东西去理解何为诗学显得有些困难。在读完整本书之后，尽管诗学的种子似乎已经落地生根，但我依然对书名充满困惑。究竟什么是诗学？什么是政治学？

在随后的学习过程中，我读到了斯图尔特·霍尔（Stuart Hall）主编的论文集《表征——文化表征与意指实践》，这让我如获至宝。原因很简单，我收获到久违的关于诗学和政治学的概念描述和理论脉络。亨里埃塔·利奇（Henrietta Lidchi）指出，诗学是关于博物馆展览中意义内在表达与生产的实践，政治学则是关于博物馆在社会知识生产中的地位与作用。[3] 其理论脉络分别是，诗学源自于索绪尔与罗兰·巴特（Roland Barthes）的符号学方法，致力于弄清语言和意指（语言中各种符号的使用）的运作是如何生产各种意义的；政治学追随的是米歇尔·福柯（Michel Foucault）的观点，致力于弄清话语和话语实践生产知识的方法。[4]

在利奇讨论"天堂展：新几内亚高地的变化和连续性"展览中，我们可以看到人类学家是如何通过理解和阐释的交流来实现差异融合的。譬如说在展板中大量运用瓦基人语言中的各种俗语或谚语，在"初次相遇"的单元中，展板用的是科瓦涅·戈伊叙述他初次遇到巡逻兵到来时的反应，被翻译过来就是"那是鬼，是死人来了吗？"以此来表达白人与瓦基人相遇带来的冲击。[5] 更加有意思的是，该展览并非仅仅站在局内人的本土观点上借助道德的力量来控诉殖民遭遇，而是试图以组合而非隔绝的态度来激活我们对当时情景的想象与理解。譬如说对"高地商店"的全面呈现：既有剑桥牌香烟、无所不在的可口可乐，也有当地的椰子饼干和大姐布丁。[6] 我们暂且不管这种逼真的展示在多大程度上还原了原初场景，但有一点是确定的，即这是一个精细设计的计谋。无论是采纳当地的俗语或谚语还是刻意营造一个并置而杂乱的商店，我们都能看到人类学家是如何将诗学的表达纳入博物馆展览中，又是如何借此去反思传统人类学的科学幻想和表征危机的。

很显然，这里的诗学是人类学家的诗学，而非瓦基人的诗学。在展览中，瓦基人的在场是一种策略，是为了回应、挑战人类学学科关于自我与他者的文化假设而设计出来的。博物馆犹如大学和无处不在的田野点，只不过是人类学家解决自身学科危机的另一个场所。试图经由展览来动摇既有观念是有价值的，但上述的诗学尝试却容易造成展览的意义表达与生产实践的泛化，从而将博物馆及其展览简单地视为一个神话结构。在我看来，这最终将导致诗学丧失活力、沦为平庸。

当陷入诗学与政治学的泥潭之时，我读到了王嵩山的一句话："人类学与博物馆结合浪漫主义与启蒙运动，从浪漫主义人类学导出历史性和稀奇古怪且各异其趣的可取之处；启蒙经历致力于在丰富多彩的人类表现中，寻找秩序和内在理性。"[7] 这句话给我很大的启发，这也直接带来一篇文章的问世，题目就叫"人文与理性：博物馆展览的诗学与政治学"[8]。在这篇文章中，我以博物馆为镜，以西方博物馆史为线索，探讨了诗学与政治学是如何经由相互悬置而出现在人类历史进程中的。

自此之后，我开始意识到诗学与政治学不仅是在共时性维度下展开的，尤其是 80 年代之后的后现代氛围，还作为一种修辞不断地在人类历史中进行交替性展演。与传统意义上认为博物馆是启蒙精神的产物、现代性的机器的观点不同，我对博物馆的属性始终抱持着一种开放的态度，即博物馆是兼具诗学与政治学、人文与理性的机制，博物馆得以可能的关键也是这两者持续角力、协商的结果。博物馆内部究竟是政治学占主导还是诗学占先机，很大程度上是由社会的诗学与政治学的整体氛围来决定的。如果从这个角度来看，所谓的知识、权力、政治不过是另一种诗学形态。更确切地说，政治学始终带有诗学的影子，是经过制度化和结构化而丧失活力的诗学。以现在的眼光观之，那篇文章还是存在很多值得商榷的地方，尤其是缺少对文艺复兴时期作为珍宝柜（cabinets of curiosities）的早期博物馆形态的描述。

与"书斋阅读"同道而行的是庄孔韶教授对人类学的反思和实验。我与他的交流是从球场和咖啡厅开始的：从最初的"不浪费的人类学"到"权力泛化"，从"重谈虎日"到"彝族三色哲学"，从"福建古田"到"人类学诗学"……据我的观察、经验与体悟来看，庄教授关心的很多问题都是"好玩"的，看似与我们所学的人类学判然有别，实则是一种超越，即回到一种没有学科、理论、方法和范式羁绊的朴素而天然的状态。正是在这个思路下，我开始思考博物馆诗学的可能性。如果说"不浪费的人类学"旨在进行人类学田野研究实验，即采取多种不同形式与路径去尽可能延展文化的全貌、挖掘文化的多面、纵观文化的深度的话，那么是否存在一种"不浪费的博物馆"或"不浪费的博物馆学"？其内涵又当如何表述？如果说"人类学诗学"指的是在田野参与观察过程中触及个体与生活中的韵律、动感与活力，并经由适当的媒介得以登上所谓的"大雅之堂"的话，那么"博物馆诗学"又是什么？我们可以从何处觅得关于博物馆的诗学与想象？

在人类学诗学的启发下，我意识到之前对博物馆诗学的思考存在两个缺陷：其一，我一直是在诗学与政治学的结构关系中理解博物馆诗学的，即便诗学是以一种批判的姿态而出现，但是诗学依然摆脱不掉不入流的、可有可无的命运。也就是说，我们要从"就诗学谈诗学"的最初原点来切入博物馆诗学，这样才能在一定程度上走出对诗学对政治学的依附关系。其二，将博物馆从传统的学科限制、知识框架和文化假设中解放出来：不仅认识到博物馆是一种生成于具体社会文化情景的表达方式，而且也要将博物馆作为具有开放性和无限可能性的媒介。这种给自己和博物馆"松绑"的做法为诸多可能的诗学实验提供了契机。

二　实物、文化与观众：博物馆诗学

让我们把思绪拉回当下，重新正视博物馆诗学这个贯穿始终的话题，正是上述两条并行且屡有交汇、碰撞的轨迹把我带到了这里。接下来，我将在已有成果和启发的基础上，结合最新的思考来阐发现阶段我对博物馆诗学的理解。

博物馆专注于实物的收藏与展示，然而却对实物承载的复杂文化与诗学想象关注不够。阿尔弗雷德·盖尔（Alfred Gell）曾提出过一个非常有趣的案例[9]，在非洲，有两个都生产制作罐子与篮子的部落。其中，"罐子部落"（Pot People）制作罐子是一个再现宇宙的神圣活动，而制作篮子只是为了使用；与此同时，在"篮子部落"（Basket Folk）中，上帝是一个用草编织地球的篮子制作者，罐子仅仅是出于使用而制作。也就是说，罐子和篮子在各自的部落神话与文化体系中分别具有创世的神圣意味。遗憾的是，博物馆在收藏与展示这两个部落的罐子和篮子藏品时，通常采取类型学的方式予以摆放，即罐子和罐子放在一起，篮子和篮子放在一起。博物馆的行径显然混淆了罐子和篮子之于各自部落的价值，忽视了物件之于原初文化的复杂意涵，同时也暴露出人与人、文化与文化之间交流的缺失。如此这般，我们还能从一尘不染、精美布置的展厅中感受到罐子和篮子的神圣意味吗？我们可以想象到制作者对材料的严苛要求吗？我们可以想象到制作者沐浴更衣的准备活动吗？我们可以想象到制作者在制作过程中近乎崇敬与神秘的状态吗？

如果说上述案例略显极端，不具有普遍的代表性，那么让我们来看一下克洛德·列维-斯特劳斯（Claude Levi-Strauss）对博物馆工作者如何处理藏品所提出的要求：

> 人类学博物馆的作用有如田野工作的延伸。确实如此，与物品的接触；博物馆工作者在清扫、擦拭、维护等各种频繁的分内琐事中养成的谦卑态度；各种收藏品的分类、鉴定和分析工作培养起来的对于具体而微的事物的高度敏感；由于一些工具需要学会使用方能了解而间接地建立起来的与土著居民的沟通，而且这些工具自有其纹理、形态，乃至气味，成千上万次的感知使人不知不觉地对于遥远的生活和活动的形式有所意识；还有，尊重人类禀赋的多种多样的表现——那些看上去毫无意义的物品反复考验着他的趣味和聪明才智，不可能不使他心怀这种尊重。所以，这一切构成的丰富而深厚的经验是不容轻视的。[10]

很显然，上文中提及的"谦卑""敏感""沟通""尊重""趣味""聪明才智"指向的就是收藏与展示的博物馆诗学，其旨趣便是回到实物本身和日常生活中，去探寻生命与情感的律动。

博物馆始终受到对实物诗学探寻的困扰：博物馆的收藏与展示将实物从原初的社会文化情景中抽离出来。这个去情景化与再情景化的过程同时也是一个抹杀实物诗学的过程。试想一下，在展厅中看到"那是鬼，是死人来了吗？"这句话，能让人联想到科瓦涅·戈伊的表情和口气吗？这句话表达的是一种什么样的情感，惊讶、愤怒、恐惧、兴奋？这句话说完之后，其他人的反应是什么？虽然以当地人的口吻来讲述殖民遭遇的故事本身就带有人类学诗学的意味，但是我们遗憾地发现，博物馆收藏与展示是一个消解诗学，或者更准确地说是隐匿诗学的过程。

针对因实物迁徙与抽离引发的争议，博物馆世界头疼不已，其最终的解决之道就是以生态博物馆为代表的新博物馆实践。生态博物馆主张在一定的地域范围内，阐明实物在原初情景中的形态、位置及其发生机制，其中就涉及对植物、动物、地形、天气、建筑、土地使用类型、歌谣、工具、老人、记忆、景观等要素的全方位关注。[11]这种强调"原地"和"整体"的生态博物馆路径本身就是实验博物馆学的产物，其意图在于将实物收藏转化为文化感知，从而在整体的生活氛围中把握文化氛围与诗学想象。生态博物馆的设想与初衷是非常美好的：绵延的大山、成片的茶园、老娘娘庙、晒谷场、狐仙洞、零星分布的田地……所有这些被传统博物馆挡在门外的文化要素开始被生态博物馆所关注。既然生态博物馆是在地的、整体性的，那么我们就可以在当地文化中、根据当地人的观点来阐释这些文化要素。很快，我们因循理论框架的设想就遭到了无情地嘲讽："对于生活的诗学、地方的本质及其意义，你们一无所知。"

是的，生态博物馆在扩大博物馆藏品范畴、改变传统阐释做法等方面做出了很多，但是没有实现的夙愿可能更多。换句话说就是，生态博物馆既是一种诗学又不是一种诗学：对于传统博物馆而言，生态博物馆算得上是一种诗学的存在；但对于文化而言，生态博物馆的理念距离诗学似乎还差很多。在这里，我用几个案例来阐释生态博物馆在追逐诗学的过程中所遭遇的坎坷。

首先是文化的个体性与差异性。2015 年在浙江松阳进行生态博物馆田野调查时曾发生了一件颇有意思的事情，一位初中生用铅笔画下了她心目中村落的样子。[12] 用现实的标准来看，这幅图完全是"失真"的：画中的晒谷场异常突兀，在介绍中我们才了解到这是她小时候玩耍的主要地方；画中密度较大的部分是她家的周围以及去往小学的道路；相应地，她上学途中经过的那片土地如今早已种满了茶叶，但是她却标注了"空地"，因为在她上小学的时候，这片土地还没有种植茶叶。我觉得这件事情对我冲击很大，生命经验、生活历程、日常交往对个人的文化感知影响如此之大。我不禁在想，是不是每个村民都对自己的村落有一幅属于自己的蓝图，而且每份蓝图都承载着自己生命的烙印和生活的点滴。如此这般，那么还有所谓的可以科学、客观描述的文化吗？我们口中所说的"失真"和"偏差"又有什么依据？既然每个当地人的生命律动差异如此明显，那么，作为一个人类学家还有底气去声称调查和书写的真实与权威吗？

其次是文化的多重性与复杂性。我非常赞同庄孔韶教授关于多种媒介与手段逼近一种文化，进而通过彼此的互补来探寻文化诗学的观点。我们原本以为，从传统博物馆到生态博物馆就意味着走向文化阐释的光明大道。实际上，我们还是太过傲慢。无论是人类学还是生态博物馆，这不过是迫近文化的一种路径而已，想要单凭"一己之力"就想捕捉文化中的瞬间与永恒、情感与韵律恐怕是天方夜谭。我在山西的遭遇印证了这一点。2014 年11 月20 日，山西太行三村生态博物馆之一的豆口认知中心挂牌开放。2015 年10 月，在因博士毕业论文写作而重访豆口村时，我了解到，村里人认为豆口认知中心的建设就是人民礼堂的重修。在这次调查过程中，我发现了村民张妙兰以豆口村传统的顺口溜方式记录的《重修礼堂》的详细记载。在此，我摘录几段[13]：

> ……
>
> 主任领导办事妥，事事会议都通过。正副主任能工作，两委不分你和我。古村文化要扩大，安排重修礼堂家。岳民负责承包下，兢兢业业有策划。
>
> 一人忙得顾不上，叫上志岗来帮忙。外加一位老干将，名叫文明日夜忙。单身一人有困难，离开老婆十几年。留下儿女没人管，还得打工在外边。
>
> 又干活来又做饭，衣服脏了没人管。没有一天享清闲，你说困难不困难。初到豆口人不熟，妙兰能帮做顿饭。天长日久总不算，还得自个吃苦干。
>
> 白天志岗能做饭，夜里独身坐床边。喝口美酒吸根烟，阿弥陀佛过一天。志岗重担挑肩上，料理事务有理想。各种

计划都得当，骑着摩托去跑趟。

……

这段记录看似是在记录礼堂重修这件事，实际上字里行间都是在讲人——那些热火朝天、投身其中的人。我觉得这就是一件很有意思的事情，里面既有事实陈述，也有生活场景；既有互帮互助，也有人情世故。一位好友曾经在读到这里时给我发微信说："为什么你写的书还带发声音的？"的确，这段极富节奏感和欢快劲的顺口溜朗朗上口，让人禁不住想到，能编出这种顺口溜的地方究竟生活着一些什么样的人？当见到这段记载时，我首先想到的是为什么没有在豆口认知中心展出？后来我才慢慢意识到并非所有的理解文化的方式都可以展示。因此，我将其放在了我的博士论文中，一来表示对张妙兰的敬意，二来是记录那些曾经操劳忙碌的身影，三来是讲述居于台前的豆口认知中心的展示背后隐藏的故事。即便做了这些，现在回想起来对此事的处理还是太简单了。我为什么没有让张妙兰念念这些顺口溜呢？是说出来的还是唱出来的？快慢节奏感又是如何？有没有相应的手势？更别提声音或影像的记录了。我想，这些多角度、多形态的并置才能算得上是一种博物馆诗学的实验。

我们都知道，博物馆不仅是一个收藏与展示机构，而且还是一个可参观的场所，因此，观众自然也是思考博物馆及其诗学的重要维度。近些年来，我们见证了观众在博物馆地位中的提升，甚至出现了"以观众为中心"的说法。重视观众的理论趋势与博物馆开始真正直面观众的差异性、复杂性和不确定性有密切的关系，这也反过来深刻影响了博物馆的传统哲学。接下来，我试着从如下三个方面来谈一下博物馆与观众之间关系中蕴含的诗学想象。

　　教育、学习和娱乐是讨论博物馆与观众关系的主导性框架，博物馆之用的多样性与复杂性被简化。在这种情况下，情绪与情感等瞬时的、难以测量的、不可捉摸的诗学要素要么被强行整合到既有的关系框架中，要么就作为不和谐的噪声被排除在外。事实上，情感的关联与感知一直都在，只不过我们似乎尚未培养出重新书写博物馆与观众之间关系的思想。我随便举一个例子，劳拉简·史密斯（Laurajiane Smith）在调查观众从某个工业博物馆获得什么信息时[14]，我们惊奇地发现只有10%左右的观众认为获得了某些历史信息，绝大多数的观众都在回忆过去生活的艰辛、当前生活的幸福，以此来表达一种感激之情。这些记忆、共鸣、谦卑、感激、身份、认同等体验和情感背后承载的是一段社会和历史的变迁，以及镌刻在自己和家庭成员身上的时代烙印。我们能简单地将这些鲜活的表达纳入教育、学习抑或是娱乐的范畴吗？

　　博物馆与观众之间关系的诗学不是预先设定的，而是生成于物与人、人与人的碰撞瞬间和文化时刻。诗学维度下的博物馆是一个由无尽的、多层次的文化瞬间构成的过程。很显然，参观博物馆是一种"里程碑学习"而非"积累学习"，观众自身的知识、观念由于受到展览所激发的情感，以至于在今后的很长一段时间中都不断地回味，在不同场景下再现以唤起我们新的思考。之所以要关注碰撞瞬间与文化时刻等情势，其原因在于，这些不确定的、不可预测的节点往往会生成一种"偏离"既有法则的可能性。听从自我本能与直觉的召唤，关注参观中随时涌现的、流动性的感悟，让观众随心所欲，就其个人之主观创意、视角与观点所在，来重复框架、赋形着色，诠释出屡屡不同的意涵[15]，我想，这应该才是博物馆诗学的终极目标吧。

通常情况下，我们对博物馆与观众关系的研究大多是站在博物馆立场上开展的，即将观众情况和参观行为作为诊断博物馆机构的方式，鲜有研究会站在观众的立场上讨论博物馆对于个人的价值与意义。米歇尔·埃弗雷特（Michele Everett）和玛格丽特·巴雷特（Margaret Barrett）在一篇文章中通过深度访谈的方法与叙事学的视野讲述了塞西莉亚（Cecilia）的故事。[16]这个故事揭示了博物馆在塞西莉亚整个人生历程的不同阶段所扮演的角色，可以说博物馆的参观经历记录了她生命的点滴：儿时生成、谈婚论嫁、离婚遭遇、志愿服务、陪伴孙女……如果我们从个人的角度来重新思考博物馆与观众之间的关系，是不是我们就寻觅到了博物馆诗学呢？这种立足于观众的视角告诉我们，要回到观众的日常生活和人生经历中，重新理解、阐释那些散落的博物馆体验。在这里，主角是观众而非博物馆，博物馆体验也是丰满的、动态的、深度的而非快照的、静态的、肤浅的。

三 余论

"诗性智慧"（维科）、"社会诗性"（赫兹菲尔德）、人类学诗学（布莱迪）、"生存性智慧"（邓正来）等提法虽有不同，但都指向了万物依照天意生长变化的源头，接近未经雕琢的人的自然本性。[17]在我看来，诗学大概包含着两层意思：其一是作为一种实践与行动的诗学。人类在世本就是一种诗性的存在，因此，声称对文化进行研究的学科或学者应该学会去捕捉文化中诗学的痕迹。就此而言，人类学应该动用专著、歌谣、诗作、电影、戏剧、新媒体等多元创作实践来达成对生活中诗学的整体性理解。其二是作为一种视野与路径的诗学。我们总认为我们所知道的一切就等同于世界的全部，作为一种视野与路径的诗学揭露了我们的傲慢无礼和虚骄诋见。如此这般，诗学就不断提醒我们：除此之外，是否还有其他的理论、手段和方法？是否还有其他的可能性？

最后，让我们再次重申上述提及的博物馆诗学的基本观点：一方面，诗学的博物馆研究可以最大限度地迫近被实物、知识和学科遮蔽的原初文化的诗性智慧；可以最大限度地关注观众的体验、情绪、情感等主观感悟，从参观过程的即时性、偶发性和瞬时性把握博物馆之于个人生命的意义。另一方面，博物馆的诗学研究应当意识到博物馆在收藏、展示文化时的优势与不足，并积极寻求跨学科、跨媒介的合作，进而达成对生活诗学的最终寻索。

即便有生态博物馆这种颇具诗学意味的另类形态，但是博物馆本身还是一个极具结构性的文化建制。是时候让博物馆放下架子，插上诗学的翅膀去想象的天空翱翔了。

注解：

1 Ivan Karp and Steven Lavine, ed. , *Exhibiting Cultures : The Poetics and Politics of Museum Display*, Washington, D. C. : Smithsonian Institution Press, 1991.

2 Steven Lavine and Ivan Karp, Introduction : Museums and Multiculturalism, Ivan Karp and Steven Lavine, ed. , *Exhibiting Cultures : The Poetics and Politics of Museum Display*, Washington, D. C. : Smithsonian Institution Press, 1991, p. 1.

3 ［英］斯图尔特·霍尔：《表征的运作》，载［英］斯图尔特·霍尔编《表征——文化表象与意指实践》，徐亮、陆兴华译，商务印书馆2003年版，第62页。

4 ［英］亨利埃塔·利奇：《他种文化展览中的诗学和政治学》，载［英］斯图尔特·霍尔编《表征——文化表象与意指实践》，徐亮、陆兴华译，商务印书馆2003年版，第151—223页。

5 ［英］亨利埃塔·利奇：《他种文化展览中的诗学和政治学》，载［英］斯图尔特·霍尔编《表征——文化表象与意指实践》，徐亮、陆兴华译，商务印书馆2003年版，第175页。

6 ［英］亨利埃塔·利奇：《他种文化展览中的诗学和政治学》，载［英］斯图尔特·霍尔编《表征——文化表象与意指实践》，徐亮、陆兴华译，商务印书馆2003年版，第177—179页。

7 王嵩山：《文化传译：博物馆与人类学想像》，稻香出版社2000年版，第175—224页。

8 尹凯：《人文与理性：博物馆展览的诗学与政治学》，《现代人类学》2015年第3期。

9 Alfred Gell, Vogel's Net: Traps as Artworks and Artworks as Traps, *Journal of Material Culture*, 1996（1），pp. 15 – 38.

10 ［法］克洛德·列维－斯特劳斯：《结构人类学》，张祖建译，中国人民大学出版社2006年版，第397—398页。

11 尹凯：《生态博物馆：思想、理论与实践》，科学出版社2019年版，第53—61页。

12 尹凯：《生态博物馆：思想、理论与实践》，第182—186页。

13 张妙兰：《礼堂的记忆与重修》，2014年10月20日；全文详见尹凯《生态博物馆：思想、理论与实践》，科学出版社2019年版，第157—159页。

14 ［澳］劳拉·简·史密斯：《遗产利用》，苏小燕、张朝枝译，科学出版社2020年版，第179页。

15 许功明：《当代博物馆文化之展示再现与价值建构：从现代性谈起》，载王嵩山主编《博物馆、知识建构与现代性》，"国立"自然科学博物馆2005年版，第404页。

16 Michele Everett and Margaret Barrett, Investigating Sustained Visitor/Museum Relationships: Employing Narrative Research in the Field of Museum Visitor Studies, *Visitor Studies*, 2009, 12 (1), pp. 2 – 15.

17 刘珩:《迈克尔·赫茨菲尔德学术传记》, 生活·读书·新知三联书店 2020 年版, 第 151 页。

（作者简介: 尹凯, 博士, 现供职于山东大学文化遗产研究院。）

整容的本体论诗学追索

方静文

　　整容的身心痛苦包括心理不安、艰难决断、手术疼肿、承受失败和修复，以及美感实现及其评价，因此整容是一次经历痛苦追求美感的隐忍过程，也是一次本体理念先在的文化实践过程。"要想美，先变鬼"，始于对"自然的身体"的不满，终于对"自然的美"的追求。但却是借助于手术这一人工技术手段。人们憧憬的不彰显人工痕迹的中国古典"自然"乃是最高的审美追求，因此整容的实践活动也是身心痛苦与美感期待相伴的文化诗学历程。

一　"牵一发而动全身"

　　在小说《绝望的主妇：整形复仇记》中，女主人公是一位身材高大、长相平平的家庭主妇。因为丈夫出轨，她试图将自己整容成第三者的模样以实现复仇。为此，她接受了从头至脚几乎各个部位的整容手术。其中，对部分手术有这样的描述：

杭特小姐的眼睛好了之后，他们切开她的下巴整平，等瘀血的情况稍稍减轻后，他们修饰下巴的线条。他们从她的臀部取下没有毛囊的皮肤移植在她的发线，使她的额头加宽露出清晰的蛾眉。他们又切开下巴底下的皮肤，一直拉到脸颊，拉平了缝好。他们用硅胶将嘴巴和鼻子四周的皱纹填平，再用激光补缀切断的血管。他们除去她下巴上的痣和毛等，并趁这个机会将她的嘴往上拉，这样她便有个愉快的表情。

……

现在那个鼻子在杭特小姐甜蜜的脸蛋上显得格外粗大与弯曲。她的头颅与身体的比例似乎太小，这是预料中的事。[1]

改变嘴巴，可以制造愉快的表情；而改变后变得甜蜜的脸蛋又使得尚未改变的鼻子变得格格不入，头与身体的比例也变得不协调。这种看似让人惊讶的改变其实并不仅仅存在于小说之中。

笑笑在做完鼻综合整形之后，发现除了鼻子本身变高了之外，脸也感觉变长了，眼睛没以前双了，眼间距变小了，眼角不往下耷拉了（说之前入院的时候有一个白头发的医生说你这眼角往下耷拉，应该做一下，但是后来做完鼻子之后再见到这位医生问他眼角耷拉具体是指哪里耷拉的时候，该医生说我没说过这种话——以此作为佐证），下嘴唇比上嘴唇厚的情况也得到了改善。

而除了身体上的改变，手术还可能改变人的气质。胡英做了双眼皮和开内眼角之后，朋友说她给人的感觉变了，变柔和了。苏晴做完双眼皮手术后，除了从原来的内双变成明显的双眼皮之外，她自己觉得有点比以前显老，身边的人则说变妩媚了。苏晴第一次萌生做眼睛的想法是大学跟男朋友分手的时候，"觉得想要改变一下，重新再来，就跟有的人失恋了想要剪头发一样"。但想归想，说笑的成分居多，并没有付诸实践。这次下定决心接受手术，是因为"可能年纪大了一点，眼皮变松，往下耷拉，需要去皮，那就做个双眼皮好了"。术后第二天，我在 A 医院附近的一家宾馆见到了眼睑还贴着纱布的苏晴。她对手术效果暂时还不满意，觉得与原来的气质相比改变很大，还是喜欢原来的自己，说"还不如不做了"，但毕竟才第二天，还需要等恢复之后再看看。约一个月之后，笔者再次通过在线聊天工具联系上了苏晴，询问此次手术对于她的身心和生活带来的改变和影响。对此，苏晴说已经恢复得很自然了，但是觉得"有缺憾""两只眼睛不一样，右眼有点内双，可能是因为皮去多了，估计过一年就完全变成内双了，不过比单眼皮有精神就是了"。身边的人反应不一，妈妈说好，哥哥说还是原来好，男朋友觉得变妩媚了，"自己也不知道哪个好了"，但是确实觉得气质上有点变化。

这种"牵一发而动全身"的结果在整容中并不鲜见，究其原因，还需要回到医学视角和日常视角在审视身体和美丽时存在的差异，这种差异在前述面诊的过程中得到了清晰地显现。面诊的过程是整容者和整容医生的身体观以及美的观念相碰撞的结果。整容者的视角是生活化的，具有整体性，比如欣欣之所以想要整容是觉得自己不够完美，但是她并不清楚自己的问题在哪里。所以在面诊的时候，她问金医生的第一个问题是："我想再改善一下，但是不知道哪里还有改善的必要"，也对可能存在问题的面部、眼袋、颊脂垫等诸多部位一一进行了询问。相比之下，整容医生的视角具有简化主义倾向。作为自然科学的一个分支，也为了临床实践的需要，医学审美倾向于身体的简化主义，将身体简化为医学习惯和擅长处理的"部位"，因为这是医患双方可以界定问题的共同机制[2]，换言之，抽象的"不美"只有被转化成为具体的"病灶"后才能进行医学干预。所以，欣欣在金医生的引导之下，逐渐缩小范围，从不确定的"哪里"到"面部"，最终定位于面部松弛和眶沟凹陷两大问题，并进而决定通过拉皮和眶沟填充两个手术方案来解决问题，表现出一个明显的简化趋势。

但是人毕竟是一个整体，手术之后，回归生活，整容者往往会发现不仅是手术部位，身体的其他部分甚至整个人的气质都可能发生意想不到的变化。而有时，这种意想不到的变化可能会成为继续做手术的动力。

二　美无止境

如上文所述，整容有时会带来意想不到的变化，这种变化有时就成了新的手术的契机。

20岁的辛薇从小就经常被家人说鼻梁低，"我想说就说吧，我也不在意。但是我上班以后，我们单位人也说，说薇薇你鼻子真是低，我想我做一个，看你们还说我低。老说老说，说你哪都长挺好的，就鼻子低。就这样。我自己没事的时候就老照镜子，嗯，是有点低""其实我真不知道它（高鼻梁）好看不好看，我觉得我现在也不难看。可是我朋友都说我鼻梁低"。而且，因为从事服装销售工作，周围多是年轻的女孩子，没事的时候就谈论各种与美相关的话题，整容就是主题之一。不仅谈论，也有很多人付诸实践，"做鼻子、做眼睛、开眼角的都有"，做完之后也会相互品评手术效果。面对辛薇怕疼以及时间长了之后假体会不会出现移位等顾虑，做过的同事们安慰她说"没什么事，没什么妨碍"。被说得多了，辛薇原本不在意的鼻梁低的问题似乎慢慢成了问题，她最终决定和同伴一起接受硅胶隆鼻手术。回顾这一过程，辛薇的整容决定与其说是自身的意愿，不如说更多的是亲友们的影响和鼓励的结果，至少最初是如此。所以，在 A 医院的门诊手术等候室第一次见到正在等候手术的辛薇时，笔者问她，除了鼻子，对自己的身体是否还有不满意的地方。她回答说："就是好多人都这么说，你只要做一样之后，就觉得别的也不好，又想要做这个，又想要做那个。可是我就不想那样，因为我鼻子都是可垫可不垫的，我就感觉大家都这么说我就垫一下，别处我都不想……"

　　但手术之后，结果并不如辛薇当初回答地那么坚决。术后第14 天，笔者再次遇到了陪同朋友来拆线的辛薇。她说术后第一天不肿，第二天开始特别肿，眼睛眯成一条缝了，脸也肿，眼睛一圈青的，用朋友的话说就像被人打了似的，但是两三天之后就好了。第 14 天的时候已经恢复得很好，可以化妆、上班了。对于手术效果，她如是说："自己本来不满意，觉得不是自己原来想要的效果，鼻子还是很低"，而且老觉得自己的鼻子是歪的，还说跟朋友逛街的时候朋友说没以前好看，现在表情看起来变得"凶了"，自己也有这种感觉。不过，身边的人都说效果还不错，所以慢慢地自己也觉得好了，"是被说好的"。意想不到的是，辛薇觉得鼻子做完后盖住了内眼角附近的双眼皮，使得双眼皮不那么明显了，所以又萌生了做双眼皮的想法。一旦接受过一次手术，就很可能接受更多的手术。原因是做过手术的地方成为新的标尺，使得其他部位显得相形见绌，又或者手术造成了其他部位乃至整体气质的变化使得整容者需要新的调整。有的人甚至就此沦为"多次手术成瘾者"（polysurgical addict）或者"手术刀奴隶"（scalpel slave）。[3] 而且从辛薇的案例可以发现，从可做可不做、犹疑不定和坚定地认为除了鼻子不会再动其他部位到恢复后很快想做第二项手术，整容的决定变得容易了，似乎有了第一次，之后的手术决定就不再那么艰难了。

除了意想不到的改变，自然的老化等身体改变也可能造成新的手术需求，比如面部提拉手术不能管一辈子，随着年龄增大，皮肤继续松弛，提拉的效果会逐渐不明显直至需要新的手术。

再者，美丽潮流时时在变，也催生了新的手术。例如，1942年，上海某整容诊所在《申报》上刊登的广告中赫然写着"尖下巴改圆"一条，与时下为达到"锥子脸"的效果而流行的下颌磨骨手术形成鲜明的对比。现实中，因为原本的手术已经过时而选择新手术的整容者也不在少数。所以，在压迫和解放等常见的视角之外，巴尔萨摩（Anne Balsamo）建议我们将整容视为"时尚手术"（fashion surgery）。[4]

术后造成的意想不到的身体改变、年龄增长导致的身体自然老化以及审美风尚的时时变迁，使得整容似乎在一定程度上变成了永无止境的求美历程。

整容手术之后，回归生活，从"丑小鸭"到"白天鹅"的华丽蜕变背后，是漫长、痛苦的术后恢复期，不仅要忍受身体上的疼痛和不适，还常常伴随对于术后审美效果的担忧和忐忑。正如整友中流传的一句话所说："要想美，先变鬼。"术后效果的评估是整容手术的一大难点，研究发现，整容者和整容医生对术后效果的评估中常常借助的概念不是美或者不美，而是"自然"。手术后与手术前改变不大的整容者常常抱怨手术效果"太自然"了，而改变太大甚至消除了族群容貌特征则被指为"不自然"。简言之，作为评估术后审美效果的标尺，"自然"不仅要求"度"的适可而止、不做作，也要求"质"的不失真。虽然随着整容技术的日臻成熟以及行业规范的提升，整容的安全性在提升。但既然是医学干预，风险依然存在。有的手术失败，留下诸多后遗症，有的未能达到原本想要的审美期待。同时，医学视角的身体简化主义常常凸显整容手术"牵一发而动全身"的效应。术后，整容者所面对的可能不仅是手术部位的变化，也会惊讶地发现，非手术部位甚至整个人的气质都发生了变化。手术失败者几乎不可避免地踏上了修复之路，而手术成功者中，也有不少人因为"牵一发而动全身"以及身体变化、潮流变换而选择接受新的整容手术。如此一来，整容改变身体还有边界吗？所幸，虽然社会对外貌的高要求以及照片等美丽形象的诱惑使得人们对自己的身体变得不满，生出想要通过整容手术来实现"升级"和"突出"的欲望，而医学技术的发展则使得这种愿望的实现变得轻而易举，但无论是身体还是审美，都依然是有边界的。

当我们谈论身体改变的限制和边界时，似乎是在寻找一个定量的或者是确定的答案。但事实上，这样的答案并不存在。对于身体边界的认知存在社会文化差异和个体差异，比如有的人认为女性整容是合法的，而男性整容则是"不自然"的；有的人认为年轻人可以整容，而老年人就"没必要"了；有的人不能接受需要植入假体材料的手术，认为这是异物对自然身体的侵犯；有的人虽然能接受假体，但是强调假体必须要"进得去出得来"，以便能随时恢复到身体的"自然"状态，并将这种状态视为自我存在和自我认同的基础。由此观之，身体边界也与"自然"这一概念息息相关，它在很大程度上与我们对于"自然"的理解有关，即有些不影响到身体之所以为身体的部分是可以改变的，而有的触及甚至挑战到身体的自然秩序的部分则是不能触碰的。也就是说，"当今的整容文化容许对'不自然的'失序身体进行矫正，而不是质疑我们关于身体秩序的观念"[5]。

　　从自然的身体到评估整容手术效果的标准，再到界定整容改变身体之边界的界限，"自然"这一概念之于整容如此重要，需要进一步的审视和探讨。根据哈拉韦（Donna Haraway）的说法，自然与文化的界分为科学提供了必需的合法性。弗雷泽则认为自然的概念也奠定了整容科学或整容医学的基础。[6]

　　"自然"是多义和模糊的。最基本的，自然与文化或者"人工"相对，指那些未经加工的天然状态。不过，不同文化和不同历史阶段对这种状态有不同的理解，有的认为文化比自然优越，也有的认为自然是文化应当追求的理想模式。[7]

　　源于道家，但不仅限于道家的"美在自然"的思想为解释上述悖论提供了启示。"美在自然"，即以"自然"为美，这里的"自然"不是指自然界，而是自然而然，不矫揉造作，是一种至高的审美理想。[8]这种审美意义上的"自然"体现了某种秩序，是通过诸如和谐、对称和合适等美学标准来衡量的。[9]

由此，整容所涉及的"自然"便有了两层含义。

首先，在身体层面，随着"手术时代"的来临，自然的身体变成了"可塑的身体"[10]，在这种身体文化中，身体似乎已经摆脱了身体决定论，而可以无限地锻造和改变。进入消费社会，外在美在中国逐渐摆脱了原本的道德枷锁，也不再被指为"资产阶级虚荣"，而是被重新界定为合理的欲望和自我的表达，其社会经济重要性也得到凸显。于是，从男性到女性，从老年人到未成年人，从影视明星到普通的求职者，追求美丽不仅合法而且必要。曾经，人们用服饰、首饰和化妆品等来对身体加以修饰，以达到求美的目的。自从有了整容，身体切切实实变成可以改造的东西。单眼皮可以变成双眼皮；塌鼻梁可以垫高；胖人可以吸脂变瘦；矮的人可以断骨增高，甚至性别也可以改变。随着手术时代的来临，美丽开始与健康挂钩，不美成了问题甚至"疾病"。继越轨行为和自然过程之后，审美成了又一个被医学化的领域[11]，也是一个极端化的领域，因为它针对的是健康的身体。[12]由此形成了所谓的健美医学（第四医学）或者"审美医学"[13]。

其次，在审美层面，自然的美是整容者想要达成的目标。判断一个整容手术是否成功，在很大程度上要看人工的痕迹是否明显。也就是说，从审美角度而言，自然美不是审美的目标，人造的自然美才是目标。正如整容者李萌所说："（整容）其实不是追求自然，自然也分美、中等、丑，是追求自然的那种很美的，看起来好像天生就这么美。"也就是说，人们追求的不是自在的"自然"，但同时也不是失了"本真"、面目全非的"自然"，而是经人工干预后提升的"自然"，而且就审美层面而言，这种提升后的自然，其理想状态是没有人工的痕迹，看起来不假、不做作，好像天生就是这样美的，而不是后天加工的结果。

如果说引入审美意义上的"自然"解释了上述悖论中整容始于对自然身体的不满却最终以"自然"为审美目标的矛盾，则为何借助人工技术手段来改造自然的身体进而实现自然的美这一矛盾以及从根本上消解上述悖论还需要回到中国哲学中寻觅思想渊源。

日本学者沟口雄三考察了"自然"一词自出现以来在中国历史中的演变。"自然"一词于战国后期在道家系统的人物之间被创造并开始使用，用以指涉天、道等所不能清楚表达的某种观念。到了汉代，"自然"这一词汇完成了一个同时发生的反向运动：它一方面得到了纯化，同时另一方面得到了扩展。自然等于无为的观念被世俗化，以至于可以被广泛用于人的意志和人为行动所无法企及的整个领域。自宋代以降，中国的自然观念正式经历了从"天的自然"向"人的自然"的转变，这种人的自然并不外在于人，而是包含了人世，它与天理、道等概念相结合，包含了道德这一社会性要素，成为社会秩序的媒介。[14]

正是这种"人的自然"的思想，使得在中国文化中，人工与自然不像西方文化中一样对立，人造"自然"才能成为可能，而身体秩序作为社会秩序的投射，也才能拥有边界。由此，上述悖论迎刃而解，整容始于自然又终于"自然"的过程也变得合情合理。

事实上，关于"人造"与"自然"的悖论不仅存在于整容，也存在于其他文化场景，文学作品可以为我们提供更为生动的案例。在《红楼梦》第十七回"大观园试才题对额，荣国府归省庆元宵"中，贾宝玉陪同贾政等一行人游览新落成的大观园。

> 一面说，一面走，忽见青山斜阻。转过山怀中，隐隐露出一带黄泥墙，墙上皆用稻茎掩护。有几百枝杏花，如喷火蒸霞一般。里面数楹茅屋，外面却是桑、榆、槿、柘，各色树稚新条，随其曲折，编就两溜青篱。篱外山坡之下，有一土井，旁有桔槔辘轳之属；下面分畦列亩，佳蔬菜花，一望无际。[15]

此处即是后来李纨的居所——"稻香村"。贾政对此处赞赏有加，认为其"虽系人力穿凿，而入目动心"，有让人萌生归农之意。他询问宝玉的意思，但宝玉却说此处不如"有凤来仪"，即后来被元春更名为"潇湘馆"的林黛玉居所。在受到贾政的斥责之后，引出了众人对"天然"的一段讨论。宝玉先问"天然"是何意？

> 众人答："'天然'者，天之自成，而非人力之所为也。"宝玉却道："却又来！此处置一田庄，分明是人力造作而成：远无邻村，近不负郭，背山山无脉，临水水无源，高无隐寺之塔，下无通市之桥，峭然孤出，似非大观，怎似先处有自然之理，得自然之趣？虽种竹引泉，亦不伤穿凿。古人云'天然图画'四字，正畏非其地而强为其地，非其山而强为其山，即百般精巧，终不相宜……"[16]

此处，表面看来，与"自然"和"人工"的对立相似，"天然"与"人力"相对，且没有人力干预的"天之自成"是最好的。但进一步看，同样是"人力"所为，"有凤来仪"却被宝玉赞为"有自然之理，得自然之趣"，可见，人力穿凿或者对自然的人工改造并非不可为，有悖审美的是"造作"和与天然的"不相宜"。

由此可见，人造"自然"，是中国文化中的一个倾向，不是现代，也不是整容所独有。人们崇敬自然，喜爱自然。当自然不可得时，不惜借助人力，造一个"自然"出来。就审美角度而言，没有人工的痕迹是最理想的也是最难达到的效果，所谓"巧夺天工"。整容亦是如此，因为"天然"的美不可得，所以需要借助医学干预，人为地变美，但不彰显人工痕迹的、看起来自然的美仍是最高的审美理想。

注解：

1　［英］维尔登：《绝望的主妇：整形复仇记》，林静华译，重庆出版社 2010 年版，第 223 页。

2　Dull, Diana and Candace West, 1991, "Accounting for Cosmetic Surgery: The Accomplishment of Gender", *Social Problems*, 38 (1): 54–70.

3　Blum, Virginia, 2005, Becoming the Other Woman: The Psychic Drama of Cosmetic Surgery, *Frontiers: A Journal of Women Studies*, 26 (2): 104–131.

4　Balsamo, Anne, 1992, "On the Cutting Edge: Cosmetic Surgery and the Technological Production of the Gendered Body", *Camera Obscura*, 28: 207–237.

5　Weiss, Dennis and Rebecca Kukla, "The 'Natural Look': Extreme Makeovers and the Limits of Self-Fashioning", In Cressida J. Heyes and Meredith Jones eds., *Cosmetic Surgery: A Feminist Primer*, Burlington, VT: Ashgate, pp. 117–131.

6　Fraser, Suzanne, 2001, "Woman-Made Women: Mobilisations of Nature in Feminist Accounts of Cosmetic Surgery", *Hecate*, 27 (2): 115–132.

7　Fraser, Suzanne, 2001, "Woman-Made Women: Mobilisations of Nature in Feminist Accounts of Cosmetic Surgery", *Hecate*, 27 (2): 115 – 32; Weiss, Dennis and Rebecca Kukla, "The 'Natural Look': Extreme Makeovers and the Limits of Self-Fashioning", In Cressida J. Heyes and Meredith Jones eds. , *Cosmetic Surgery: A Feminist Primer*, Burlington, VT: Ashgate, pp. 117 – 131.

8　蔡锺翔:《美在自然》,百花洲文艺出版社2001年版。

9　Weiss, Dennis and Rebecca Kukla, "The 'Natural Look': Extreme Makeovers and the Limits of Self-Fashioning", In Cressida J. Heyes and Meredith Jones eds. , *Cosmetic Surgery: A Feminist Primer*, Burlington, VT: Ashgate, pp. 117 – 131.

10　Bordo, Susan, 1993, *Unbearable Weight*, Berkeley: University of California Press, p. 245.

11　Dull, Diana and Candace West, 1991, "Accounting for Cosmetic Surgery: The Accomplishment of Gender", *Social Problems*, 38 (1): 54 – 70.

12　Sullivan, Deborah A. , 2001, *Cosmetic Surgery: the Cutting Edge of Commercial Medicine in America*, New Jersey: Rutgers University Press, p. 98.

13　Edmonds, Alexander, 2013, "Can Medicine Be Aesthetic? Disentangling Beauty and Health in Elective Surgeries", *Medical Anthropology Quarterly*, 27 (2): 233 – 252.

14　[日]沟口雄三:《中国的思维世界》,刁榴、牟坚等译,生活·读书·新知三联书店2014年版。

15　(清)曹雪芹、(清)高鹗著,张俊等校注:《红楼梦》(上册),中华书局2012年版,第206页。

16　(清)曹雪芹、(清)高鹗著,张俊等校注:《红楼梦》(上册),第208页。

人类学跨学科画展的诗学检视

和文臻　范晓君

一

2019 年 11 月 30 日，"人类学绘画的多学科表达"展览在云南民族博物馆开幕，该展是"绘画人类学国际研讨会"的重要组成部分，包括"文化的隐喻""虎日回访""文化的想象""真理的领悟"等十二个板块，以"虎日"[1]回访研究为主题的绘画是展览的核心，同步出版庄孔韶主编的《绘画人类学》一书收录了此次展览大部分作品[2]。通过地方色彩的使用，表现了摄影摄像难以展示的视觉角度，丰富了肖像与群像绘制下的平等参与等绘画作品类别，并以人类学绘画综合、整体地体现出地方文化的特征以及跨学科合作艺术创作的可能性。

人类学绘画的实践是一次重新找回艺术"有用性"的探索，以艺术的形式来展现人类学田野调研成果中不便于以学术专论、田野调研报告等传统人类学表达方式来呈现的内容。笔者曾在另一篇论文当中提出人类学绘画是一种人类学家与画家合璧生成的视觉民族志文本，将学科知识生产直接与文化发展融合。由于独立于研究文本，人类学绘画可以更直接地进入地方文化的生活，给予观看者以丰富的视觉感受，拉近地方文化与观看者之间的经验距离，也推动人类学成果对于地方生活的介入。

人类学绘画创作是"绘画的艺术属性中对现实世界的表达与反思方式明显地突出主体观念、思想隐喻、视觉象征，以及与客观性、实用性保持一定距离的'诗性智慧'。"[3] 如果说人类学绘画本身作为一种具有"诗性智慧"的视觉民族志文本，那么人类学绘画的方法论研究，亦可被置于一个诗学的研究框架下进行重新审视。对绘画人类学的理解不仅可以从民族志文本视角来认识作品，也可以从诗学的角度来重新重构绘画人类学整体的创作实践过程——这一涉及田野调研、绘画创作、作品展示、文化解读、多元传播等多个环节的过程。

二

人类学的诗学在 20 世纪后期，被当成人类学理论和实践对话的重要组成部分，人类学通过民族志写作来传达信息时体现的文学性越来越为学者所重视和反思。人类学的诗学研究从部落社会一直扩展到现代戏剧的话语展示，无论是口头还是书面形式的语言，都成为其研究的对象。[4]

宋靖野认为诗学人类学迄今已经历三个发展阶段并出现了三种理论形态，它们分别是"后现代诗学""社会诗学"和"本体论诗学"。"后现代诗学"是"写文化"之后的重要研究范式转换，它解构了现代人类学和民族志文本中的"科学主义范式"，强调人类学的反思性和艺术精神。"社会诗学"则重新评估结构与能动性、权力与修辞、霸权与反抗、民族国家与地方社会等当代人类学关注的重要论题。近来兴起的本体论诗学进一步探索那些"未被符号化"世界中的生成动力和宇宙图式，推动了当代人类学本体论转向。[5] 宋靖野诗学人类学三个发展阶段的认识是依托人类学理论整体发展的角度来进行分类的，不能用线性的时间发展顺序来认识。从方法应用的层面，"社会诗学"可能占据了更为重要的位置。哈佛大学赫茨菲尔德教授综合了亚里士多德的诗论、维柯在《新科学》中对"诗性智慧"的知识考古、语言学家雅各布森关于"诗学功能"的论述以及美国符合人类学与象征人类学领域修辞分析的传统，提出了"社会诗学"的关键概念，用以检讨民族志的研究方法和撰述风格。[6] 在赫兹菲尔德看来，"'诗学'并不能简单地等同于'诗歌'。'诗学'是一个用于分析传统与创造之关系的专用术语，这一术语来自希腊语中表示行为的一个动词，主要用来分析修辞形式的用法，因此它的作用并不能局限于语言。诗学意味着行为，我们不能忘记这一术语的希腊辞源，唯其如此，我们才能更为有效地将语言的研究融入对修辞作用的理解中，从而发现修辞在构造甚至创造社会关系中的作用。社会诗学的核心就在于将本质主义看作一种社会策略，从而不至于将偶然的现象视作永恒和不可避免的。此外，社会诗学不仅将一切社会交往行为看作对修辞手段的应用，而且是其自身就是一种修辞手段。……强调人们如何使用这些符号并且将其置于各种紧张对立的关系中加以考察，加深了我们对实践的认识"[7]。

　　赫兹菲尔德强调作为"行为"的诗学，回到了诗学的源头，从创造性的角度为我们找寻民族志记叙当中人与人之间的关系——这不仅是"社会诗学"，更是把握诗学人类学的核心要旨。从此起点再出发，重新审视绘画人类学跨学科画展，笔者认为绘画人类学的实践整体过程是一种利用诗学人类学的方法对人类学与诸横向学科之间共同知识生产实践过程的细致阐释。绘画人类学的诗学应用，成为人类学回馈调研对象的文化创作，同时利用现代的展览方式参与地方文化建构，激活文化活力，从而让诗学创作的过程在研究者与研究对象之间流转和延续。

三

　　"人类学绘画的多学科表达"展中，庄孔韶的画作《牧羊女——黑花白的哲学》（纸上综合材料，33.4cm×65cm，2019年）呈现的画面是三只羊与一位着彝族服饰的女性。羊的颜色分别为黑色、白色以及黑白交杂的花色，三只羊都在低头觅食，牧羊女在一旁静静地观看。此画的创意来源于人类学家在云南宁蒗彝族自治县进行"虎日"回访调研时的观察以及对彝族的三色定案习惯法所蕴含的生活哲学联想的顿悟。[8]

　　"三"在彝族人的生活当中有着广泛的运用，比如以家居火塘的上面、内侧、下面的三方位；红、黄、黑的"三"色观；用"三"来表示团结理念、聪慧勇敢等。"三"色定案的习惯法中，"黑案"表示重案、重刑，如故意杀人；"白案"指小案件、轻刑具，意外自杀身亡；"花案"介于"黑案"与"白案"之间，属于不轻不重的一般案件，譬如相互争吵而造成的自杀。[9]

进行了长期田野调查的庄孔韶在宁蒗的战河、跑马坪看到由黑羊、白羊以及各样的花羊，进而敏锐地捕捉到了彝族的日常生活场景与思想哲学的关联。[10]黑羊、白羊与花羊由远及近的构图排布，体现出了在黑与白清晰对立的思维中，花羊的存在表现着黑与白之间的过渡空间，相比简单绝对的二元的"非黑即白"，它正是彝族思想值得我们借鉴学习的可敬之处。

与油画家林建寿更强调色彩、色差的同名作品相比[11]，庄孔韶将把黑花白三只羊从羊群中抓取出来，置于彝族牧羊女之前，更直观地阐释了彝族的三色定案习惯法及其背后的思维与彝族人的关联。人类学家在田野当中的收获并不能都"塞入"自己的学术论文与专著，但这些发现却真实地体现了学者对于地方文化的理解，通过绘画的形式，学者对文化的理解能够坦率而直观地呈现在研究对象面前，使学者的发现更易为人们所观看、理解、批评。相较于学术论文，绘画显然更为平易近人，同时也创造出有着更多想象和品味空间的可能。

人类学绘画不仅能通过画笔将日常生活场景进行叠加、缩减、变形、抽象、突出，也可以将调研者对文化的理解和想象以更富创造性的方式表现出来。《心中的神山》（布面综合材料，80cm×40cm，2019）并不是一张专业画家的大尺寸作品，但却体现出了高山巍峨的气势，远比真实的神山显得高大。近景是宁蒗地方的植被，远处的山顶庄孔韶运用了大面积的白色，显而易见，这又是一次对彝族白色隐喻的使用。祖先在神山上俯瞰指引着参与"虎日"盟誓向毒品宣战的家支成员，仪式的参与者也向祖先保证自己对抗毒瘾的决心。因为盟誓，因为祖先的存在，神山被赋予了"神性"。与之相对的，画家林建寿的《神山》

（布面油彩，50cm×60cm，2019）的画面中心是神山下村庄的房屋，呈现的是参与"虎日盟誓"彝族家支的居民在神山之下生活的图景。突出作为人造物的房屋，画家在相同的主题之下，把叙事的视角转换回了对人与神山关系的考察。

画家与人类学家面对同样的神山，呈现出了完全不同的画面。身处相同田野，个人经验的不同，也造就了富有差异性的表现手法。如果说《神山》代表着地方情感中提炼出来的普世情感的写实，那《心中的神山》则是对地方性知识的再生产后想象的"写实"，一种基于真实的虚构，将"内在世界视觉化"，从这个角度来说，人类学绘画也是一种"虚构式的影像民族志"[12]，相较人类学电影的摄制，它能提供更广泛的主题聚焦以及更便捷的阐释手段。

通过比较《牧羊女：黑花白的哲学》和《牧羊女——黑花白的哲学》、《心中的神山》与《神山》等人类学家与油画家的画面，我们很容易就能发现他们各自受到的"学科修辞规则"的限制，让他们在创作过程中各擅胜场，这也更促进人类学家与油画家在绘画人类学研究中的合作参与。虽然同样是同一主题、同一对象的绘画作品，但是其"绘画语言"是截然不同。由于各自的"技能培训"，即使是面对相同的田野，同样的模特，人类学家与油画家的侧重总是会显得不同。即使身兼两者身份的创作，仍然会有所取舍和侧重。[13]如果说油画家的笔触更多的是普遍情感的描摹，那人类学家的画面则更多的是地方特色的凸显，因为描绘对象的同一，使两种画面的互释得到了可能。绘画人类学展览通过整体的展现，将艺术创造性和文化创造性并置呈现，使得人类学家和画家都在各自不同的"学科实践"中，打破固有的形式和内容，彰显出人类的丰富的创造性。

四

人类学家通过展览来进行文化、社会的诗学人类学创作，不仅只是以绘画作品的方式，展览本身也是其诗学创作的一部分。"人类学绘画的多学科表达"并非人类学绘画第一次与公众见面，早在一场画家的个展中，人类学绘画就已经占有了一席之地。

2017 年 6 月 10 日至 20 日，厦门美术馆举办了"天泽——林建寿油画作品展"，这是中国艺术研究院中国油画院特邀青年艺术家林建寿先生的油画个人展，展厅里特别开辟了绘画人类学展区，其中包括自 2001 年至 2017 年林建寿创作的人类学绘画：《刮痧》（146cm×114cm），创作于 2001 年，该作品为庄孔韶教授绘画人类学研究团队第一幅人类学绘画；2002 年林建寿完成《回访》（146cm×114cm）；人类学绘画《祈男》（146cm×114cm）由林建寿在 2004 年完成；2016 年林建寿进行云南的田野调查之后在 2017 年完成了《牧羊女——黑花白的哲学》（40cm×30cm）。这场个展是"油画家艺术事业发展的重要平台，无论是基于社交，还是职业资本的积累都能在画展中取得益助"[14]，人类学绘画这一概念的推出，显然让林建寿的艺术创作有了抢眼的亮点。

在"天泽"画展中，人类学家并没有喧宾夺主地展出绘画，但却对绘画意义的阐释进行了别样的尝试。在人类学绘画展区，庄孔韶开展了互动阐释试验。绘画人类学以及影视人类学研究团队进驻人类学绘画展厅，在人类学绘画《祈男》前摆上香案，准备在美术馆现场展示画中的场景，而且庄孔韶也进行了他的初次网络直播，把现场的实况通过网络即时传送与分享。

闾山派林芳德道长亲自在展厅再现了《祈男》中的仪式，在直播中，林道长头戴法额和法巾，道袍外罩红色法裙，手持龙角和铃刀，静静地站在香案之后，神态肃穆与其平日逍遥自在的神情截然不同，迅速地把在场旁观的笔者带入仪式之中。香案上摆满了闾山派的法器，它们是：法把、法鞭、行坛炉、五雷令牌、法索（麻蛇）、净水盂、帝钟、雷尺、法印、手鼓、拂尘。

庄孔韶的网络直播是与林芳德的仪式同步的，在一问一答间把"祈男"的仪式复现给在现场以及网上的观众，补充了因为画家构图、用色等原因无法呈现在油画中的细节，如法器。当林芳德在展厅里吹起龙角，响亮的龙角声在整个展厅里回荡，参观的人群纷纷为之吸引，对在现场体验人类学绘画中场景的尝试感到受益匪浅。通过作为人类学家的庄孔韶与网络提问者以及现场林芳德道长的互动，整个地方性文化的特色，突出而鲜明地展现出来，不仅融入了人类学家在学术层面的判断，还包括了人类学学生以及一般大众对于异文化关注点，如果文化的差异在不同人群最初接触之时就能得到澄清而不生成误解，那文化的疏离、族群的冲突自然就可以减弱。当人类学结合绘画或者通过更多元的形式面向大众，更易为公众所了解，此时人类学绘画的创作不仅是对学科自身或者地方文化人群，也肩负起了知识传播的责任。

研究者认为，美术馆是收藏和展示现当代艺术品的展览馆，和博物馆一样，都是展示和收藏艺术作品的所在、传播艺术信息的载体和推动学术研究的中心。艺术作品的展览，有两种类型，其一为介绍性类型，介绍世界各地有价值的艺术创造，为广大观众提供开阔眼界和提高审美素质的机会；其二为研究性类型，具有创新意义的学术导向性，或重新发现和诠释过去，或引领和评定当代潮流。[15]

林道长的仪式过程展示，把绘画的深层意义在美术馆空间通过"再现"的方式作为解说词，这种听觉、嗅觉、视觉等多方位的注脚通过庄孔韶的直播，也被记录下来。这样的民族志没有最后诉诸文本的需求，但是它开放的过程，能即时捕捉集体共造的观展情况，消除了田野工作与民族志、经验与著作、时间和空间之间的差别。[16]它同马库斯研究民族志创作时提出的原型2（Type 2 prototyping）相似，它不似马库斯所提的原型1要求一个最终成功的权威版本，可以将之最后做出成品，原型2只是田野的社会实验本身。[17]这种民族志方式虽然不能成为学院考核评价的文本，但是无疑能够使更多的作者卷入，从多角度探察绘画展示的过程，是一种诗学人类学在民族志创作的指导实践。

五

在西方学术界，许多当代艺术家的创作都可能受到人类学的影响，或者不自觉地使用了类似人类学的研究方式进行艺术探索。20世纪90年代，霍尔·福斯特（Hal Foster）就提出"艺术家作为民族志者"的观点[18]，进而引发的（艺术的）"民族志转型"（ethnographic turn）的讨论，对西方艺术创作、艺术理论研究以及艺术人类学研究都产生了广泛的影响。罗杰·桑西

（Roger Sansi）在他的著作《艺术，人类学和礼物》[19]中揭示了艺术家与人类学家对"礼物"的不同认识，试图连通这两个学科关于"礼物"的传统想法，在论述过程中，他介绍了不少艺术家的田野研究，当然也提出了关于艺术家的田野是否如人类学家的田野调查那么详尽细致的质疑。与西方艺术人类学介入当代艺术创作不同，人类学绘画作品并不强调运用艺术讨论观念或者进行社会变革的实验，而是更为关注人类学的田野调查启发画家对于写生的人群、地点文化的感悟，深入文化细部，并进行创作表达。绘画或者说艺术的展览本身，是一场整体的诗性创作，作品的传播、解读过程当中的参与者，是人类学绘画共同的作者。在展示过程当中，我们不能忽视"画展"本身对于艺术家个人职业和人类学家学术成果展示的两种隐喻修辞，诗学人类学在文化的修辞规则当中帮助我们意识到知识的生产过程是协同影响的。

总而言之，绘画人类学是人类学家突破学科自身的"修辞"规则的创作，意义的丰富不仅在于人类学学科自身的发展，也为艺术、历史等学科的研究提供参与的智慧，促进人类学的"生产"融入当地文化实践与再实践的过程，通过制作文化来发展文化。通过人类学诗学来检视人类学家与艺术家、地方学者、普通观众等合作生产的过程，帮助我们从各种学科、各种规则出发来认识当代文化的创造、创新的多声道与生生不息。绘画人类学促使学者与调研对象的共生发展，本身就是一项诗性活动，他们一同将象牙塔的地基扎入现实的泥土里。

注解：

1　彝族通过"虎日"盟誓的力量戒毒，展现了人类在一定条件下以文化的力量战胜生物性的成瘾性。具体研究参见庄孔韶《"虎日"的人类学发现与实践——兼论〈虎日〉影视人类学片的应用新方向》,《广西民族研究》2005 年第 2 期;庄孔韶、杨洪林、富晓星:《小凉山彝族"虎日"民间戒毒行动和人类学的应用实践》,《广西民族学院学报》(哲学社会科学版) 2005 年第 2 期。

2　庄孔韶主编:《绘画人类学》,中国社会科学出版社 2019 年版。

3　薛其龙:《文化整体视野下横向交叉诸学科的实验与实践——评〈绘画人类学〉》,《美育学刊》2021 年第 2 期。

4　庄孔韶主编:《人类学通论 (第四版)》,中国人民大学出版社 2019 年版,第 328 页。

5　宋靖野:《"公共空间"的社会诗学——茶馆与川南的乡村生活》,《社会学研究》2019 年第 3 期。

6　刘珩:《社会诗学》,《外国文学》2013 年第 2 期。

7　刘珩:《民族志·小说·社会诗学——哈佛大学人类学教授马克尔·赫兹菲尔德访谈录》,《文艺研究》2008 年第 2 期。

8　庄孔韶:《绘画人类学的学理、解读与实践——一个研究团队的行动实验(1999～2017 年)》,《思想战线》2017 年第 3 期。

9　普忠良、卢琳:《彝族"三"数及"三"色定案法》,《毕节学院学报》2014 年第 10 期;庄孔韶:《绘画人类学的学理、解读与实践——一个研究团队的行动实验(1999～2017 年)》,《思想战线》2017 年第 3 期。

10　庄孔韶: 《绘画人类学的学理、解读与实践——一个研究团队的行动实验(1999～2017 年)》,《思想战线》2017 年第 3 期。

11　林建寿:《牧羊女——黑花白的哲学》(创作小稿 40cm×30cm) (庄孔韶创意),2017 年。参见庄孔韶《绘画人类学与人类学绘画赏读》,《思想战线》2017 年第 3 期。

12　朱靖江:《虚构式影像民族志:内在世界的视觉化》,《云南民族大学学报》(哲学社会科学版) 2015 年第 1 期。

13　Zoe Bray, Anthropology with a Paintbrush: Naturalist – Realist Painting as "Think Description", *Visual Anthropology Review*, Vol. 31, Issue 2, pp. 119 – 133.

14　范晓君:《画展:中国学院派写实油画家人类学研究》,博士学位论文,浙江大学，2019 年。

15　邢晓舟：《关于博物馆和美术馆的功能及艺术评论的几点看法》，《上海艺术家》2003 年第 2 期。

16　Roger Sansi, *Art*, *Anthropology and the Gift*, London：Bloomsbury, 2015, p. 146.

17　George Marcus, Prototyping and Contemporary Anthropological Experiments with Ethnographic Method, *Journal of Cultural Economy*, 2014, Vol. 7, No. 4, pp. 399 – 410.

18　霍尔·福斯特：《艺术家作为民族志者?》，载［美］乔治·E. 马尔库斯［美］弗雷德·R. 迈尔斯编《文化交流——重塑艺术和人类学》，阿嘎佐诗、梁永佳译，广西师范大学出版社，第 359 页。

19　Roger Sansi, *Art*, *Anthropology and the Gift*, London：Bloomsbury, 2015.

（作者简介：和文臻，山东大学人类学系助理研究员；范晓君，浙江大学艺术与考古学院博士。）